浙江省新型重点专业智库杭州国际城市学研究中心
浙江省城市治理研究中心课题(编号:19CSZL10)

城市双修视阈下河道景观的有机更新
——理论、路径、案例

左冕 著

内容提要

本书基于“城市双修”和“历史性城市景观”的视角，梳理整合城市河道研究的相关理论、科学方法、创新机制、经典案例，将河流视为城市的有机组成部分，系统构建城市河道有机更新的理论体系。本书认为，为了实现人水和谐、城河共生的发展目标，城市河道的建设必须充分考虑城市的功能和历史沿革，全面平衡资源利用与生态安全、经济发展、社会需求、文化传承等方面的关系，在保护与利用之间找到最佳平衡点和最大公约数。

本书具有理论性、系统性、实践性的特点，能为我国众多滨水城市在进行老城改造和新城建设时对涉河项目的管理决策提供科学框架和有益参考，适合城市发展与建设更新、环境保护及生态建设等领域的研究者、实践者、管理者阅读。

图书在版编目(CIP)数据

城市双修视阈下河道景观的有机更新：理论、路径、案例 / 左冕著. —上海：上海交通大学出版社，2021

ISBN 978-7-313-24319-5

Ⅰ.①城… Ⅱ.①左… Ⅲ.①城市-河道-景观-研究 Ⅳ.①TU986

中国版本图书馆 CIP 数据核字(2021) 第 023739 号

城市双修视阈下河道景观的有机更新——理论、路径、案例

CHENGSHI SHUANGXIU SHIYUXIA HEDAO JINGGUAN DE YOUJI GENGXIN——LILUN、LUJING、ANLI

著　　者：左　冕

出版发行：上海交通大学出版社　　地　　址：上海市番禺路951号

邮政编码：200030　　电　　话：021-64071208

印　　刷：上海新艺印刷有限公司　　经　　销：全国新华书店

开　　本：710mm×1000mm　1/16　　印　　张：14

字　　数：222千字

版　　次：2021年4月第1版　　印　　次：2021年4月第1次印刷

书　　号：ISBN 978-7-313-24319-5

定　　价：69.00元

序

初识左冕还是十多年前在他攻读博士学位的时候。由于导师在北京，他经常来北京出差，有机会我们就小聚一下，聊聊他最近的一些研究和感兴趣的一些话题。那时候他就是个特别爱思考、绝不盲从的人。因为读的是景观生态学博士，所以他会比较关心当下城市建设中的一些生态问题，并且积极思考解决问题的技术方法和设计路径。

做好一个城市的生态修复、城市修补，河湖往往是最重要的切入点和最有效的基础资源。河道景观设计普遍存在的问题，一方面是水利工程以排洪为导向的裁弯取直，使河道硬化成了僵尸一样的泄洪渠；另一方面是景观设计师缺乏水动力和水生态知识，一根线条随意弯曲，逢水必曲，同样的千篇一律。很少有设计师会把水利工程和景观及生态设计结合起来。结果是水利设计继续搞裁弯取直，园林设计则常常以做小庭院的惯性思维去对待大江大河，随心所欲地把水流弯来拐去，画得云里雾里，分不清东西。

被工程硬化、裁弯取直的河流失去了生命力；胡乱弯曲的河流也同样后患无穷，因为两者都违背自然规律。被水利工程搞坏的河流自不待言，而无理的弯曲则可能导致水流不畅、泥沙淤积，出现臭水湾；严重的还会致使洪水泛滥，危及两岸公共财产和人身安全。近年来由于河道普遍缺水，我们的城市建设者们更热衷于在河上筑坝以保持水流的恒定、得到宽阔的水面，因而我们看到被各种坝体拦腰截断的河流。殊不知这一举动毁灭了鱼儿的活动空间：食物链被切断，繁殖栖息地也回不去；滩涂的消失，更是让多少动植物、昆虫、微生物失去了家园！为了蓄水，需要加上防渗、筑堤，使得两岸景色变成千河一面。

河流的生命体征即是河水的流动和涨落。伴着水流涨潮落，水中的生物栖息繁衍，河滩上则演绎着季节的枯荣。因此，尊重河流自身的生命规律和保护河流生态的健康延续，应成为所有河流设计必须遵循的基本原则。

河道本是一条带状的开放空间，对于城市来说就是宝贵的基础资源和独特的风景线。如何利用这个开放空间为城市生活、城市发展服务，就是考验设计师智慧的地方。空间作为人活动的场所，沿河及水上都应该是人们相互交流、户外活动以及展示城市魅力的地方。开放河道空间的意义除了为人们提供美丽的山水景色，还为构建起城市生态系统骨架的大格局起到了举足轻重的作用。我们的设计师如果用心多听听河流的心声，用心去体会河流的脉动，也许我们就不会手握一支笔，轻易乱涂鸦；把一条自然、优雅、活力的河屠戮成毫无生机的死水湾、游泳池、小盆景、烂石滩……河流的美和生命需要我们用心呵护。好的设计不是用手画出来的，而是靠正确的知识引领。

《城市双修视阈下河道景观的有机更新》集景观生态理论、工程技术方法和空间设计路径于一体，为河道景观乃至滨水生态空间的修复建设提供了可资借鉴的知识和优秀案例。这是一部知识和技术的教科书，也是一本优秀的经验集成，值得设计师们参考、学习。

景观建设已由过去单纯的公园、庭院发展到今天系统化、规模化的城市景观，从宏观规划战略入手将水利、水生态、水景观融为一体的河道景观设计是我们服务于城市生态建设的有效手段，也是从根本上实现城市可持续发展、经济走向繁荣、人民幸福生活的关键所在。相信景观行业的综合化发展会给我们的城市创造更有价值、更有活力、更加宜人的生活空间。

北京东方易地景观设计有限公司总裁兼首席设计师
美国注册景观规划设计师、美国景观设计师(ASLA)协会会员 李建伟

2021年1月于北京

前言

河流自古就是城市重要的组成部分。河流串联起房屋、农田和森林，为城市提供水资源和水产品，哺育着一座座城市。在城市规模不断扩大、人流物流持续集中的今天，河流的作用愈发不可替代。然而，随着我国社会经济发展和城市化进程加速，逐渐出现了城市河道传统功能消亡、生态结构破坏、形态风貌趋同等问题，使河道景观的可持续利用受到严重威胁。尽管我国近几十年来在河道堤防设计、河流污染治理、滨水设施建设等方面取得了长足进步，但这些成果基于不同的学科领域，在“专业”的层面较为突出而缺乏必要的链接与融合，系统性不足。诸多实践证明，如果忽视城市河道与城市功能、生态基底、历史文化的紧密互嵌，而仅仅只是对河道进行工程治理、生态修复，并不能全面发挥城市河道景观的多重价值。我们需要将河流保护与利用的根本出发点放到“城市整体功能发展的需求”这个完整的视阈下进行考察，全面、清晰地认识城市与河流关系的历史演变，深入研究城市河道空间的生态、经济和人文价值优势，才能提出适用于我国多数城市的建议对策，实现城市与水系的有机融合、人与自然的良性互动。

从2015年底中央城市工作会议提出“生态修复、城市修补”(以下简称“城市双修”)的新要求，到2017年3月住建部发文安排部署在全国全面开展城市双修工作，政策的密集出台表明我国的城市发展已由“增量扩张”进入“内涵提升”的新阶段。“城市双修”的目标是通过一定范围内的项目更新，带动更大区域的发展，提升社会、经济的综合效益，实现城市发展模式和治理方式的转型。在国家大力倡导新型城市化的当下，城市河道的“双修”与更新应瞄准环境整治、机能改善、经济发展、文脉沿承、社会改良等多重目标，全面赋予城市老旧滨河区新的活力。

本研究在杭州城市学研究理事会理事长、原杭州市委书记王国平所提出的“以城市发展方式的转变推动经济结构调整和产业转型升级，进而推动经济发展方式的转变”理念指导下，将“历史性城市景观”的概念引入河道研究，从生态、经济和文化的层面细致解读城市河道的丰富价值；通过对河流与城市历史关系的深入分析，将城市河道的治理与城市功能演进联系起来，指出城市功能演变是人类改变河流利用方式的根本原因，因此必须将河道视为城市的有机组成、将河道的保护利用与城市功能发展协调统一起来；针对城市河道保护与利用的现实途径，及时跟进杭州和国内外的城市河道有机更新研究与实践进展，探讨了河道景观多重价值向综合效益转化的机制原则，拓展了城市河道理论研究的广度和深度。研究充分结合文献与实地考察资料，系统构建了城市双修视阈下河道景观保护与利用的理论框架与方法体系，试图为新型城镇化过程中城市与水系的和谐共生提供科学建议，对于全面贯彻“城市双修”理念、丰富与完善“双修”理论应用场景、探索“双修”具体途径及策略具有现实意义。

在河道有机更新的相关研究中，得到了杭州国际城市学研究中心江山舞主任悉心指导和大力支持，在此谨表示衷心感谢。在本书的写作和出版过程中，还得到了杭州国际城市学研究中心毛燕武处长、李燕副处长，中国计量大学艺术与传播学院徐向纮院长，浙大城市学院王佳副教授等领导、好友的帮助和鼓励，在此一并致谢。

目　录

上篇:理论基础

中篇:路径探索

上篇：理论基础

第一章　城市的发展与“双修”

第一节　城市与城市发展

城市是人类文明的重要组成部分，是社会生产力发展到一定阶段的产物。根据历史资料和考古研究，城市的出现至少已经有五千余年的历史。尽管“城市”尚没有一个明确的定义和标准，但作为与“乡村”或“自然”相对的概念，通常指人口较为稠密，具有一个或几个起支撑作用的基本经济来源，包含了住宅、工业、商业、教育医疗等基础设施，并且具备行政管辖职能的地区[①]。在现代社会中，人们生活已离不开承载着工作、居住、交通和休闲四大功能的城市实体。马克思在世界城镇化初期就认为：“城市本身表明了人口、生产工具、资本、享乐和需求的集中；而在乡村里所看到的却是完全相反的情况：孤立和分散。”[②]

周毅等学者曾较为笼统地描述了城市发展的过程：“在农业经济时代，生产力水平低下，城市发展非常缓慢。工业革命结束了城市中工场手工业的生产形式，代之以机器大工业的生产方式，使城市中经济活动的社会化、生产的专业化向着更广的范围发展。随着大工业生产体系的形成，使原有的分散和落后的手工业生产和以农业为主体的乡村经济发生了性质上和地域上的变化，人类的生产和生活开始不断向城市集中。城市化反过来又推动工业化发展，为工业化提供必要的物质条件和智力、技术等方面的支持。城市的比较优势导致生产活动不断向城市集聚，从而产生显著的规模效应，成为区域经济增长点。城市化集聚

① 左冕.义乌城市化发展对生态系统服务的影响及其对策研究[D].北京：北京林业大学，2014.
② 中央编译局.马克思恩格斯全集[M].北京：人民出版社，2002.

过程除第二、三产业在城市的不断集中和发展之外，还包括人口的集聚和增加，进而导致城市数量和规模的不断扩大。当城市人口达到一定规模时城市经济的集中就会创造出高劳动生产率，并且带来辐射扩散的外部效应。”①

因此，城市是人类社会物质和精神财富生产、积聚和传播的中心，同时社会、经济和科学技术的进步又促进了城市的发展。城市发展包含城市经济发展、人口发展、空间发展、社会发展、环境发展等多个侧面，在各个学科领域中有不同的理解和侧重。从经济学的角度看，城市发展是人口、社会生产力逐渐向城市转移和集中的过程，是由于经济专业化和技术进步，人们离开农业经济向非农业活动转移并在城市集聚的过程。从人口学的角度看，城市发展是人口结构向城市倾斜、人口流动由农村向城市集中的过程，包括集中点的增加和每个集中点的扩大。从发展学的角度，特别是从社会生产方式的角度来看，城市发展则是建立在社会劳动分工基础上的，由产业、人口、空间三者相互作用、共同推进的自然历史过程②。而以上这些过程，可以统称为“城市化/城镇化(urbanization)”③。

通常城市化过程集中表现为两种形式：一是城市数量的增多；二是城市人口规模的扩大，从而使城市人口占总人口的比例不断提高。国内学者通常从人口增长、经济发展、空间扩张和生活提高四个方面的互相联系、相互促进方面进行研究和分析。其中，经济发展是基础，人口增长和地域扩张是表现，生活水平提高是最终结果或目标④。世界各国工业化进程、历史基础、社会经济发展、文化背景的不同，使得世界城市化进程极不平衡，发达国家与发展中国家之间存在巨大差异。在同一时期，不同区域中的生产力要素(包括资本、物质、人力、能量以及信息)的流动速度和组合程度不同，决定了区域间城市化速度和水平的差异。

早在1975年，美国地理学家诺瑟姆(Ray M. Northam)就把城市化发展过程概括为一条拉平的S形曲线，划分为城市化发展初期(城镇化水平＜30%)、发展中期(城镇化水平介于30%～70%)和发展后期(城镇化水平＞70%)三大阶段，分别对应于工业化初期、中期和后期。我国方创琳等学者考虑到城市化与

① 周毅，李京文.城市化发展阶段、规律和模式及趋势[J].经济与管理研究，2009(12).

② 刘芳.城市发展的本质特征及其决定因素分析——以新经济地理学视角[J].上海经济研究，2008(6).

③ 城市化与城镇化两者的英文都是urbanization，用于反映人们生产、生活空间分布的动态演变过程，两者并无本质区别。一般在我国官方文件中多使用城镇化，而学者们在研究中多使用城市化一词。故本书在引用官方文件时依旧使用城镇化，其余部分使用城市化。

④ 黄金川，方创琳.城市化与生态环境交互耦合机制与规律性分析[J].地理研究，2003(2).

工业化的同步对应关系，提出将城市化的三阶段修正为新型城市化高质量发展的四阶段论（见图1-1），即将S形曲线划分为城市化发展初期（城市化水平介于1%～30%，为起步期）、城市化发展中期（城市化水平介于30%～60%，为成长期，增速较快）、城市化发展后期（城市化水平介于60%～80%，为成熟期，增速减缓）、城市化发展终期（城市化水平在80%以上，为顶峰期）四个阶段①。

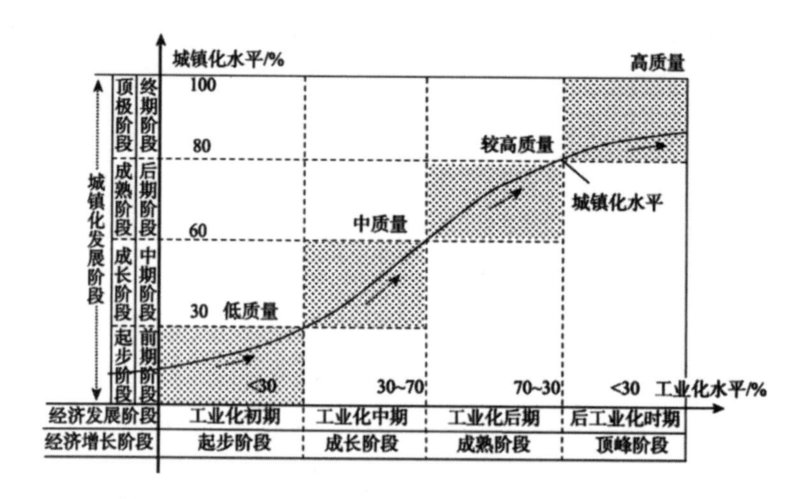

图1-1 新型城市化高质量发展的四阶段性规律示意图②

从已有的国际经验来看，城市化水平达到30%左右会出现城市化发展加速，并由此逐渐进入稳定阶段。这是因为历史上城市化与工业化具有很强的同步性，城市化快速推进的时期往往也是工业化水平快速提高的时期。一般的，城市化率与工业化率呈现正相关的关系，如二战后的日本在1950年时城市化率为37.5%，而到了1955年已经提高到了56.3%，年均增长约3.77个百分点；1970年日本城市化水平即达到72.2%，进入城市化后期阶段；韩国也仅仅用了21年时间，城市化水平就由20%（1960年）上升到56%（1981年）。

我国自新中国成立以来大致经历了四个阶段，即城市化恢复和快速发展（1949—1957）、城市化不稳定（1958—1965）、城市化停滞（1966—1977）和城市化正常发展（1978年至今）③，并自1996年起进入了“快速城市化”时期。具体的数据上，新中国成立时中国的城市化水平仅为10.64%，到1960年增加到19.75%，

① 方创琳，刘晓丽，蔺雪芹.中国城市化发展阶段的修正及规律性分析[J].干旱区地理，2008(4).

② 方创琳，刘晓丽，蔺雪芹.中国城市化发展阶段的修正及规律性分析[J].干旱区地理，2008(4).

③ 汪冬梅.中国城市化问题研究[M].北京：中国经济出版社，2005.

之后降低到1977年的17.55%；在1978年到2018年的40年间，城市化水平由17.92%快速上升到59.58%，已经达到中等收入国家的平均水平（见图1-2）。有学者将改革开放40多年中国城市化发展的阶段性特征归纳为发展准备期（1978—1984）、增速逐渐加快的快速发展期（1985—2011）和增速逐渐减缓的快速发展期（2012年至今）等三个阶段①。根据国家统计局的数据，1978年至2017年的40年间，我国的城市数量由原来的193个增加到661个，其中地级以上城市由101个增加到298个，县级市由92个增加至363个，建制镇的数量由2 176个增长到21 116个②，这都是推行城市化管理的结果，也与改革开放40多年经济社会的快速发展呈很强的正相关性。在我国甫一加入WTO、经济高速增长的1999年至2011年，城镇化率一跃由34.78%提升至51.27%，年均提高1.37%，远高于0.84%的世界城市化年平均增长速度。联合国在关于世界城市化展望的研究报告中预计，中国城镇化从现在到2030年还会保持一个较快的速度，届时城镇化率将提高到65%～70%左右，国内外许多研究机构和专家学者也有类似的看法③。

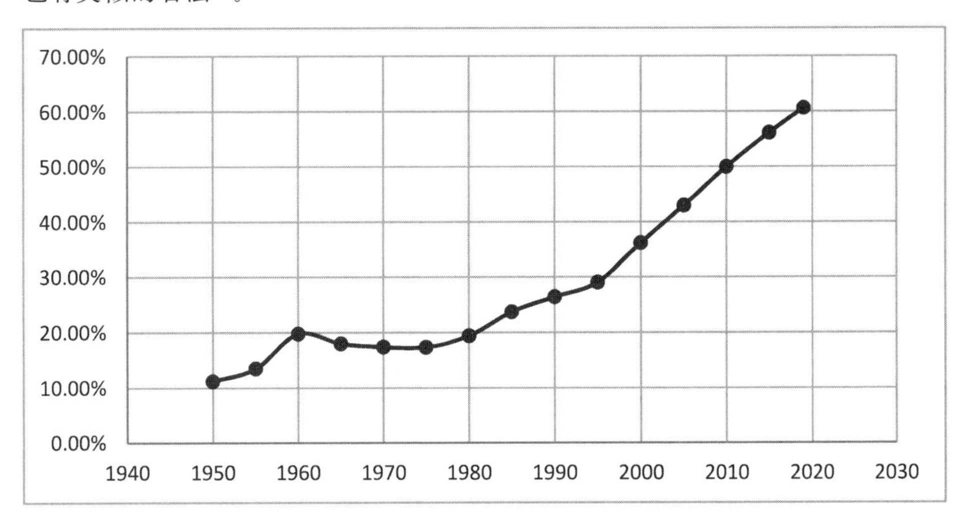

图1-2　1950—2019年中国城市化率即城镇人口占比变化图

资料来源：作者自绘，数据来自国家统计局网站的《中国统计年鉴》，网址 http://www.stats.gov.cn/tjsj/ndsj/

① 任杲，宋迎昌，蒋金星.改革开放40年中国城市化进程研究[J].宁夏社会科学，2019(1).

② 赵欣.我国城镇化与城市更新[J].现代管理科学，2019(1).

③ 李克强.协调推进城镇化是实现现代化的重大战略选择[J].行政管理改革，2012(11).

最近20多年来,中国的城市化路径除了“先工业化再城市化”这一传统做法外,还发展出“先建起新城后发展产业”的新模式,呈现出“政府主导型城市化”与“产业主导型城市化”并重的局面。地方政府以土地抵押来推动城市扩张和基础设施建设,一方面直接拉动经济增长和房地产市场发展;另一方面期望能够通过提升城市形象而“筑巢引凤”,吸引外来投资。正如世界银行对西安市领导的访谈中,领导们一致认为“城市只有规模上升,城市发展了才有项目,然后工业化推动城镇化,这样才能达到集聚效应和规模效应”[①]。城市建设和土地开发作为拉动经济增长的引擎,城市化本身成为中国刺激经济发展的主要手段之一。甚至已经有大量事实证据表明,各地经济发展已经产生了由工业化主导向城市化主导的结构转变[②]。在可以预见的一段时间内,“造城模式”仍将与“以地引资”一道,成为地方政府经营城市的重要策略。

李克强总理曾指出:“协调推进城镇化是实现现代化的重大战略选择,城镇化具有不可替代的融合作用,能够一举托两头,可以有效提高农业劳动生产率和城乡居民收入。同时,城镇化也是中国最大的内需”[③]。截至2018年,我国北京、天津、上海、广州、重庆、成都、武汉、郑州、西安等9大中心城市连同各自周围众多的次高点,共同撑起范围宽、容量大、层级高的城市穹庐,描绘出中国新型城镇化蓝图上的主要脉络和线条。在人口规模上,9大国家中心城市常住人口总数占全国总人口的比重达到10%以上;在经济规模上,9大国家中心城市的GDP总量占全国GDP的比重为20%左右;在GDP增速上,9大国家中心城市的GDP增长速度大多超过全国平均水平[④]。而根据联合国的数据,2008年全球城市人口首次超过农村人口,人类经济社会活动的空间分布进入了以城市为主的新阶段。无论在发展中国家还是发达国家,城市作为社会经济的重要载体,已经成为现代人类发展的基本途径。

---

① 王媛.我国地方政府经营城市的战略转变——基于地级市面板数据的经验证据[J].经济学家,2013(11).

② 中国经济增长前沿课题组.城市化、财政扩张与经济增长[J].经济研究,2011(11).

③ 李克强.协调推进城镇化是实现现代化的重大战略选择[J].行政管理改革,2012(11).

④ 本报评论员.着眼高质量引领城镇化[N].经济日报,2019-1-30.

第二节　城市病与城市更新

国内外城市发展的经验表明，城市化具有正、负两个方面的效应。一方面城市化可以促进经济的繁荣和社会的进步，通过集约利用土地、提高资源利用效率，促进了教育、就业、健康和社会服务；另一方面，城市化改变了自然生态系统的结构和过程，影响着城市生态、经济、社会等系统的稳定运行，使人类的生理和心理健康、环境质量陷入较大危机。这些问题主要体现在三个方面：①城市的气候变化（如热岛效应）和环境污染，包括水、空气、噪声和固体废弃物污染等；②自然资源的耗竭与短缺，特别是淡水、矿物燃料、耕地的过度利用和生物多样性的减少；③城市人口的增加导致大量的社会问题，如住房紧张、交通拥堵、文教卫生等社会资源的分配不合理等。这些因城市发展而产生的负面效应使城市建设与城市发展处于失衡和无序状态，造成资源的巨大浪费、居民生活质量下降和经济发展成本提高，制约着城市的持续发展甚至导致城市不同程度的衰退，因而被统称为城市病。

为了应对和治理城市病，过去100多年里西方国家开展了大量理论探索和建设实践，在此基础上形成了城市重建（urban reconstruction）、城市振兴（urban revitalization）、城市更新（urban renewal）、城市再开发（urban redevelopment）、城市再生（urban regeneration）等不同的理念和概念。尽管这些理念和概念体现了不同的时代特征和特殊内涵，但本质上都反映了城市改造、重建、再生和延续的过程[①]，相互间也具有一定的延续性，总体上都可以归为针对“城市病”而开展的“城市更新”。

一、西方国家城市更新简述

根据不同时期的不同特点，现代意义上西方国家的“城市更新”大致经历了三个发展阶段。一是20世纪40至50年代基于形体规划思想的拆旧建新式改造阶段。受20世纪30年代经济大危机和第二次世界大战的影响，西方国家一些大城市中心区人口和工业出现了向郊区迁移的趋势，原来的城市中心区逐渐

① 王桢桢.城市更新的利益共同体模式[J].城市问题，2010(6).

衰落，经济萧条、税收下降、就业岗位减少、房屋和设施失修、社会治安和生活环境恶化。为此，不少欧美国家都制定了雄心勃勃的城市更新计划，开展了大规模的城市更新运动[①]。这一阶段城市更新的主要内容是城市中心区改造与贫民窟清理，主要目的是振兴城市经济和解决住宅匮乏问题，主要方式是拆旧建新、推倒重来。像伦敦、巴黎、慕尼黑等欧洲大城市都曾在城市中心区进行了大规模的拆旧建新活动；在纽约、芝加哥、曼彻斯特等贫民窟比较多的大城市，则开展了大规模的"消灭贫民窟"运动，将贫民窟推倒重建，居民全部搬迁。然而，这一阶段的城市更新运动并不成功，问题主要出在指导思想上。这一阶段城市更新主要指导思想的核心是"形体决定论"，其最大的缺陷就是把动态的城市发展看成是一个静态过程，寄希望于通过宏大的形体规划来解决城市发展中遇到的所有问题，忽视了人的需求和城市功能的更替演进[②]。像芝加哥的"城市美化"运动，尽管通过对街道、城市雕塑、公共建筑、公园、娱乐设施、开放空间的改造和装扮达到了美化城市的目的，却忽视了城市功能的更新；而伦敦、巴黎、慕尼黑、纽约等城市在美化中心区、清理贫民窟后，焕然一新却多有雷同的城市面貌不仅使城市居民觉得单调乏味、缺乏特色、埋没人性，而且带来了诸多社会问题，有西方学者甚至将这一阶段的城市更新运动称作是继第二次世界大战之后的"第二次破坏"。

第二个阶段是20世纪60至70年代基于人本主义思想的渐进式综合性改造。20世纪60年代以来，许多西方学者从不同角度，对形体规划思想指导下的大规模城市更新运动进行了反思，并提出了一系列以人本主义为核心的新思想。美国著名学者简·雅各布斯在1961年出版的《美国大城市的生与死》一书中，提出了"多样性是城市的天性"的重要思想。她认为，几十年来的大规模城市更新改造一定程度上摧毁了有特色的建筑物、城市空间以及城市文化[③]。她指出，那些充满活力的街道和居住区，都拥有丰富的多样性，而失败的城市地区往往都明显地缺乏多样性。她主张城市改造要"从追求洪水般的剧烈变化到追求连续的、逐渐的、复杂的和精致的变化"。著名城市理论家L.芒德福在同年出版的《城市

---

① 廖源.杭州市中山南路历史街区综合保护及其使用后评价研究[D].杭州：浙江大学，2011.

② 刘磊，杨雪伦.中西方城市更新对比研究——中国城市化道路的探索[J].河北建筑工程学院学报，2009(9).

③ 简·雅各布斯.美国大城市的死与生[M].南京：译林出版社，2005.

发展史》一书中，明确反对追求“巨大”和“宏伟”的城市改造计划，强调城市规划要以人为中心，注意人的基本需要、社会需求和精神需求，城市建设和改造应当符合“人的尺度”。1975年，美国建筑理论家克里斯托弗·亚历山大在《俄勒冈实验》一书中也对大规模推倒重建的城市更新改造提出了批评。他认为，以往的大规模形体规划对城市现状采取完全否定的态度，忽略和摧毁了城市环境中诸多历史的有价值的东西，不仅不经济，而且导致了城市宜人环境的丧失。他提出，在今后的改造发展中应当注意保护城市环境中好的部分，同时积极改善和整治那些“差”的部分，并对历史保护区内的新建筑建设进行严格控制①。总之，这一阶段西方国家城市更新不再单纯地考虑物质因素和经济因素，同时也强调普通市民的需求，反对大规模的拆旧建新，力图通过渐进式、综合性的城市更新系统解决就业、教育、社会公平等城市发展中面临的突出问题②，从而大大丰富和完善了城市更新的内涵。

第三个阶段是20世纪80年代以来基于可持续发展理念的多目标和谐更新。世界范围内资源耗竭、环境污染、人口压力等诸多问题促使人们对以往的城市更新运动和城市发展模式进一步进行反思，并与广泛兴起的可持续发展思潮相融合，形成了更加注重人居环境、生态环境和城市可持续发展的理论导向和政策取向③。1996年在伊斯坦布尔召开的联合国第二届人类住区会议，确立了21世纪人类奋斗的两个主题，即“人人有适合的住房”和“城市化进程中人类住区的可持续发展”。2000年法国政府颁布的《社会团结与城市更新法》，将“城市更新”定位为以推广节约利用空间和能源、复兴衰败城市地域、提高社会混合特性为特点的新型城市发展模式。2003年英国政府制订的“可持续发展社会规划”，主张在以人为本的原则下，通过社区的可持续发展以及和谐邻里的建设来增强城市经济活力。这些都标志着西方国家的城市更新进入了以可持续发展为核心的多目标和谐发展新阶段。

自20世纪70年代以来，西方发达国家城市更新研究的重点从早期的单纯物质形式的更新转向城市社会形态、经济形态更新的研究，并与区域、环境、公共

---

① (美)克里斯托弗·亚历山大.俄勒冈实验[M].赵冰，刘小虎，译.北京：知识产权出版社，2002.

② 刘磊，杨雪伦.中西方城市更新对比研究——中国城市化道路的探索[J].河北建筑工程学院学报，2009(9).

③ 赵卿.乾县旧城更新发展研究[D].西安：西安建筑科技大学，2011.

政策的研究相结合，大大拓展了研究的深度，“城市更新”(urban renewal)的提法和概念也逐步被国际社会广泛接受。一般认为，城市更新是对城市中某一衰落的区域进行拆迁、改造、投资和建设，使之重新发展和繁荣。它既包括对客观存在实体(建筑物等硬件)的改造，也包括对生态环境、空间环境、文化环境、视觉环境、游憩环境等的改造与延续，以及邻里的社会网络结构、心理定势、情感依恋等软件的延续与更新[①]。现代城市更新的目标涵盖了环境整治、社会改良、机能改善、增强经济活力、提高竞争力等诸多方面，追求全面的城市功能和活力再生、活化城市的社会与文化、降低犯罪率、创造更多的就业机会以改善城市经济城市财政、提升城市竞争力等[②]。

二、中国城市更新的基本特点

从欧美发达国家的经验来看，当城市化率达到60%左右后，人口密集、土地紧张、环境污染等问题就会集中显现，意味着城市发展已完成“量”的积累、需要“质”的提高，城市更新应被提上日程。由于时代背景的差异，中国的城市更新具有自身的特点和任务，但是其复杂程度绝不比西方城市来得简单。经过40多年高速发展，中国城市已面临空间土地资源趋紧、经济模式待转变、文化传统须传承等迫切问题，使得城市更新成为一个战略性的课题和未来城市发展的主要方向之一。据国家统计局数据，2019年末我国常住人口城镇化率已达60.6%；同时，我国经济发展逐渐进入高速增长转向中高速平稳增长的“新常态”阶段。区别于“旧”的传统经济发展模式，所谓“新”主要是指在中高速增长状态下，经济增长动力由原来的要素驱动、投资驱动转向创新驱动，并由此带来经济结构的转变与调整[③]。“新常态”的经济发展模式也将引起城市发展模式的转型，引导我国城市发展由增量扩张为主转入存量更新为主的新阶段，其主要表征为：由增量土地的外延扩张转向存量土地的优化更新；由以劳动密集型制造业为主的生产型城市转向以中高端制造业和服务业为主的创新型城市；由经济增长为核心的单一目标，转向经济、社会和环境可持续发展的综合目标[④]。整体来看，中国快速

① 姜杰，宋芹.我国城市更新的公共管理分析[J].中国行政管理，2009(4).

② 程大林，张京祥.城市更新：超越物质规划的行动与思考[J].城市规划，2004(2).

③ 刘伟，苏剑.“新常态”下的中国宏观调控[J].经济科学，2014(4).

④ 张磊.“新常态”下城市更新治理模式比较与转型路径[J].城市发展研究，2015(12).

的城市发展、激烈变动的社会与空间结构、愈加竞争的宏观环境，都对城市建设和发展提出了更高的要求。

中国共产党第十九届五中全会提出要实施城市更新行动，为“十四五”乃至今后一个时期做好城市工作指明了方向[①]。《中共中央关于制定国民经济和社会发展第十四个五年规划和二〇三五年远景目标的建议》中明确提出“推进以人为核心的新型城镇化，实施城市更新行动”，对进一步提升城市发展质量做出了重大决策部署[②]；2020年末的中央经济工作会议也提出要实施城市更新行动，并将老旧小区改造、生态修复、完善城市空间结构、强化历史文化保护、新型城市基础设施建设、增强防洪排涝能力等各项内容列入城市更新的任务清单[③]。目前，国内一线城市和部分发达地区城市因面临着产业转型和土地资源瓶颈的双重压力，已经率先开展城市更新的地方实践。深圳早在2004年就启动了城中村改造，并在2009年出台了《深圳市城市更新办法(深圳市人民政府第211号令)》，明确了“政府引导、市场运作”等原则，规范本市行政区域范围内的城市更新活动。2020年12月30日，全国首部城市更新立法《深圳经济特区城市更新条例》在深圳市人大会议上正式通过，创设了“个别征收＋行政诉讼”制度以破解城市更新中的“搬迁难题”，表明深圳城市更新将进一步提速。

在中国，城市更新并非像许多西方国家(尤其是美国)在大规模郊区化、逆城市化完成后面对内城严重衰败的问题再重新进行旧城的更新、复兴，当前中国的旧城更新是与城市化的高速推进过程相并行的，因而其问题更加复杂，其动因也更加多元[④]。城市建设既是贯彻落实新发展理念的重要载体，也是构建新发展格局的重要支点[⑤]，城市更新行动不仅仅是建设部门的事情，而要通过开发建设方式的改变，反过来推动经济发展方式的转型。住房和城乡建设部部长王蒙徽指出，我国城镇生产总值、固定资产投资占全国比重均接近90%，消费品零售总

---

① 中国共产党第十九届中央委员会第五次全体会议公报[EB/OL]. 新华网. http://www.xinhuanet.com/politics/2020－10/29/c_1126674147.htm

② 中共中央关于制定国民经济和社会发展第十四个五年规划和二〇三五年远景目标的建议[EB/OL]. 中国政府网. http://www.gov.cn/zhengce/2020－11/03/content_5556991.htm

③ 2020年中央经济工作会议[EB/OL]. 人民网. http://finance.people.com.cn/GB/8215/431747/434910/index.html

④ 张京祥，易千枫，项志远.对经营型城市更新的反思[J].现代城市研究，2011(1).

⑤ 王蒙徽.实施城市更新行动[EB/OL].人民网.http://theory.people.com.cn/n1/2020/1229/c40531－31982000.html.

额占全国比重超过85%;实施城市更新行动,谋划推进一系列城市建设领域民生工程和发展工程,有利于形成新的经济增长点,培育发展新动能,畅通国内大循环[①]。不同于简单的旧城改造,当前意义上的城市更新已远远超出物质环境改善和视觉审美的层面,以往单一的空间和物质规划方法不再适用[②]。实施城市更新行动的总体目标是建设宜居城市、绿色城市、韧性城市、智慧城市、人文城市,不断提升城市人居环境质量、人民生活质量、城市竞争力,走出一条中国特色城市发展道路。住房和城乡建设部总经济师杨保军认为,城市更新的第一项任务是要调整城市的空间结构、优化城市空间布局、完善城市功能,应该从国家尺度、城市群都市圈、单个城市等三个层次来关注城市的空间结构[③]。在城市更新过程中,要规划构建生态基础设施,通过替代或者补充工业文明的灰色基础设施来解决当代城市尤其是旧城市面临的众多问题。

程大林等学者指出,随着城市更新超越传统物质规划的领域,我们需要更深入的思考和更谨慎的行动。在城市更新中,绝不能割断历史、生硬替换,而应当如同细胞的更新一样成为一种延续和生长、进化,要在原有的基础上进行新陈代谢,将过去、现在、未来联系起来。清华大学的吴良镛教授根据上世纪70、80年代对北京旧住区的更新规划实践,结合中西方城市发展历程提出了“有机更新”的理论,指出对原有居住建筑的处理要区别对待。城市有机更新理论的思想起源可追述到伊利尔·沙里宁的有机城市理论。沙里宁在1934年出版的著作《城市——它的成长、衰败与未来》中首次将用生命有机体的观点来研究城市,他指出作为物质有机体,城市也具有“表现”和“相互协调”这两条基本原则[④]。前者是个体的形式,能真正表达出来藏在外形下面的涵义,后者则使许多个个体形式组成有机的整体。当追溯城镇发展历程时,贫民区等城市病都是规划建设时没有遵循城市的“有机秩序”造成的[⑤]。吴良镛教授的实践对象不仅包括了历史上不断形成的在城市中非经规划的居住地段、街区,也有建国以后陆续建造的因某种原因需要更新改造的住区。他提出首先应通过对地区的调查,保留建筑质量

---

① 王蒙徽.实施城市更新行动[EB/OL].人民网.http://theory.people.com.cn/n1/2020/1229/c40531-31982000.html.

② 程大林,张京祥.城市更新:超越物质规划的行动与思考[J].城市规划,2004(2).

③ 杨保军.坚持系统观念 整体推进城市更新[N].中国建设报,2021-01-12.

④ (美)伊利尔·沙里宁.城市——它的成长、衰败与未来[M].北京:中国建筑工业出版社,1986.

⑤ 孙雨晴.城市更新背景下文化创意产业发展研究[D].西安:西安建筑科技大学,2016.

较好且具有文物价值的建筑；对于部分完好的建筑进行修缮；对于已经破败无法继续使用的建筑采取拆除的方式。同时，保留原有的胡同街坊体系，将新建住宅单元式住宅和四合院结合起来[①]。吴良镛教授的“有机更新”理论在北京的旧城住区更新改造实践中取得了成功，随后这一理论作为城市可持续战略的基本原则应用于各种类型的城市更新实践中。

在《北京旧城与菊儿胡同》一书中，吴良镛教授将“有机更新”理论总结为：采用适当规模、合适尺度，依据改造的内容与要求，妥善处理目前与将来的关系——不断提高规划设计质量，使每一片区的发展达到相对的完整性，这样集无数个相对完整性之和会促进整体环境得到改善，达到有机更新的目的[②]。有机更新的思想核心主要体现在以下几点：第一，城市是一个有机组合体，对于任何一处的更新改造都应从整体出发，从而维持相互协调性；第二，在更新实践中，应在详实的现状调研基础上，区别对待每一类对象。针对不同性质现状提出针对性更新措施；第三，城市更新如同有机体的新陈代谢，是一个持续的自我修复过程[③]。应注重更新的持续性，在不同阶段进程中应及时调整更新策略来应对环境变化。

综上所述，现代城市有机更新追求的是促进城市社会经济协调发展、保护城市生态、延续城市文脉、凸显城市特色，其更新的目标涵盖了环境整治、社会改良、机能改善、提高经济活力和竞争力等诸多方面[④]，希望能全面赋予城市旧区新的活力。从一定程度上讲，城市更新是城市发展永不停滞的脉搏，是永不衰竭的动力[⑤]。上海在近年的城市更新中不仅将城市作为有机生命体，也是将大城市作为若干“小城市”的共生群体；不仅将城市更新作为城市新陈代谢的成长过程，也将城市更新作为一种对城市短板的修补和社会的治理过程；不仅强调历史人文和自然生态的传承，也强调城市品质和功能的创造；不仅是城市发展质量和效益提升的过程，也是城市各方共建、共治、共享的过程[⑥]，取得了可喜的成果。

---

① 中国城市规划设计研究院，建设部城乡规划司，清华大学建筑学院.城市规划资料集(第八分册)城市历史保护与城市更新[M].北京：中国建筑工业出版社，2008.

② 郭小凡，郭殿声.城市更新下的文化遗产保护构想——以敦煌市为例[J].中外建筑，2016.

③ 孙雨晴.城市更新背景下文化创意产业发展研究[D].西安：西安建筑科技大学，2016.

④ 郭小凡，郭殿声.城市更新下的文化遗产保护构想——以敦煌市为例[J].中外建筑，2016.

⑤ 程大林，张京祥.城市更新：超越物质规划的行动与思考[J].城市规划，2004(2).

⑥ 庄少勤.上海城市更新的新探索[J].上海城市规划，2015(10).

杭州也提出推进“城市有机更新”的实质就是走新型城市化道路，既要吸取西方国家拆旧建新的历史教训，又要吸收20世纪60年代以来注重以人为本、注重历史价值保护、注重城市可持续发展等精华，把城市作为一个生命体来对待，突出“有机”二字①。在近些年“城市有机更新”实践中，杭州不断丰富完善“以民为本、保护第一、生态优先、文化为要、系统综合、品质至上、集约节约、可持续发展”等八大理念，实现了与时俱进、创新发展。

实施城市更新行动，努力把城市建设成为人与人、人与自然和谐共处的美丽家园，具有重要而深远的意义。在一个社会多元和愈加竞争的环境里，城市更新不应该被单纯看作是赢利性的工程技术行为，它具有更高、更广的社会与经济目标。随着经济社会发展，人民群众收入水平提高和需求层次升级，满足人民群众需要的关键由解决“有没有”变成了“好不好”的问题。城市更新是推动解决城市发展中的突出问题和短板、提升人民群众获得感、幸福感和安全感的有力举措。这就要求我们把工作重点从生产函数转移到效用函数上，真正做到以人为核心，围绕人理解和把握影响发展的因素。因此，中国城市更新的重点在于推动城市开发建设方式从粗放型外延式发展转向集约型内涵式发展，逐步由房地产主导的增量新建转向以提升城市品质为主的存量改造与提质，推动城市结构调整优化，促进城市品质提升、城市管理服务水平提高，让人民群众生活得更方便、更舒心、更美好②。

第三节　“城市双修”的内涵与意义

一、“城市双修”提出的背景

1978年3月，国务院在北京召开第三次全国城市工作会议，制定了关于加强城市建设工作的意见。随后的改革开放使我国经历了世界历史上规模最大、速度最快的城镇化进程，城市发展波澜壮阔，取得了举世瞩目的成就。但在城市建设取

① 孙跃，李伟庆.杭州城市发展和有机更新实践研究[J].现代城市，2009(6).

② 王蒙徽.实施城市更新行动[EB/OL].人民网.http://theory.people.com.cn/n1/2020/1229/c40531－31982000.html

得巨大成就的同时，中国也面临着资源紧缺、环境污染严重、基础设施建设滞后、城市面貌不佳等问题，各种“城市病”开始蔓延。2015 年 12 月，在时隔 37 年后在北京再次召开中央城市工作会议，提出要认识、尊重、顺应城市发展规律，端正城市发展指导思想，更加重视做好城市工作。习近平在会上发表重要讲话，分析城市发展面临的形势，明确做好城市工作的指导思想、总体思路、重点任务，李克强在讲话中论述了当前城市工作的重点，提出了做好城市工作的具体部署，并作总结讲话[①]。中央城市工作会议提出在“建设”与“管理”两端着力，转变城市发展方式，完善城市治理体系，提高城市治理能力，解决城市病等突出问题。

党的十八大以来，中国将以人为本的新型城镇化作为推进城镇化战略的新理念，在于解决当前发展中存在的不平衡、不协调、不可持续的问题。党的十九大报告明确提出：“我国社会主要矛盾已经转化为人民日益增长的美好生活需要和不平衡不充分的发展之间的矛盾。”“不平衡不充分”在新时期主要表现为对新供给的需求越来越大。如果说我国早中期城镇化的速度由城市的空间拓展和人口集聚的效率决定，我国中后期城镇化的发展空间和质量则由城市更新决定。根据国际经验，进入中等收入阶段后，发达国家消费构成明显沿着“衣食—耐用品—休闲”的升级趋势发展。2018 年，我国人均 GDP 达到 7 500 美元，与美国 1974 年、日本 1980 年、韩国 1991 年的水平基本相当。在该阶段，美、日、韩等国居民的食品和衣着消费占比由 40%下降到 30%左右，而教育娱乐休闲和交通通信消费占比由 20%上升到 30%左右。由此可以预见，我国居民消费结构也将逐渐发生相似的转变。与社会发展趋势相对应的是，当前我国城镇化发展也进入了一个转折时期。改革开放以来的前三十年，开发区、新区、新城是城市发展的主要特征，城市规划工作也是以空间供给为主要内容，增量规划成为过去很长一段时间规划工作的主旋律。而最近十年，由于经济增速减缓，城镇化进入中低速发展阶段，城市转向内涵式发展。落实到规划建设上，城市发展要以一种新的空间供给方式长期回应“不平衡不充分”的问题，重点在于“补短板”，补齐城市的品质、环境、文化、创新、公共服务等方面的短板，把以前“重外延、轻内涵”的城市建设指导思想转到提高城市发展质量和内涵上来，以此推进供给侧结构性改革[②]。

“生态修复、城市修补”于 2015 年在中央城市工作会议后由住建部提出。

---

① 中央城市工作会议专题[EB/OL].新华网.http://www.xinhuanet.com/politics/2015csgz.

② 王凯，马浩然.以城市更新的思维促进海口中心城区空间品质提升[J].城乡规划，2018(8).

“生态修复”是指用“再自然化”的理念，对受到破坏的自然生态系统进行恢复与重建，增强其生态功能。“城市修补”是指以更新织补的理念，修复城市设施、空间环境、景观风貌，提升城市特色和活力[①]。党的十九大之后，结合国家新的发展理念，海口市提出要以城市更新工作来引领城市发展，解决不平衡、不充分发展问题的目标。2017 年 3 月，住建部下发《关于加强生态修复城市修补工作的指导意见》，提出“政府主导，协同推进；统筹规划，系统推进；因地制宜，有序推进；保护优先，科学推进”的“城市双修”基本工作原则[②]。近年来，“城市双修”工作得到社会的广泛认可，已有 58 个城市分三批次被列为“城市双修”试点城市（见表 1-1）。

表 1-1 “城市双修”理念提出及实施重要节点演变[③]

阶段	时间	重要节点事项
理念萌芽期	2012 年 11 月	十八大提出把生态文明建设放在突出地位，努力建设美丽中国
	2013 年 11 月	《中共中央关于全面深化改革若干重大问题的决定》指出，生态修复必须遵循自然规律，对山水林田湖进行统一保护、统一修复十分必要
	2013 年 12 月	中央城镇化工作会议提出，让城市融入自然，把绿水青山留给城市居民，注意保留村庄原始风貌，传承文化
	2014 年 2 月	《住房和城乡建设部城市建设司 2014 年工作要点》提出，加快城市基础设施建设，改善城镇人居生态环境，预防和治理“城市病”
概念形成期	2015 年 4 月	住建部提出，在三亚开展“生态修复、城市修补”试点工作
	2015 年 6 月	住建部同意设置三亚为“城市双修”试点城市，“城市双修”拉开帷幕
	2015 年 10 月	十三五规划提出，实施山水林田湖生态保护和修复工程，提高城市规划、建设和管理水平
	2015 年 12 月	中央城市工作会议提出，要加强城市设计，提倡城市修补，城市工作要把创造优良人居环境作为中心目标

① 中国城市规划设计研究院.催化与转型：“城市修补、生态修复”的理论与实践[M].北京：中国建筑工业出版社，2016.

② 中华人民共和国住房和城乡建设部.住房城乡建设部关于加强生态修复城市修补工作的指导意见[EB/OL].http://www.mohurd.gov.cn/wjfb/201703/t20170309_230930.html.

③ 崔莹莹，高庆浩，陈可石，等.“城市双修”工程的人本导向研究——基于需求溢出的理论解析与案例探讨[J].地域研究与开发，2018(8).

（续表）

阶段	时间	重要节点事项
实践推进期	2016年2月	《关于进一步加强城市规划建设管理工作的若干意见》指出，从整体平面和立体空间统筹城市建筑布局，制定和实施生态修复方案，恢复城市自然生态
	2016年11月	住建部起草了《关于加强生态修复城市修补工作的指导意见(征求意见稿)》
	2017年3月	住建部印发《关于将福州等19个城市列为生态修复城市修补试点城市的通知》
	2017年7月	住建部印发《关于将保定等35个城市列为第三批生态修复城市修补试点城市的通知》
	2017年10月	十九大提出构建政府主导、企业为主体、社会组织和公众共同参与的环境治理体系
	2020年11月	“十四五”规划提出实施城市更新行动，推进城市生态修复、功能完善工程，实践以人为核心的新型城镇化
目标预达期①	2017年	“双修”工程规划设计全面启动，推进一批富有成效的城市示范工程
	2020年	“双修”工程在全国展开实施，城市生态得到保护和修复，功能结构得到完善和提升
	2030年	“双修”工程取得突出成效，打造一批具有活力和特色的宜居型城市

城市的发展过程不仅体现在土地的开发和建设上，更表现为产业基础、经济结构和社会文明的不断提升。从国际趋向来看，当前城市的发展发生了大的价值取向的根本转变，发展理念从关注“以物为本”逐步转向“以人为本”；发展动力由单纯关注经济硬实力逐步转向文化、生态等软实力的共同发力；发展方式从原来关注规模的扩张转向追求城市功能的完善；发展形态由关注城市的中心城市建设逐步迈向以中心城市为主、大中小城市协调发展。中央城市工作会议也提出了国内城市建设的趋向，一是促进质量、效率、动力三大变革，引导城市从关注“大拆大建”的思路转向城市空间的微改造、微更新和有机修复，注重生态环境保

① 目标预达期的内容依据住房和城乡建设部《关于加强生态修复城市修补工作的指导意见》整理。

护、产业升级和人居环境的有机结合；二是更加注重业态、生态、文态和形态的有机结合。其中，业态是动力，生态是基础，文态是人文，形态是载体；三是树立了大的更新发展理念，真正把"创新、协调、绿色、开放、共享"的发展理念贯彻到城市规划、建设和管理的全过程。

作为城市更新的主要途径，"生态修复、功能修补"既要考虑到原先的经济社会发展对后续环节的影响，又要考虑城市发展过程中产生的新的需求①。通过系统性修复城市乃至区域生态系统、创造性修补促使人地和谐的物质空间环境、精细化修补城市基因是"城市双修"新的难点与重点：通过生态修复让城市得到休养生息、人居环境得到改善、经济实现增长；通过城市修补，固本生根，完善城市功能，推动城市特色化发展。秉持"绣花"的态度，运用更有针对性的精细化城市经营，实现城市品质的提升；通过"城市双修"探索符合创新需求的城市更新标准，打造回归人本活力的公共空间，建设舒适便捷的未来社区以及绿色生态的环境设施②。

二、"城市双修"的内涵

（一）由"点状人造自然"式修复向"面状生态系统"全域化修复转变

"双修"改变了传统的"边边角角修复、修补或填空"式更新，强调顺应城市自然基底，遵从生态系统演替规律，掌握生态要素的禀赋特性，严守生态底线。城市可持续发展的根本 是统筹好生产空间、生活空间、生态空间三者之间的关系。一方面，"双修"注重增强城市内部布局的合理性，提升城市的包容性；另一方面，通过划定水体、绿地、历史文化、基本农田及基础设施等保护线、控制线，修复水脉、绿脉、地脉等生态要素，全面修补破碎化的景观生态格局。同时，加强城乡乃至区域生态系统的连接性，维护自然山水格局的完整性，形成城乡一体、区域一体的全域化生态系统。

（二）由"巧夺天工"式修建向"敬畏城市本底"持续化"双修"转变

在过去的几十年中，由于部分城市管理者过度崇尚"巧夺天工"式物质空间景观风貌更新标准，致使城市建筑更新"贪大、媚洋、求怪而乱象丛生，特色缺失"，严重破坏城市风貌及天际线。不仅如此，一些城市物质空间环境的更新还

① 王建国，李晓江，王富海，等.城市设计与城市双修[J].建筑学报，2018(4).
② 黄琼.以城市更新推动佛山经济高质量发展[N].佛山日报，2019-1-23.

出现了“假山假水假生态”的病态化现象，严重割裂了生态系统的完整性。以上现象的肆意妄为均因缺乏对自然的基本敬畏，给城市生态和景观风貌带来了严重的负面影响。而“双修”则是强调敬畏自然，以城市发展客观规律为基础，采用科学的规划设计手段和生态化的技术措施，通过小范围渐进式的更新与自然、文化一脉相承的物质空间环境，促进人地关系和谐。

（三）由“大拆大建”式修建向“持续渐进微创”式精细化修补转变

我国城市正处于粗放蔓延式发展向内涵高效式发展转变的关键期，如何促进城市持续健康发展，实现和谐的人地关系，营造精致的景观风貌是新时期城市发展的重要内涵。2000年以后，我国的城镇建成区面积增加了70%，但城镇人口只增加了48%，土地的城镇化速度远高于人口的城镇化速度。在城镇化推进过程中，许多城市经历了一轮或多轮大范围推倒重建式城市更新活动，引发了严重的“大城市病”。在经历了粗放低效的更新活动后，小范围渐进式更新成为当今主要的城市更新方式。“城市双修”正是针对城市生态、用地结构、建设风貌、人地和谐等方面提出的多维度、综合性的城市更新理念，是新时期助推城市转型与持续发展的创新举措。自2015年“双修”被提出以来，诸多城市纷纷进行实践探索并取得了一定成效。但囿于对“双修”理论认识不足，实际工作中在体制机制、规划设计、模式做法、实施路径及建设管理等方面仍存在很多问题，一定程度限制了“双修”工作开展的高度、深度和广度①。基于此，“双修”更强调更新内容的高品质化，通过精细化的城市治理手段对更新的规划建设活动进行有效管控，结合当地文化特色和自然条件开展精致化城市设计，以及根据更新对象的特性而精准地选择适宜的修复/修补措施，成为建设宜居城市、美丽中国的实质性抓手。

三、“城市双修”的意义

（一）更新城市认知，凸显以人为本

生态修复和城市修补之所以被称为“双修”而不是“两修”，是因为它们是一个事情的两个方面，也就是说城市修补和生态修复是类似于“阴和阳”的关系，要

---

① 雷维群，徐姗，周勇，等.“城市双修”的理论阐释与实践探索[J].城市发展研究，2018(11).

一起推进，而不是只追求片面单一的目标与结果①。中国用改革开放以来的30多年时间，历经了西方发达国家几百年的城镇化历程，显性发展阶段更短，发病的过程大大压缩，“城市病”积累多，矛盾剧烈，爆发更为集中，给城市的环境资源、功能配置、形象品质、社会民生、支撑体系及城市管理等带来了极大的挑战②。经过40年改革开放的积累，中国已经基本解决温饱问题，开始向全面小康迈进，也即是说，中国的城市已经逐渐进入了以中等收入或中产阶级为主体的发展阶段。因此，社会需求和个人的需求都发生了本质性的变化，需要我们及时改变更新对城市的价值观和对城市的认知。无论是城市双修的提出还是城市设计的兴起，其目标都是满足社会和人在新形势下的种种需求，属于社会进步的结果。

时任中国城市规划设计研究院院长杨保军认为，在城市化阶段性特征和经济新常态的叠加影响下，今后我国城市发展将呈现三个突出趋势：一是降速，发展速度从高速转为中高速，城市间的分化也将更加明显；二是转型，发展方式从数量增长为主转向质量提升和结构优化为主；三是多元，发展动力从单纯依靠工业化转向更加多元和特色化③。未来城市发展的方向将是逐渐回归“城市让人民生活更美好”的本源，城市的信息化水平、国际化程度、人文魅力和生态环境将成为新时期的核心竞争力。

（二）畅通生态网络，促进人地和谐

“双修”以系统观为引领，强调全域化生态网络的搭建。通过建立大生态观，根据时空演替来分辨城市乃至区域生态问题，继而辨别生态特征、构建生态安全格局，并采取针对性修复和修补措施。比如，作为全国首个“双修”试点城市，三亚的“双修”行动从海、山与城之间的整体关系着眼，统筹海滨、环岛公路、河道、山脉等带状绿色空间，串联零散的生态斑块，疏浚滨海生态廊道和内陆通风廊道，修复生态空白，在海、山、城之间形成相互渗透、有机耦合的全域生态网络，为三亚城市可持续发展建立牢固的生态屏障。同时，制定针对性的城市设计方案，按照“近期治乱增绿、中期更新提升、远景增光添彩”的时序，动态推进、渐进实

① 崔莹莹，高庆浩，陈可石，等.“城市双修”工程的人本导向研究——基于需求溢出的理论解析与案例探讨[J].地域研究与开发，2018(8).

② 李晓晖，黄海雄，范嗣斌，等.“生态修复、城市修补”的思辨与三亚实践[J].规划师，2012(3).

③ 杨保军.未来中国的城市化之路[J].城乡建设，2016(12).

施，使三亚城市环境得以改善，城市形象得以提升。

“双修”充分尊重自然和城市发展规律，秉持包容、共生的目标，通过精准把握、修复城市的文脉和地脉，最终构建自然系统与人工系统的平衡关系。其强调遵循生态容量，对城市实行总量控制、存量优化。无论是物质空间环境，还是社会、经济、文化及政策环境，都强调以人为本，因物制宜，提高城市的公共服务质量和空间环境品质，促进城市与自然、城市与人、人与自然之间更加和谐。荆门是全国第二批“城市双修”试点城市，其“双修”行动基于对“山、水、棕、绿”等问题的深刻剖析，以“生态缝合、绿色渗透、蓝绿相连”为策略，重点打造了全覆盖式的小游园、小绿地等精致型惠民工程，满足出行“300 米见绿、500 米见园”的全民休闲需求，居民幸福指数显著提高，城市吸引力大大提升。并且，鼓励市民参与城市建设维护全过程，增强归属感，促进人地和谐。

（三）梳理“城市基因”，承袭文脉地脉

“双修”不是盲目地流于形式，而是针对性、定制化的城市更新。不同的城市其修补的方向、重点和难点都不一样，应该因地制宜、因物制宜、因时制宜而不是简单追求面面俱到。每座城市都有独特的“城市基因”，通过不同基因的多样组合，表现出各自独特的城市意象。“双修”就是通过人工干预，使各个基因以最和谐的组合方式呈现。以人为核心的新型城镇化要求“让居民望得见山、看得见水、记得住乡愁”，赋予不同城市不同的记忆。要重视文化保护和居民生活的关系，借助“双修”使旧城的环境品质得到改善和提高。

“双修”过程中不仅要关注物质空间的构建，还要关注当地传统非物质文化遗产的留存。积极发掘和激活为当地居民所喜闻乐见或习以为常的地区文化资源并将其转化为文化资本，是打造城市品牌的重要举措。正如中国工程院院士、华南理工大学建筑学院名誉院长何镜堂所说，文化是城市的灵魂，更是城市赖以延续和发展的根基。城市双修既要激发经济与社会活力，也应守护和延续地域文化、建构和强化地方认同，为文化自信提供坚实支撑。悠远、独特的地域文化不仅影响会影响城市的景观风貌、提升市民的文化自信，也将帮助人们重新思考城市建设发展的未来。作为第二批试点之一的开封不仅完成了“双修”工作体系的构建，还谋划了一批实实在在的落地项目。在梳理城市基因的基础上，将多元的基因纳入统一的更新框架之中，有的放矢，精细雕琢，打造了沿黄河生态带、三环绿色走廊等建设工程，并将对历史文化基因的挖掘和雕琢作为重点，在古城保护与更新方面取得了显著成就，使开封这座历史文化名城不断焕发出新的光彩。

习近平总书记在2020年第21期《求是》杂志上发表的文章中，将“完善城市化战略”作为“国家中长期经济社会发展战略”的第三个重大问题①。文章指出：“我国常住人口城镇化率已经达到60.6%，今后一个时期还会上升。增强中心城市和城市群等经济发展优势区域的经济和人口承载能力，这是符合客观规律的。同时，城市发展不能只考虑规模经济效益，必须把生态和安全放在更加突出的位置，统筹城市布局的经济需要、生活需要、生态需要、安全需要。要坚持以人民为中心的发展思想，坚持从社会全面进步和人的全面发展出发，在生态文明思想和总体国家安全观指导下制定城市发展规划，打造宜居城市、韧性城市、智能城市，建立高质量的城市生态系统和安全系统。”②文章还指出，产业和人口向优势区域集中是客观经济规律，但城市单体规模不能无限扩张。我国各地情况千差万别，要因地制宜推进城市空间布局形态多元化，建设一批产城融合、职住平衡、生态宜居、交通便利的郊区新城，推动多中心、郊区化发展，有序推动数字城市建设，提高智能管理能力，逐步解决中心城区人口和功能过密问题③。在探索“我国城市化道路怎么走?”这个重大问题时，关键是要把人民生命安全和身体健康作为城市发展的基础目标。要更好推进以人为核心的城镇化，使城市更健康、更安全、更宜居，成为人民群众高品质生活的空间④。

① 习近平.国家中长期经济社会发展战略若干重大问题[J].求是，2020(11).
② 习近平.国家中长期经济社会发展战略若干重大问题[J].求是，2020(11).
③ 习近平.国家中长期经济社会发展战略若干重大问题[J].求是，2020(11).
④ 习近平.国家中长期经济社会发展战略若干重大问题[J].求是，2020(11).

第二章　城市河道的过去、现在与未来

河流(river)是在重力的作用下集中于地表线形凹槽内的经常性或周期性天然水道的通称,现代汉语辞海中将"河流"定义为"天然或人工的水道"。一般情况下,我国习惯把注入内海或湖泊的河流叫河,把注入外海或大洋的河流叫江。从研究目的出发,本书不区分"江""河"而统称为"河流",即把研究对象限定为城市中的带状水体。城市河道是指发源于城区或流经城市区域的河流与河流段,包括历史上虽属人工开挖,但经多年演化已具有自然河流特点的运河与渠系[①],是构成城市景观特色的重要因素。城市河流是人类活动与自然过程共同作用最为强烈的地带之一,古往今来大规模的城市水利工程建设,包括筑堤、筑坝、截弯取直、人工河网化、渠道化等使城市河流发生了巨大的改变。

参照河流的流域范围、生态环境状况以及周边地区用地条件、河道的管辖权等方面的不同,城市河道可划分为城市过境河道和城市内河两类[②]。城市过境河道是指流经本市城镇规划区域,但其大部分的流域不在城市辖区以内,而且有专门的河道行政主管部门实施管理的河道。河道的主体形态还是自然河道的形态,改造仅仅是流经城市部分的形态,改造的主要内容为河道疏浚、裁弯取直等;城市内河是指流经本市城镇规划区域,依照法定授权由城市内河行政主管部门实施管理的,与城市融为一个整体包括园林、生态环保、城市建筑等方面的人造河流及流经城市的部分天然河流[③]。内河在排水、防汛、环境绿化等方面有着十

① 张凤玲,刘静玲,杨志峰.城市河湖生态系统健康评价:以北京市"六海"为例[J].生态学报,2005(11).

② 康汉起.城市滨河绿地设计研究[D].北京:北京林业大学,2009.

③ 王欣英.基于实证的城市内河综合治理方法研究[J].中国科技信息,2007(14).

分重要的作用[①]。

从空间范围来看，城市河道主要指城市中以河道水域为中心，包括水体、河岸和河岸带三部分的特定区域。河道内的水体生态系统包括了河床内的水生生物及其生境；河岸主要由岸边的植物、迁徙的鸟群及其环境组成，是陆地生态系统和河流生态系统进行物质、能量交换的过渡地带[②]；河岸带是指河道周边一定范围内的城市环境，即沿岸的城市建筑物布局、道路走向、跨河桥梁、管理的布置以及其他公共设施的环境状况，其包括人们可以感受的视觉环境、空间环境、休闲环境等。一条健康的自然河道，沿水流方向应具有通畅的连续性，沿侧向具有良好的连通性，垂向具有良好的透水性，是物质流、能量流以及生物物种迁徙流动的保障[③]。河岸作为河道水体运动的外边界条件，是河道稳定的关键地带。

城市河道与城市滨水地带的主要差异表现在三个方面：出发点不同；核心空间不同；主要功能有所差异。河道是从河流本身的自然过程出发，强调河流自身的核心空间——河床所限定的空间范围以及河流的河水能影响的范围，关注河流水文过程、生物过程、人文过程等所影响的空间范围[④]。因此在对城市河道空间的开发利用时要充分考虑其防洪功能、生态功能、水利功能以及游憩功能。而滨河地带更多的是从城市土地利用的角度出发，指城市中与河流相毗邻的特定区域，更强调河流岸边的陆域空间范围。作为城市生态与城市生活最为敏感的地区之一，滨水地带具有自然、开放、方向性强等空间特点和公共活动多、功能复杂、历史文化因素丰富等特征[⑤]，其功能是利用土地自身特殊性来满足城市发展的功能需求，会随着城市发展阶段的改变而改变。

中国是一个河流大国，2013 年水利部公布的《第一次全国水利普查公报》数据显示，我国流域面积≥100 平方公里的河流有 22 909 条，总长度 111.46 万公里；而 20 世纪 50 年代的统计显示，我国流域面积在 100 平方公里以上的河流有 50 000 多条，新旧数据相差了 27 000 多条。虽然 50 年代的统计数据通过估算

① 唐丽虹.城市内河综合整治对策与措施[J].中国市政工程，2006(8).

② 栾建国，陈文祥.河流生态系统的典型特征和服务功能[J].人民长江，2004 (9).

③ 陈利顶，齐鑫，李芬，等.城市化过程对河道系统的干扰与生态修复原则和方法[J].生态学杂志，2010 (4).

④ 潘宁宁.西安城市化进程中的浐河[D].西安：西安建筑科技大学，2007.

⑤ (美)凯文林奇.城市意向[M].方益萍，何晓军，译.北京：华夏出版社，2001.

得到，可能并不十分准确，但中国的河流遭受了巨大的破坏应该没有疑问[①]。近40年来，中国政府对河流治理陆续颁布了多项法规，如《中华人民共和国河道管理条例》(1988年)、《中华人民共和国防洪法》(1997)、《中华人民共和国水法》(2002)等。2009年、2011年的中央1号文件和同年中央水利工作会议，也都对中小河流治理做出重大部署，明确了整治中小型河流作为国家重点任务之一。水利部、财政部在2009年、2011年发布了三个重要的政府工作文件，即《全国重点地区中小河流近期治理建设规划》《全国重点地区中小河流治理项目管理暂行办法》《全国重点中小河流治理实施方案(2013—2015年)》。尽管河流问题已经受到国家层面的高度重视，但实际上更多的是考虑防洪和水利方面的工程治理，对于河流本身的生态层面的关注较为薄弱。而且由于实践中的认知不足，仍然造成了在生态、社会、城市发展等诸多方面的问题[②]，河流问题并未得到圆满解决。

第一节 城市河道的历史过往

城市的发生、发展与河流密切相关，在城市发展的不同阶段，对城市河道的利用方式、范围和强度都有所不同。城市河道功能的变迁反映了城市功能的演变，也折射出人类对待河流、自然的认识和态度不断演进的过程。

一、因河而城：人类社会早期

在人类社会早期，水是自然生活和农业生产不可或缺的基本条件，河滨高地是原始人类建立部落栖息地的首选。大河流域的水系宽阔平稳，既能用于农业生产灌溉，还提供着丰富的野生动植物作为食物。在满足了“食”和“住”的需求后，部落的生产、生活得以发展壮大，当规模扩展到一定程度就形成了城市。周期性泛滥的尼罗河灌溉了沿岸肥沃的土地，使古埃及人得以发展出光辉灿烂的人类早期文明；在由底格里斯河以及幼发拉底河冲积出来的两河平原上诞生了

① 吴丹子.城市河道近自然化研究[D].北京：北京林业大学，2015.

② 吴丹子.城市河道近自然化研究[D].北京：北京林业大学，2015.

另一古代文明巴比伦王国；黄河、长江孕育了光辉灿烂的华夏文明；印度河与恒河哺育了悠久绵长的印度文明，恒河更是对印度人民具有精神和象征意义。毋庸置疑，人类文明通常都聚集在河网水系比较发达的地区。由于城市的形成与河流分布密切相关，人类早期文明又被称为大河文明。

随着城市的发展和扩大，人们开始将河流的支流引入城中成为城市河道，用于运输、泄洪等目的；有时也在城池的外围依靠原有河流或是人工开挖城壕并引水作为防御外敌的屏障，即“护城河”。对商代早中期都城遗址的考古研究发现，安阳殷墟总体布局严整，沿洹河两岸呈环形分布；郑州商城周围水系丰富，金水河、贾鲁河、须索河等将其紧紧围绕，穿插其中。而战国时期燕国的下都故城略呈长方形，界于北易水和中易水之间，中部有条纵贯南北的古河道，用于运送粮食物资。河流不仅为城市发展提供了必要的水源、食物的来源以及较为便捷的交通运输方式，也成为防御外敌的天然屏障，大量城市依河而建、因水而兴。对于早期的人类社会来说，离开河流便失去了长久生存的基础。

二、趋利避害：农业时代与初级城市化阶段

随着社会的稳定、生产力的发展，人们不断优化并充分利用穿城而过的河流。除了供应城市生产生活的引水河、作为防御工事的护城河，人们又修筑了满足城市物资供应的漕运河以及将洪涝和污水排出城市的排水河[①]。甚至有些城市里的河渠逐渐交织形成网络，为城市的用水、生产、运输、泄洪等多种活动提供了重要的支撑条件。而为了应对河流的周期性潮汛，人们修建河堤、挖掘沟渠，疏导洪水绕过村落与农田，逐渐发展出与水相适应的城市形态。水滨坡地也成为城市公共空间，容纳着市民的各种休闲和民俗节事活动。为了适应于不同地域和社会需求的生活和生产，我国古代人民发明了引水渠道、陂塘堰坝、陂渠串联、塘浦圩垸、坎儿井、御咸蓄淡的海塘等等许多水利技术，实现了水文调节、农业生产、生态净化、水土保持、生物多样性保护等多种功能，体现出“趋利避害、天人合一”的高超智慧。作为举世闻名的无坝引水工程，秦国蜀郡太守李冰父子主持修建的都江堰两千多年来一直发挥着防洪灌溉的作用，使成都平原成为“水旱从人、不知饥馑”的天府之国。

---

① 吴丹子.城市河道近自然化研究[D].北京：北京林业大学，2015.

在“以舟当车，以楫为马”的数千年间，水运航线的频繁程度和沿河商贸活动在城市发展过程中起着至关重要的作用。京杭大运河对沿线城市的历史、文化、意识形态有着重大影响；通江达海的城市河网，使“水巷小桥多”“人家尽枕河”的苏州、杭州得以成为“咽喉吴越、势雄江海”的江南重镇、“市列珠玑、户盈罗绮”的三吴都会。北京城的发展和形态也一直与水系建设密切相关：金中都时期，北京形成了以莲花池为核心的“水－城”格局；这一格局到了元大都时期已不能满足城市发展要求，于是另择高梁河水系作为城市水源，以解决大都的供水和漕运问题。高梁河水系贯穿于都城，形成积水潭、什刹海、北海、中南海、龙潭湖等重要历史湖泊，成为北京城市历史风貌的精华所在；清朝北京又发展了西北郊水利，依托西山余脉与河湖池沼进行了大规模园林建设，城中则依托“六海”实现内外水道相接，逐渐形成了现在的“山－水－城”格局①。

坊市制度曾是古代城市的重要商业街区结构，而随着运河与城内水系的沟通，城内水系沿岸逐渐出现商业街，封闭隔离的“市”被开敞的集市空间取而代之，并向城外发展形成专业市场和市镇。北宋时期的杭州在运河的推动下，城市的繁华地带逐渐从城南江干一带扩展至城内主要水系的两岸，使北宋时期人烟稀少的盐桥河以东广大地区到南宋已成为“万商之渊，坐肆售货”的繁华工商业区和居民区。同时杭州城内的发展也波及城外，城外形成了商品种类繁多、市场兴旺、颇具规模的夜市和草市以及塘栖等市镇。在此背景下，与城市河道关系密切的桥梁不仅密切了两岸往来，更是成为经典水滨城市风貌的重要元素，“小桥流水”已成为中国人脑海中对江南城市最深刻的印象。毋庸置疑，造型优美、结构精巧的桥梁为一河两岸的城市形象增色不少。

三、与河争地：工业化和快速城市化阶段

工业革命以后出现了人类历史上第二次大规模的城市化浪潮，集聚了大量人口的城市迫切需要更多、更大的发展空间。这时，由于科技进步和战争方式的改变，护城河已经丧失了防御的作用；陆上交通和海上交通兴起使得城市河流的运输功能逐渐减弱；加上农业经济地位的下降和农业水利的发展，河流对城市经济的重要性显著降低。对建设用地的迫切需求导致河道周边的空间不断受到挤

---

① 吴丹子.城市河道近自然化研究[D].北京：北京林业大学，2015.

压,越来越多的工厂和建筑依河而建,甚至填河而建;随着城市规模日益扩大,城市的用水量不断增加,可是由于上游大量生活和工业污水的排放,使得引水河里的水已难以直接使用而必须经过自来水厂的净化;河流的功能几乎只剩下排污和排水。为了高效地实现这些目标,城市河道被改造为几何形横断面,并采用混凝土和块石砌筑边坡护岸以增大流量和流速。滨河区域不再具有城市中心和最佳生活区的特征,城市河道的功能变得单一,河流与城市的关系渐渐疏远。

河流生态系统被破坏使城市在水资源紧张的同时又内涝严重,动辄“看海”。科学和技术的快速发展催生了“人定胜天”的自然观,人类基于工程思维采用“水适应人”的治理思路,仅仅注重于河流的经济功能如防洪和供水,忽略了河流的生态服务功能。事实上,自然的河流生态系统包括了沿河的湿地、河床、流动的水体,还包括了生存于其中的各种植物、动物、微生物,在维持生态平衡、提供生态服务方面具有不可替代的重要作用。机械的工程治河人为扰乱了生态系统内部的物质循环与能量流动,破坏了生物生境、影响了河流生态系统的结构与功能,最终使人类享有的生态系统服务降低,产生生态危机。

第二节 中国城市河道景观的问题与机理

一、中国城市河道的现状与问题

改革开放以来,中国城市经历了前所未有的快速城市化过程,在经济飞速发展的同时,也对生态环境造成了难以估量的破坏。当前,流经城市的河道被大量、深度改造:水利工程的建设(如筑坝、水库、堤岸)中断了河流的连续性形态;裁弯取直工程改变了天然河流的蜿蜒形态;断面呈几何规则化、单一化的形态,河床变为硬质化的不透水性材料;大量中小支流被填埋或覆盖。城市河道的数量减少、形态规整化、结构固结化极大地改变了生态系统的结构和过程,导致河流生态功能的退化,最终使人类所获得的生态系统服务严重降低。随着我国社会经济发展和城市化进程加速,城市河道的可持续利用受到严重威胁和挑战,水资源短缺、水生态破坏、水环境污染、水文化丧失等问题层出不穷,河道的综合效益难以有效发挥。

（一）生态系统退化，功能受损

改革开放以来，我国经济和城市获得了快速发展。在此过程中，为了获得更多的建设用地，大量中小型城市河道被填埋，一些河道被水泥板覆盖成为暗沟，城市的水面率大幅下降。杭州曾有“东方威尼斯”之称，河汊密布，京杭大运河、西湖及众多的市区河道相互贯通。其中，浣纱河历来是西湖的泄水河道，又是运河（城河）通往市区的河道，流经杭城人口最集中、经济最繁荣的地段，20世纪五六十年代时仍有菜农、渔民驾着小船进城交易。在1969—1973年间，因建人防工程需要，浣纱河与横河、松木场河等市区河道被改造为防空坑道和道路，目前杭州市区的开元路、西湖大道、浣纱路、武林路、体育场路等主要街道，以前均是河道[①]。苏州市在1958年至1976年间填平了总长16.3公里的23条城内河道，20世纪80年代又填掉很多古城外围的河流。上海市的河面率已由20世纪80年代初的11.0%下降到21世纪初的8.4%，若不包括黄浦江、苏州河等外河，市中心徐汇、普陀、杨浦、虹口、闸北、长宁各区河面率均不足2.5%[②]。

非主干河道在提供行洪和泄洪空间、调节干流洪水到来的时间差等方面具有重要作用，支流的大量减少严重影响了蓄滞洪水的天然能力[③]。中小支流等低等级河道在城市化进程中的消亡破坏了水网结构、降低了城市水面率，使支流、过滤、减少径流量、补给地下水等功能下降，对市区的水资源蓄存、调度均产生了不利影响。河道的消亡与城市化发展增加了不透水地面的面积，使得地表径流变大，给城市内涝带来增大的趋势。

同时，大量的涉河工程如泵站、闸坝，码头、桥梁墩柱等交通设施的建设阻碍了河道水体流动，改变了自然河流的径流特性，使得生态系统的连续性遭到破坏，减缓水体的自然更新速率，降低水体自净能力；沿河的居民和工厂企业等向河道内倾倒了大量生活垃圾和工业、建筑等废弃物，不仅极大影响了河道水质，还造成河道淤塞；水体在滞留的过程中，携带的泥沙颗粒不断沉积在坝前，使得闸坝附近的河床淤积严重，河流的槽蓄容量和洪水调蓄能力降低，加剧了区域防

① 杭州网.看看这张图，多少河道成马路[EB/OL].http://hznews.hangzhou.com.cn/chengshi/content/2013-10/09/content_4920160.htm.

② 谢琼，王红瑞，柳长顺，等.城市化快速进程中河道利用与管理存在的问题及对策[J].资源科学，2012(3).

③ 谢琼，王红瑞，柳长顺，等.城市化快速进程中河道利用与管理存在的问题及对策[J].资源科学，2012(3).

洪排涝风险和难度。出于快速行洪而对城市河道截弯取直、用混凝土衬砌河床，改变了河道的天然形态，致使原本属于河流的“蜿蜒”形态和“深潭”“浅滩”等许多生物赖以生存的自然小环境消失，生物多样性条件被破坏，食物链脱节[①]。城市河道水面被人为侵占或缩窄、形态规整化、结构固结化、容纳的污染物增多，极大地改变了生态系统的结构和过程，导致河流生物多样性锐减、生态系统功能退化，最终使人类所获得的生态系统服务严重降低，在一定程度上限制了城市经济的发展。

（二）水体污染严重，水资源短缺

我国城市河道的水体中含有大量悬浮颗粒物，浑浊度较高；河流水质污染以有机物为主，细菌含量超标，富营养化状况加剧，蓝藻事件频发，脏、乱、臭、黑、塞现象普遍存在，污染情况较为严重。由于疏于管理，常见的污染源除了传统的工业废水和生活污水外，河道水体还受到其他污染，如通航河道内船舶泄漏的油类污染物、排放的废弃物、沿江岸边倾倒和堆置的固体垃圾以及河道底泥二次污染等[②]。城市河道一方面面临着入河排污量增加的压力，另一方面河道污染类型也日益繁杂，增加了河道水质管理和保护的难度[③]。此外，由于水生态治理是长期而艰巨的任务，一旦放松或降低管制治理力度，水环境的状况就可能出现反复[④]。

城市河道的水体污染加剧了水资源短缺，直接威胁着居民用水安全、工农业生产。国务院参事、前住房和城乡建设部副部长仇保兴指出，水污染导致的水质型缺水已经成为威胁城市水安全的主要因素。住建部在2002年至2009年间连续对35个大中城市的自来水厂约12 000个取水口水源水样进行检测发现，达到Ⅱ类水体标准的水样数量比例由24.8%下降到8.6%[⑤]。一般来说，城市河道的污染情况与城市经济发展水平具有一定的相关性，工业化、城市化发展越快，城市规模、人口增加压力越大，环境负荷就越大，城市河道的水质也就越差[⑥]。

① 陈兴茹.城市河流的问题与治理[J].中国三峡，2013(3).

② 余国安，王兆印，谢小平.长江口水质空间分布现状评价[J].人民长江，2007(1).

③ 谢琼，王红瑞，柳长顺，等.城市化快速进程中河道利用与管理存在的问题及对策[J].资源科学，2012(3).

④ 仇保兴.我国城市水安全现状与对策[J].给水排水，2014，40(1).

⑤ 仇保兴.我国城市水安全现状与对策[J].给水排水，2014，40(1).

⑥ 浦德明，何刚强.城市河道整治与生态城市建设[J].江苏水利，2003(5).

一些经济较为发达的城市尽管位于水系发达或降水量充沛的地区，却由于周边水源污染严重而产生了“水质型缺水”的危机。近年来，“江南水乡”地区的上海、杭州、无锡，珠江口的广州，“两江交汇”的重庆等城市均因为污染而有不同程度的缺水。

（三）远离市民生活，水文化丧失

城市河道不仅是城市生态系统的重要组成部分，还是珍贵的本土景观资源、历史和地域文化产生土壤。除了维持生命需要水之外，人类自古就有亲水、观水和逐水而居的天性。在水畔进行的各种生活生产活动，使得河道本身、河上的桥、周边的亭、古人的故居甚至是一棵古树，都成为富有独特意义的历史印迹。不同的城市由于依傍的河流形态不同，各自的地理位置、功能侧重和文化底蕴也存在差异，积淀了丰富多样的历史遗产和文化资源，孕育出形形色色的滨水文化。豪放的长江赋予了沿岸的重庆、武汉、南京等城市博大豁达的气势，婉约的吴越水文化则孕育了苏州、绍兴这样秀丽温良的江南水乡，京杭大运河帮助无锡、杭州、开封成为繁华的商贸城市，也使其养成了精明干练的性格。

然而，当前的城市却努力排斥河流，与水分离。防洪堤坝已经高出河面 3～5 米甚至更多，垂直、高耸、“三面光”的河堤上没有树木与植被；工业企业、运输和仓储用地贴近岸线分布，或者直接占用岸线，导致河道沿岸的开敞空间越来越少；没有了埠头阶梯，市民已不能接近河流水体，“前街后河”“前河后院”等临水而居、临水而坐的场景不复存在；垂直驳岸无法满足人们对亲水、戏水的各种天性以及久居城市而对亲近自然的渴望，沿河景观的工程化、单一化和空旷感使休闲者难以感受到滨水景观的愉悦氛围与情趣；千篇一律的混凝土堤岸无视河流的原始纹理和文脉传承，忽略地域特点、缺乏个性化特征和文化底蕴，导致河流景观趋同化，加重了“千城一面”的文化危机。1400 多年以来，扬州城的命运一直和京杭大运河紧密相连，城市河道与百姓家中每一个普通的生活场景息息相关。近几十年来，一波波的城市建设使扬州越来越大，古运河的位置也从原先的“绕城”变为“穿城”而过。人们惊讶地发现，尽管运河离城市中心越来越近，却离市民的生活越来越远，那些与城市相关的历史记忆因为无法延续而展露逐渐湮灭的迹象。

（四）相关研究进展评述

目前，国内的城市河道综合治理学术研究主要在水利工程和市政、生态学与环境科学、风景园林与城市规划等领域展开。水利和市政领域的研究和实践从时间上看大致可以分为3个阶段，即初级开发与治理(1950—1980)、防洪排涝与工程治河(1980—1999)以及进入21世纪以来的环境保护和综合治理阶段[①]。其中初期整治阶段以开发水资源、河道航运以及建设水库、水坝等提高抗灾能力和改善灌溉条件为主；20世纪80年代进入工程治河阶段，全国各大城市普遍开展大规模以工程措施为主、防洪排涝为目的的河道整治。这些措施一方面发挥了其安全功能，提高了河道的防洪排涝能力，同时也对河流生态系统的自然特征造成了一定程度的破坏。自20世纪末国内开始认识到传统的防洪、水资源开发等活动使河流的水文条件和地形地貌特征等发生了较大变化，河流的生态系统功能严重退化。此后，开始广泛吸收国外先进的思想和理念，逐步在河流管理中注重对河流生态的保护和恢复[②](见表2-1)。城市水务专家邵益生在其专著《城市水系统科学导论》中指出了现行涉水规划的3个主要问题：缺乏系统性、缺乏协调性和缺乏全局性[③]。尽管我国在河流污染治理、河道堤防设计、生态型护岸工程、河道景观设计、滨水设施建设等方面取得了长足进步，但河流的保护和利用是涉及多学科、多部门的复杂问题，单纯对河道进行工程治理、生态修复难以从根本上实现城市河道的可持续利用。

表2-1 国内外城市河道整治发展历程的比较

阶段	美国	澳大利亚	日本	中国
初级阶段	19世纪末—20世纪初，修建航道、提高河流航运能力	1850s—1930s，以航运、防洪以及水土保持等为主	第二次世界大战前，水源、航运以及防洪工程的兴起	1950s—1970s，以供水、航运、防洪等基础工程建设为主

① 尚宏琦，鲁小新.国内外典型江河治理经验及水利发展理论研究[M].北京：黄河水利出版社，2003.
② 吴阿娜，车越，张宏伟，等.国内外城市河道整治的历史、现状及趋势[J].中国给水排水，2008(2).
③ 邵益生.城市水系统科学导论[M].北京：中国城市出版社，2014.

（续表）

阶段	美国	澳大利亚	日本	中国
工程阶段	1930s—1960s，以防洪工程、水污染控制为主	1930s—1980s，以供水、防洪等控制工程为主	1940s—1970s，以防洪为主，实施了大坝建设、河道渠化等工程措施	1980s—1990s，以提高防洪排涝能力为主，利用工程措施控制污染并改善水质
环境阶段	1970s至今，实行可持续的河流管理理念	1980s至今，结合生态保护，关注河流环境条件和状态	1980s至今，恢复河流的环境特性，多自然型河流治理	20世纪末至今，以防洪、改善环境为主，结合景观、生态的河流综合治理

从20世纪90年代末开始，生态与环境领域关于河流生态恢复的研究在我国大量涌现。1999年，杨芸结合案例剖析并阐述了多自然河流治理的常用方法[①]。马军也在同年出版的《中国水危机》一书中提出中国水资源问题不可能仅仅通过工程措施来解决，而是应该从环境保护和可持续发展的角度变革治水思路[②]。2002年，蔡庆华和唐涛等人应用河流生态学理论针对河流生态系统开展了健康评价[③]。董哲仁在2003年首次提出"生态水工学（ecological hydraulic engineering）"的理论框架，将水利工程学与生态学结合起来[④]。他梳理了河流生态恢复的背景与理论基础，结合水工学和生态学理论，提出在满足防洪安全的前提下，将河流看成是有生命的生态系统，在河流修复时应综合考虑人为控制以及河流的自我恢复[⑤]。杨海军通过学习吸收日本河流生态修复方面的先进技术和经验，提出将生态学原理和传统的土木工程相融合，形成具有工程安全、景观优化等优势的河流生态修复方法[⑥]。王超和王沛芳2004年出版了《城市水生态系统建设与管理》的专著，针对城市生态系统建设，较为细致地论述了生态河床、

① 杨芸.论多自然型河流治理法对河流生态环境的影响[J].四川环境，1999(1).

② 马军.中国水危机[M].北京：中国环境科学出版社，1999.

③ 唐涛，蔡庆华，刘建康.河流生态系统健康及其评价[J].应用生态学报，2002(9).

④ 董哲仁.生态水工学——人与自然和谐的工程学[J].水利水电技术，2003，34(7).

⑤ 吴丹子.城市河道近自然化研究[D].北京：北京林业大学，2015.

⑥ 杨海军，内田泰三，等.受损河岸生态系统修复研究进展[J].东北师范大学学报(自然科学版)，2004(1).

生态护岸建造、修整和恢复的技术方法、组织结构、材料等方面[①]。2007 年，高阳等人认为河道近自然恢复具体体现在恢复河道横断面和纵断面以及河底基质的差别和河道的通畅[②]。

2010 年，高甲荣等人出版了《河溪近自然评价：方法与应用》一书，从定性的角度，明确河溪近自然的概念和内涵，分析了北京地区河溪现状与未来的发展趋势；从定量的角度，构建河溪自然性综合评价指标体系及评价模型[③]。温存和高阳等人也提出了由 11 个因子组成的河溪近自然评价指标体系，包括：①河流的平面形态；②河流的横断面形态；③河流的水深；④水体宽度；⑤岸坡的结构；⑥水流的流速；⑦缓冲带植被宽；⑧水体与河槽的接触情况；⑨河道粗木质情况；⑩水质；⑪底栖大型动物。然后，根据其评价结果对处于不同健康等级的河溪采用相对应的河溪近自然治理技术，从而为我国整体河溪生态系统的恢复和水资源的科学管理提供决策依据[④]。2013 年，董哲仁出版了《河流生态修复》一书，结合我国国情、水情和河流特点，较为全面系统地融入了水利学和生态学相关领域的最新理念和成果，提出了较为完整的河流生态修复理论和技术方法；在融合多学科的基础上，强化信息技术应用，力求理论定量化，同时突出生态修复技术的综合性[⑤]。谷勇峰等对近年来城市河道生态修复的技术研究进展进行了分类阐述，并指出未来生态修复技术的发展趋势[⑥]；闵忠荣等以南昌市的城市水系连通为例，提出了城市水系生态修复的工作方法[⑦]；王中根等地理学家从气候和水资源等方面论述了河湖水系连通的理论基础[⑧]。孟庆义等生态学专家从水生态服务的角度分析了北京市水系的四类生态服务内容，计算出水文化服务功能在水系生态系统服务价值中所占比重为 60.95%，认识到人们对城市水景观的需求正在提高[⑨]。

在风景园林和城市规划领域，主要的研究和关注集中在城市河流景观的塑

① 王超，王沛芳.城市水生态系统建设与管理[M].北京：科学出版社，2004.
② 高阳，高甲荣，等.河道近自然恢复措施及其生态作用[J].水土保持研究，2007，14(1).
③ 高甲荣，等.河溪近自然评价——方法与应用[M].北京：中国水利水电出版社，2010.
④ 温存，高阳.河溪近自然治理技术及其评价方法[J].中国水土保持科学，2006，4(S).
⑤ 董哲仁.河流生态修复[M].北京：中国水利水电出版社，2013.
⑥ 谷勇峰，李梅，陈淑芬，等.城市河道生态修复技术研究进展[J].环境科学与管理，2013(4).
⑦ 闵忠荣，张类昉，张文娟，等.城市水生态修复方法探索：以南昌水系连通为例[J].规划师，2018(5).
⑧ 王中根，李宗礼，刘昌明，等.河湖水系连通的理论探讨[J].自然资源学报，2011(3).
⑨ 孟庆义，欧阳志云.北京水生态服务功能与价值[M].北京：科学出版社，2012.

造与美化方面。著名建筑及规划学者吴庆洲教授编撰了《中国古城防洪研究》,探讨了古代城市防洪规划的指导思想,总结了“防、导、蓄、高、坚、迁、护、管”8条经验,对今天的城市水系规划具有指导意义①。韩毅于2013年组织了北京市古代城市水系现状考察,并在2015年发表文章,提出北京市应如何吸收传统经验,解决当前城市水生态问题②。近年来,我国许多城市在城市建设规划中十分重视滨水区的整治与美化,北京市以建成“水清、流畅、岸绿、通航”的现代城市水系为目标,对城市水系进行了大规模的综合整治,城市水环境取得明显改善;成都在府南河的整治中集防洪、排水、交通、绿化、生态、文化于一体,取得了很好的社会、经济、环保效益,提供了具有借鉴价值的城市建设模式;苏州市在城市发展建设中,保留了三纵三横加一环的河网水系及小桥流水的水城特色,保持了路河平行的基本格局和景观,城市改造取得了很好的效果;广州市提出要把珠江广州河段建设得像法国塞纳河巴黎河段一样美丽的整治目标,具体包括提高堤防的防洪标准,改善两岸的交通、绿化环境和美化河流两岸,让游客及市民有一个观光、娱乐的好去处③;2007年起,杭州启动了规模浩大的“市区河道综合整治与保护开发工程”,楼杰在2010年提交的硕士论文中,对杭州的“市区河道综合整治与保护开发工程”进行理论解读,分析杭州城市形态和河道水系关系的演进过程,为城市规划提供城市空间发展和城市空间特色塑造的历史依据④。

总体来看,我国以往的河道治理存在以下不足:首先是重水利工程、环境工程,轻景观设计。城市滨水景观空间在土地利用性质上不在城市河流的“蓝线”范围内,因此不属于水务部门和环保部门的管辖范畴内;而园林绿化主管部门往往受到规划管理部门主导的规划成果的牵制,城市开发先行,景观环境滞后,因此常受制于城市“蓝线”“绿线”的划定结果,滨岸带生态化改造的空间有限。有学者指出对城市河流修复的认识不能仅停留在景观层面,当今河流治理工程也不仅是水利与环境部门的职责,设计者与管理者在工作时应多从景观生态的角度去把握,综合考虑文化要素、空间要素、生态要素和载体要素等四大要素,追求

① 吴庆洲.中国古城防洪研究[M].北京:中国建筑工业出版社,2009.

② 韩毅.融入山水,回归常态:北京城市水系景观的传承与发展[C]//中国城市规划协会.2015中国城市规划年会论文集,2015.

③ 王雪,田涛,杨建英,等.城市河道生态治理综述[J].中国水土保持科学,2008(10).

④ 楼杰.杭州“市区河道综合整治和保护开发工程”的理论解读[D].杭州:浙江大学,2010.

城市河流与其周围环境的整体和谐，符合人类亲近自然的要求①；其次是单纯注重河流生态修复技术，缺乏全面完整的水生态系统思维。董哲仁等在城市河道设计方法上指出，城市河流的水工设计应融合生态学理论知识，在对河道进行修复设计时不仅要着眼于具体工程手段，还需要保证水域生态系统的完整性、依存性②。生态景观技术和生态护岸技术作为河流修复的主要手段已经成为近年研究的热点问题，包括自然河道形态恢复、水系网络的营造技术以及河岸带生态重建技术等，这些技术研究体现了研究者已开始将城市河流近自然治理修复技术与水生态系统联系起来共同思考③；第三是片面恢复个别生态系统服务，忽视生态系统功能的综合提升。一直以来，黑臭问题被认为是城市河流的"顽疾"，导致此后的治理工作都以水质净化为主导。截污治污、底泥疏浚、消除黑臭、水质改善、建设防汛墙是城市河流生态修复的主要途径，重视水质净化、防洪排涝这些个别的生态系统服务，体现出较为单一的工程学思维。当然也有文献谈及对河流生态修复的研究侧重于河流沿岸土地利用方式对于生态系统服务的影响，也包括河流廊道的景观格局分析④、河流廊道的生态功能等⑤，但真正深入探讨如何通过综合提升生态系统服务来指导规划设计实践的研究较少。汪洁琼等提出生态系统服务是风景园林生态之"法"，空间形态是风景园林生态之"式"⑥。生态系统服务效能的高低与空间形态的影响关系研究，最终还需要到风景园林生态的具体实践中去检验。

综上所述，我国城市河道的研究在水利学、建筑学、生态学、环境科学、旅游学、管理学等各领域都形成了自我的范式，但不同领域内的成果之间缺乏必要的链接融合，已有成果很少关注到城市河道与城市功能、生态基底、历史文化的紧密互动。在城市双修工作的背景下，河流生态修复应当突破过往集中于对河流采取直化渠化、拦水建坝、边坡硬化等措施来集中防治河流污染、河道淤积的局

---

① 王敏，叶沁妍.基于水文生态风险评价与景观特征评价的城市水系空间组织研究——以安徽省宁国市为例[J].中国园林，2016(2).

② 董哲仁.生态水工学——人与自然和谐的工程学[J].水利水电技术，2003(1).

③ 温全平.城市河流堤岸生态设计模式探析[J].中国园林，2004(10).

④ 罗坤.崇明岛河岸植被缓冲带宽度规划研究[D].上海：华东师范大学，2007.

⑤ 周华荣，肖笃宁，周可法.干旱区景观格局空间过程变化的廊道效应——以塔里木河中下游河流廊道区域为例[J].科学通报，2006(S1).

⑥ 汪洁琼，唐楚虹，颜文涛.江南圩田的法与式：生态系统服务与空间形态增效[J].风景园林，2018(1).

限，进而步入挖掘河流的社会、经济、生态多元价值，打造“人文生态系统”的新阶段[①]。从现实情况看，城市发展升级已经成为我国绝大多数城市的内在需要。在国家提倡和推进新型城镇化的机遇下，立足城市河道的生态治理、结合城市功能的转型升级而对城市河道空间进行有机更新将成为“新常态”下城市发展“由量到质”的重要途径。因此，基于四维景观（空间＋时间）概念的视角，结合城市经营的理念深入研究如何保护和合理利用城市河道、实现城市与河道的协调可持续发展，成为城市学研究者普遍关注的热点课题。

二、中国城市河道问题产生的机理

从表面上看，建设用地在城市空间的无序蔓延中不断蚕食水系环境，通过土地利用/土地覆被变化（land-use and land-cover change，LUCC）在不同层次上改变了河流的水系结构、水文过程，引发其四维结构的变化，干扰正常的生态过程，进而导致河流生态系统功能受损，影响生态系统服务的产生和发挥，使城市社会经济的持续发展受到制约。但从根本上看，则是由于我们缺乏对城市河道综合价值的全面认识，在城市化进程中仅仅将河道作为工程实体而非生态本底（matrix）和文化载体来看待，破坏了自然生态和历史文化格局的连续性与完整性；在城市发展中单纯关注土地利用和资源价值，对河道的利用方式缺乏创新，将河流水系这一重要的自然环境和景观要素排除在不断成长变化的城市功能之外[②]，导致人居环境与水系相脱离、城市与自然相隔绝，限制了城市滨河区域的持续发展。

（一）时代发展导致城市河道传统功能消亡

城市河道沿岸区域人口密集，开发利用的历史久远，也是近现代工业企业、运输交通集中布局的地带。受历史功能制约，滨水区域的开发建设缺乏统一规划设计，内部功能布局混杂，居住、工业、码头仓储等用地穿插分布，不同时代低价值建筑共存。改革开放以来，我国进入了快速城市化发展时期。随着城市经济和空间重心的转移，水运和传统工业的优势不再，导致河道沿岸的功能地位下降；加上多年来物质空间的持续消耗，沿河地带建筑和基础设施陈旧，难以支撑

---

① 汪洁琼，葛俊雯，成水平.基于水生态系统服务综合效能提升的城市河流生态修复研究[J].西部人居环境学刊，2018(6).

② 吴左宾.明清西安城市水系与人居环境营建研究[D].广州：华南理工大学，2013.

大量人口的高密度社会经济生活，城市河道沿岸逐渐丧失发展活力、沦落为衰败的老城区。与此同时，新城建设普遍流行“圈层式”的空间结构模式，即以建设单元中心为核心沿交通干道向外扩张，新的开发建设随之迅速填充干道间的空隙，在开发空间趋于饱和后再进行新一轮的空间扩张①。这种发展模式往往将河流水系这一重要的自然环境和景观要素排除在外，只是单纯关注土地利用和空间价值，使建设用地在城市空间的无序蔓延中不断蚕食水系环境②。随着大量“毛细血管”型的河道支流、渠道水系被填平，城市自然生态格局的连续性与完整性被破坏，导致人居环境与水系相脱离，城市与自然相隔绝。

生产和生活方式的转变既是时代发展的必然，也深远地影响着生态环境、生活环境以及文化环境的发展。随着城市的扩张，滨水区域的土地资源逐渐被瓜分，公共空间支离破碎，缺乏连续性。岸线的硬质化、直线条使河道的亲水性与生态性越来越差，景观特色难以体现。部分河道的消失使其承载的历史文化信息彻底散失；保留的部分河道在城市发展过程中，也缺乏对沿河历史文物古迹的有效恢复、保护和利用，使得河道作为文化的载体功能受到破坏③。例如新中国成立后，扬州、苏州和杭州所属的运河江浙段因受以工业生产为主导的城市发展模式、交通条件的制约以及对古运河历史价值认识的局限，其功能定位于服务工业生产和货物集散，并在沿岸形成了较为明显的带状形态工业区。随着工人数量的增多，工人居住区与工业区混杂，大量的工业污废水和生活垃圾直排运河，最终使运河沿线居住功能削弱，沦为环境低劣的城市地区④。

（二）误读城河关系破坏流域生态系统结构

河流具有纵向（上游—下游）、横向（河床—泛洪平原）、垂直（河川径流—地下水）和时间（丰水期—枯水期）的四维结构。城市河道受到各种自然因素综合作用和人类经济、社会活动的多重、叠加干扰，其问题具有高度复杂性，使得单纯对河道进行生态修复、工程治理难以从根本上解决问题。实事求是的看，大量的雨并不是直接下到河道里，为了防洪而将河道渠道化的做法已屡屡被证明实际效果有限；河道的污染也并不是由水体本身产生，仅仅净化水体可能就不是最好

---

① 邢忠，陈诚.河流水系与城市空间结构[J].城市发展研究，2007(1).

② 汪洁琼，葛俊雯，成水平.基于水生态系统服务综合效能提升的城市河流生态修复研究[J].西部人居环境学刊，2018(6).

③ 魏俊，袁旻，陈奋飞.杭州市区河道综合治理的成效与经验[J].浙江水利科技，2015(3).

④ 王静.运河与沿线城市商业发展探析——以扬州、苏州和杭州为例[J].城市，2013(7).

的解决办法。因此，我们必须从更高的层面来审视和研究水问题，即将视野从水体扩大到流域甚至景观尺度。研究者和管理者必须充分认识到水体、水域本身不仅仅是为水生态系统服务，而是为整个生态系统提供了多种重要且无可替代的服务[①]。例如，水域并不仅仅是水生生物的生活环境，也是其他需水生物栖息环境的重要组成。Wenger 在佛蒙特州森林资源调查中发现，90%的鸟类的栖息地在距河岸 150～170 米的范围内[②]；人类也喜好逐水而居，因此而形成了庞大的以水为核心的文化遗产[③]。

当我们把研究对象从水体本身扩展到水生态系统时发现，诸多水问题产生的根源是河流生态系统整体功能的失调，因而有效的解决途径不能局限于水体与河道，而必须包括水体之外的环境[④]。从机制上看，造成城市河道错综问题的主要原因是城市建设与河争地，导致水生态系统结构和功能受到破坏，但其本质则是人类对于城河关系的误读，试图将人工的城市凌驾于自然河流之上而不是设法使城市与河流共生共荣。由于对城市河道综合价值缺乏综合、全面的认识，在上一阶段的城市发展和建设中，河道仅仅被当作工程实体而非生态本底和文化载体来看待，对河道的利用方式粗暴单一。而随着河流水系这一重要的自然和景观要素被排除在不断成长变化的城市功能之外，人居环境与水系相脱离、城市与自然相隔绝便不足为奇了。

（三）全球化冲击下的遗产隔离与文化趋同

通过横向的地域比较，我们可以发现不同城市具有不同的功能、社会结构、居民生活方式，这些属于城市、社会和人之间交互作用的内容就是城市的文化。当一个地区具有相对封闭的地域范围和稳定的人口结构时，城市的社会结构，居民的生活方式同样会呈现出相对稳定的状态，人们能够通过世代相传的宗教、手工业等纽带和教育方式将传统文化延续下去；但在全球化时代，社会充斥着各种外来文化和新的信息，往往会给本土文化带来较大的冲击[⑤]。在某些情况下，原生环境中独特的城市文化受到了足够的重视并能持续发展，新的文化元素也被

---

① 俞孔坚，李迪华，袁弘，等."海绵城市"理论与实践[J].城市规划，2015(6).

② WENGER S. A review of the scientific literature on riparian buffer width extent and vegetation[M/OL].Georgia: University of Georgia Press, 1999. http://www.crjc.org/buffers/Introduction.pdf.

③ 俞孔坚，李迪华，袁弘，等."海绵城市"理论与实践[J].城市规划，2015(6).

④ 俞孔坚，李迪华，袁弘，等."海绵城市"理论与实践[J].城市规划，2015(6).

⑤ 王玏.北京河道遗产廊道构建研究[D].北京：北京林业大学，2012.

吸收进来，并推动了本土文化的改造、更新和发展；但如果原生的文化未能抵挡住全球化的冲击，衰退、中断甚至湮没也并非没有可能，从而致使城市景观和文化更多地呈现“洋”“奇”的倾向。

前些年，过于强调经济发展导致了中国社会人文意识的薄弱与缺失，文化遗产的历史价值和文化意义没有受到足够的重视，快速的城市化过程也使文化遗产出现空间的封闭性、形态的孤立性和与社会隔离等问题。缺少了人文意识的影响，就会对于本土文化认识不足、不能了解自己生活的城市所拥有的地域文化，也无法产生对于城市文化的理解和认同；表现在城市建设中，就是一味模仿国内外“成功”的规划案例和设计手法，盲目追求“大气”“现代感”，忽略了自身地域、河道的文脉与特色。近年来，我国不少城市渐渐在多种异域文化充斥的环境中迷失自我，不断丧失沿革已久的城市文脉和城市精神，最终导致景观趋同、千城一面、千河一面。

第三节　从城河关系的历史演变看河道景观的未来愿景

河流不仅具有调节气候、消减污染等生态环境效应，也为城市承担了提供水源、交通航运、防洪排涝等功能，还作为人类生境孕育了丰富多样的文化与文明。伴随着一座座城市在河滨地区拔地而起、蓬勃发展，河流的功能也从灌溉、养殖，到航运、发电，走出了一条由农业、渔业向现代工商业演化的历史长路。然而，孕育了城市的母亲河在进入现代城市化快速发展阶段后却命运多舛，生态破坏、水质恶化，竟然沦为城市中环境破旧、经济衰败的区域，人与水的距离也变得“近在眼前、远在天边”，令人扼腕兴叹。与此同时，疏离了河流的城市无法独善其身，用地空间受限、继发动力不足、文化传统缺失给城市的持续发展蒙上了阴影。

随着生活水平和环境意识的不断提高，人们开始重新审视城市与河流的关系，认真解读城市河道的多重价值与福利，并逐渐认识到并注重以往不被注意的社会功能、生态功能、文化功能。自 20 世纪 70 年代起，一些发达国家河道整治与管理政策的中心目标开始转变，河流提供的环境完整性及舒适性成为关注重点：瑞士、德国等于 20 世纪 80 年代末提出了全新的“亲近自然河流”概念；日本在 20 世纪 90 年代初开展了“创造多自然型河川计划”；荷兰也提出了“还河流以空间”的新理念，人们发现高品质的滨河景观对旅游业、新兴创意产业等第三产业发展有着极大的促进。发达国家的实践表明，当城市化率达到60%后就进入了生态觉醒的稳定城市化时期，城市河道对促进旅游经济发展、改善环境质量、提高生活品质等方面的功能开始被强调和重视。

对生物来说，水陆交界带是最具特色，最富魅力、活力的区域，正是人类的逐水而居形成了无数的滨河城市、村庄。在古代，城市河流为城市提供了洁净的水源和肥沃的土地；近代城市阶段，随着水上交通工具的发展，河流成为城市物质运输的重要通道；现代工业化城市阶段，河流成为水源地、动力源、交通运输通道、污染净化场所；在当代建设生态城市的阶段，河流对城市的作用愈发重要，不仅是生物多样性的基础、景观多样性的组成、城市风貌的载体、市民亲近自然的场所，更是生态文明建设的重要物质基础。城市河道功能的变迁反映了城市功能的演变，可以说，每条城市河道的历史都能折射出所在城市的历史。

有学者指出，生活在洪泛平原区的居民总是处在一种“灾害—破坏—修复—灾害的循环(disaster-damage-repair-disaster cycle)”中，这使他们逐渐形成了一种适应洪水的生活方式[①]。“适应性景观”的概念重点在于强调人与自然之间由相互矛盾冲突，到协调合作的反思和改变过程，提醒着我们并不是地球唯一的主人、无法脱离环境而存在[②]。中外许多传统城市都在长期的演变发展中形成了综合的、发达的“水适应性景观系统”，这说明城市也应该是一种对水具有适应性的景观[③]。中国古代哲学最为重要的思想之一就是“道法自然、天人合一”，强调人类社会与自然世界之间的协调统一关系。《国语·郑语》云：“夫和实生物，同则不继。”《荀子·礼论》亦云：“天地合而万物生，阴阳接而变化起。”中国传统和谐思想提醒我们，人与自然应当和谐共处、永续发展，这也为城市发展中协调、解决人与自然的矛盾冲突提供了理论基础和行动依据。

从历史过往来看，人类活动和城市发展已经成为城市河道景观不断演化的主要驱动力。在信息时代，城市“居住、工作、交通、休闲”功能之间的界限将日益模糊，生活与工作将变得更加兼容，这一点不仅体现在生活方式上，同样将体现在城市空间上。有理由相信，在历经“生活(饮水、洗衣)——灌溉(都江堰)——

---

① TOBIN G A.Natural hazards: explanation and integration [M]. New York:Guilford Press,1997.

② 俞孔坚，张蕾.黄泛平原古城镇洪涝经验及其适应性景观[J].城市规划学刊，2007(5).

③ 俞孔坚，李迪华，袁弘，等.“海绵城市”理论与实践[J].城市规划，2015(6).

航运(京杭大运河)——工业(物流、排污、发电)”的过程之后,城市河道的功能重心又将回归到生活(休憩)(见表 2-2)。秉持可持续发展原则,设计适合当地条件的结构形式,在城市中创建生态宜居、底蕴深厚的滨河景观,复兴“临水而居”“城河共生”的和谐场景将成为当代城市河道管理的新趋势。把河道视为城市的有机组成,将河道的保护利用与城市功能发展协调统一起来,以“城河共兴”为目标积极保护和稳妥利用河道景观,才能实现城市与水系的有机融合、人与自然的良性互动,促进新时期城市发展由“规模扩张”向“内涵提升”转变。

表 2-2 不同发展阶段下城市河道景观的演化

发展阶段	景观特征	主要功能	案例
人类社会早期	形态多样化、自然乡土植被丰富、水质清洁	饮用水源、食物与原材料	古埃及、郑州商城
农业时代与初级城市化阶段	形态多样化、自然植被减少、水质较清洁	饮用水源、食物与原材料、农业蓄水与灌溉、航运、防御	都江堰、京杭大运河沿线城市
工业化和快速城市化阶段	形态规则化、天然植被丧失、水质污染	水力发电、航运、排污、行洪排涝	1960 年以前的伦敦泰晤士河、海河、淮河
生态觉醒的稳定城市化阶段	形态近自然化、经过设计的乡土植被、水质清洁	维持水文循环的完整性、维持生物多样性、休闲娱乐、景观美学	1980 年后的伦敦泰晤士河、新加坡河

第三章　城市河道景观的多重价值及其更新目标

第一节　城市河道的多重价值

16世纪末，“景观（landscape）”主要被用做绘画艺术的一个专门术语，泛指陆地上的自然景色[①]。17世纪以后到18世纪，景观一词开始被风景园林师所采用，他们基于视觉艺术效果的追求，对人为建筑与自然环境所构成的整体景致进行设计、建造和评价[②]。这时的景观成为描述自然、人文以及它们共同构成整体景象的一个总称，包括自然和人为作用的任何地表形态而没有明确的空间界限，主要是突出一种综合和直观的视觉感受，类似于风景、风光、景色、景象等术语描述。近代以来，地理学和生态学将景观的概念进一步拓展，形成了“地域综合体”的新理解。1995年，美国景观生态学家R. T. T. Forman将其定义为空间上镶嵌出现和紧密联系的生态系统的组合，即景观是一个由不同土地单元镶嵌组成、具有明显视觉特征的地理实体，它处于生态系统之上、大地理区域之下的中间尺度，包含了一系列完整的生态过程和社会经济过程，这些过程互相联系形成了多姿多彩的现实世界，具有经济价值、生态价值和美学价值[③]。

在2011年的第36届大会上，联合国教科文组织（UNESCO）正式提出了“历史性城市景观（Historic Urban Landscape，HUL）”的概念。相较于“历史中心”或“建筑群”的提法，“历史性城市景观”包括了更为广泛的城市背景及其地理环

---

① Turner，T. Landscape planning[M]. New York：Nichols Publishing，1987.

② E.马卓尔.景观综合：复杂景观管理的地生态学基础[J].王凤慧，译.地理译报，1982(3).

③ 肖笃宁，李秀珍.当代景观生态学的进展和展望//肖笃宁.景观生态学研究进展[M].长沙：湖南科学技术出版社，1999.

境，特指文化与自然价值及载体经过历史层层积淀（multi－layers）而形成的城市区域[①]。历史性城市景观的定义要求采用宽视角的方法来分析历史聚落和城市，将城市看作是自然、文化和社会经济过程在空间上、时间上和经验上的建构产物[②]。作为一种观察、理解城市及其组成的宏观视角，历史性城市景观引导对城市自然和历史价值多样性更综合、更包容的理解，促进了更广泛的学科融合（如对地貌学、自然环境和对非物质方面的考虑）[③]，并对开展可持续的保护利用产生了极大的启发。

河流自古就是城市的重要组成部分，在城市规模不断增加、人流物流持续集中的今天，河流的作用愈发不可替代。城市河道不仅是构成城市空间与功能的重要元素，也具有普遍的生态环境和历史文化价值，属于同时具备自然遗产与文化遗产两种条件的复合遗产（Heritage－Mixed Property，又译作混合遗产），也是典型的历史性城市景观。随着生态经济和互联网思维的盛行，如何对城市河道进行近自然化恢复和可持续利用，引导生态建设和地域文化传承，并以此为契机启动经济社会持续发展的新引擎、实现经济结构和社会形态的转型升级成为各领域的研究热点。价值认识是保护与利用的依据和基础，如何全面认识城市河道的价值和功能，决定了下一步保护利用的态度和行动。我们有必要借助历史性城市景观的视角加强对河道空间整体功能的研究，全面解读城市河道的丰富价值、深刻理解河道保护利用的目标，进而找到现代城市河道保护与利用的实现途径。

一、生态本底价值——作为场地（sites）的城市河道空间

从自然生态系统的角度看，河流及其生态过程为人类和城市的持续存在提供了物质基础。河流生态系统的功能包括一系列物质循环、能量流动和信息传递。河水在流动过程中不断切割地表岩石层，搬移风化物，同时通过河水的冲刷、挟带和沉积作用形成并不断扩大流域内的沟壑水系与支干河道，形成各种规模的冲积平原并填海成陆；河流也是全球水文循环中极为重要的一链。河流的

① UNESCO. Recommendation on the historic urban landscape [R]. Paris: UNESCO General Conference, 2011.

② 张松.城市历史环境的可持续保护[J].国际城市规划，2017(2).

③ 罗·范·奥尔斯，韩锋，王溪.城市历史景观的概念及其与文化景观的联系[J].中国园林，2012(5).

生态过程使大量动植物都获得了栖息和繁衍的基础，也为人类生存提供了场地和其他必要条件。从景观生态学的角度看，河流作为廊道发挥着重要的生态功能如通道、过滤、屏障、源和汇作用等，与河流相关的各种景观要素与河流间相互作用共同维系整个流域生态系统的平衡与稳定。Andre 等的研究表明，河流与河流以及河流与湿地间良好的连通性可提高系统的稳定性，降低洪水对群落的影响[①]。这些源自生态过程的功益和福祉被称为河流生态系统服务，可以归为供给、调节、支持和文化四个类别(见表 3-1)。

表 3-1　河流生态系统服务类型与内容

服务类型		主要内容	举例
供给服务	水和水产品	清洁的淡水、产于河道水域和水陆交界带的食物与原材料	生活饮用、农田灌溉、工业用水等；鱼类和水禽等产品、水生蔬菜和水果等
	水能	水体的动能、势能和压力能等能量资源	内陆航运、水力发电等
调节服务	水文调节	调节水文流量	为农业生产(如灌溉)、工业生产、航运等提供用水
	水质净化	流动性养分的恢复，过剩或异类养分与化合物的去除分解	废弃物分解、污染消除、解毒
	气候调节	调节区域温度、降水量及地方性由其他生物介导的气候过程	温室效应调节、影响降水和气流的形成
	空气净化	通过影响空气湿度调节大气的物理化学成分	CO_2/O_2 平衡，促进 SO_x 等的分解转化，加速颗粒物沉降
生命支持服务	养分循环和物质输送	养分的贮存、内循环、加工与获取，泥沙等物质的输送	固氮、碳、磷及其他元素或养分循环，堆积泥沙等沉积物形成陆地
	提供栖息地	为定居和迁徙种群提供栖息地	两栖类和鱼类的基本生存环境，候鸟和动物迁徙的停歇中转站
	基因资源	特有生物材料与产品来源	病毒抗体、生物工程原材料，生命进化和物种分化的无限可能性

① ANDRE A P, PRISCILLA C, SIDINEI M T, et al. The role of an extreme flood disturbance on macrophyte assemblages in a Neotropical floodplain [J]. Aquat. Sci, 2009(23).

（续表）

服务类型	主要内容	举例
文化服务	使人类享有精神愉悦和灵感启发，如美学、艺术、休闲娱乐、文化孕育等	视觉和精神的享受、进行运动休闲娱乐活动、孕育特殊文化传统等，如游泳、划船、垂钓、赛龙舟等

国外生态经济学家的研究表明，占据地球表面积0.4%的河流和湖泊贡献了5%的全球生态服务价值，其单位面积产生的生态服务价值是森林的8.8倍、耕地的92倍①。尽管其影响体现在较大的时空尺度，源自生态系统过程和功能的生态服务始终维持着适合人类和其他生物赖以生存的区域环境条件，也为城市的产生和发展提供了根本性基础和先决条件。至今，水仍是城市生态系统中最重要的自然因子，水的循环把城市生态系统与区域生态系统联系起来，并密切影响着城市环境，对增加空气湿度、减轻热岛效应、净化城市空气等具有难以替代的作用。

二、社会经济价值——作为场所(spaces)的城市河道空间

从现代城市的角度看，河流为人类与城市的发展提供了重要的条件和机遇。滨河地区不仅是城市的发源地，也是最具活力的城市空间，其功能由居住、生产逐渐扩展到运输、商贸，因而在城市生活中扮演着重要的角色。城河提供的清洁用水使“居者有澡洁之利”“汲引之便”，为人们提供了较为理想的居住和生活环境。在农耕时代，发展农业生产是中国古代地方官员的主要政绩，由于农业对水资源有着巨大的依赖性，兴修水利和引水灌溉成为政府的重要工作。唐代白居易在任杭州刺史时就曾发动百姓利用西湖之水“溉田千顷”；除灌溉外，城市河流还能种植菱荷菱蒲、养殖鱼虾。“荷叶万顷、一叶渔舟”就是对水产资源和水上风光的生动描绘②。

在机械化大生产普及以前，河港也是城市发展重要的推动力。由于河流水系是重要的交通和运输通道，滨河城区也自然而然地发展为人口集聚和商品交

① COSTANZA R, D’ ARGE, R., et al. The value of the world’s ecosystem services and natural 10 capital [J].Nature, 1997(387):253 - 260.

② 陈兴茹.城市河流在城市发展中的作用及功能[J].中国三峡，2013(3).

易的中心。唐代的扬州江岸南移，蜀冈之下已然成为繁荣的商业区；被宋人称为“建国之本”的汴河每年向汴京运输粮食与生活用品多达 600 万石；基于京杭大运河的漕运始终是维系中国历代封建中央政权不可或缺的、最重要的物质基础。苏州、威尼斯等也因为便捷的内部水路交通而繁荣昌盛、成为区域中心城市。充足的水源、便捷的交通、巨量的物资、完善的商业设施使城市沿河区域人口密集、街坊紧凑，成为城市中最活跃的地区。苏州、无锡兴旺发达的轻工业就是建立在水网密布、供水充足的基础上，丝织、印染、造纸产业的发展又有力地促进了城市的繁荣和扩张。

出于发展需要，人们不断对河流生态系统进行各种改造和利用，产生了更为丰富的社会和经济价值。在工业时代，水力发电成为利用河流的新形式。人们利用河流的水位落差，通过水轮机将水的位能转化为机械能并推动发电机，进而得到电能。水力发电由于无污染、成本低、高效而灵活在全球范围都获得了广泛应用。

城市河流调节蓄水的能力对于暴雨或久雨之后防止、减小洪涝灾害作用明显。我国江南地区地势低平、湿润多雨，年降雨量达 1 100～1 500 毫米，但由于河网密布，雨水调蓄能力强，所以罕有洪涝之灾。广州城内“六脉渠，渠通于壕，壕通于海”，与城壕共同组成的排水系统能有效地排除积水，故“六脉通而城中无水患”①。可见，河道直接或间接地为城市的存在和发展提供了巨大的经济和社会价值。人类大量、广泛获得和利用河流生态系统所提供的产品，建设出生活便捷、功能复杂的城市。

三、历史文化价值——作为场景(scenes)的城市河道空间

关于环境与文明的关系前人很早就有研究，孟德斯鸠在《论法的精神》一书中提出山地、平原、近海三种地形会产生三种不同的政体，说明人类在改造自然的过程中，也透露出对自然环境的适应。作为城市形态和结构的重要组成部分，城市河道深远地影响着城市的功能和文化的形成。我国江南地区地势低平、水网纵横，城市一般以水系为界限，形态和布局较为自由，呈现出多样化的城市风貌。譬如嘉定城壕略呈圆形，城中骨干河呈十字交叉状；绍兴有七条护城河，称

① 陈兴茹.城市河流在城市发展中的作用及功能[J].中国三峡，2013(3).

为“七弦”；无锡的城河呈鱼骨状、城壕呈菱形；苏州古城呈棋盘格子状；南通的护城河呈葫芦形。北方平原则由于水体较少，城市形态不受山水地形的限制而往往出现方正和规则的格局。自然水体不仅是影响城市格局的重要元素，也构成了城市景观体系的骨架，像杭州的“春风来海上，明月在江头”、常熟的“七溪流水皆通海，十里青山半入城”、南京的“据龙盘虎踞之雄，依负山带江之胜”都是典型的例子。

进一步看，河道对城市界面的塑造也起到了深远的影响。河边特定的生活方式、作息规律在日积月累中产生了自身的空间特征、建筑式样，成就了独特的城市风貌。在水网密布的城市，普通百姓对河道的依赖直接而密切，从后院下到河道中取水、淘米、洗衣，河道成为居民生活空间的延续。作为水乡城市河道历史遗存物代表之一的河埠头，忠实记录了滨河居民“靠水吃水”的传统生活模式：除了街道和茶楼酒肆，星罗棋布的埠头、客船也可以是闹市或庙口，成为别具一格的场景。一河一街与两街夹河等河街相依、错落有致的空间格局，横跨水面的石拱桥、古老的青石板码头、水巷穿梭的小船，与临水而筑的黑、白、灰色民居一道，构成简明、轻巧、淡雅、清秀、舒朗的水乡聚落，成为依河生长的江南城镇经典意象。

河流与沿河空间不仅满足了人们物质层面的需要，更渗进城市生活的方方面面，孕育出多姿多彩的亲水文化。除了承载着沿河居民取水、洗涤、交易、交通等各种功能，河道也滋长了赛龙舟、放河灯等水上民俗活动，人们享受着河流穿城而过带来的生活便利与情趣，散步、戏水、钓鱼、竞舟，在这里休闲娱乐、亲近自然。即使在北方，以城外河边绿地为主的开放空间也历来是百姓游乐的好去处，是城市最具特色和活力的地段之一。宋代太原城西沿汾河有一处“柳溪”风景区，包括堤防、柳树、水面、林华堂、彤霞阁、四照亭、水心亭等景点，“每岁上巳①，太守泛舟，郡人游观焉”。明清北京皇城的前三门护城河也在每年中元节(农历七月十五)成为市民放河灯赏河灯的地方。这种景观偏好性、选择性构成和强化了市民的主观映像，塑造并传播了城市的文化特征，最终聚成了对城市的认同感，作为一种经典传统文化通过场所和记忆代代相传。

千百年来，滨河空间作为物资与信息的集散地，不仅成为城市中经济发展最

① 上巳(sì)节，俗称三月三，中国民间传统节日。上巳节是古代举行“祓除畔浴”活动中最重要的节日，人们结伴去水边沐浴，称为“祓禊”，此后又增加了祭祀宴饮、曲水流觞、郊外游春等内容。

活跃的中心区，也是城市中最有历史文化气息的生活区，是城市不断发展与成长的动力之源。在一定程度上，不同的地理环境影响着所在地民族的行为习惯和性格形成并协助保持着社会的连续性与稳定性，维系着人们的民族情感。从特定城市的发展过程和特征看，城市河道铭记了历史，孕育了文化。作为那一幕幕极富生活气息场景的发生地，河道空间是城市文化和地域精神不可分割的重要组成，是最具特色的自然人文景观（见图 3－1）。城以河而美，河因城而名，这种超越了自然因素和物质意义之上的精神象征，更成为河流对于城市的独特意义，从巴黎塞纳河、伦敦泰晤士河、柏林莱茵河到上海黄浦江、重庆嘉陵江与长江、杭州大运河无不如此。

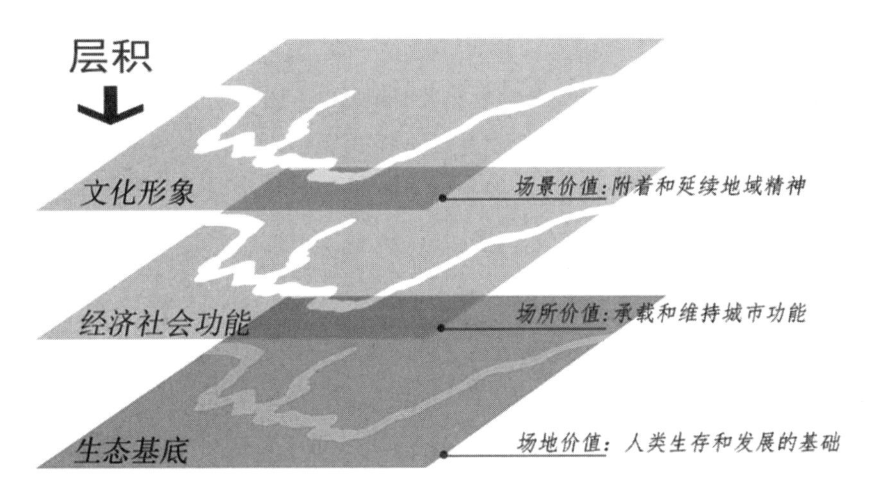

图 3－1　城市河道景观的历史层积与价值凝聚

第二节　城市河道景观有机更新的目标

改革开放以来，快速的城镇化进程在给城市带来发展机遇、发展动力的同时，也给我国城市河道带来了生态破坏、环境污染和西方文化冲击等严重威胁和挑战。城市河道是一个整体的、连续的、动态的系统，其自身也将不断发展完善。城市河道与城市一样是有生命的有机体，不能被当作怜悯保护的对象进行消极的保护。人类对城市河道的利用是历史进程中的必然结果，也是时代的需求，具有不断创新和完善的特征，最终将使河流与城市功能逐渐契合、达到水乳交融的阶段。城市河道的发展包括了保护与利用两个方面,保护是城市河道顺利发展的重要基础,利用则促进了城市河道更好的保护,两者无法割裂。正如最近获得国家最高科学技术奖的吴良镛院士提出的,历史和文化遗产是今天城市发展和人民生活改善的积极力量,应该加以积极保护、整体创造。宜人的公共空间、复合的交通体系、完善的基础设施、丰富的人文活动都可以激发历史河道的活力复苏。通过将历史水系、文化遗产、绿地相结合的手法,不但在保护河道历史文化基础上努力寻求创新和发展的道路,还可以通过历史河道的人文复苏,带动城市文脉的再生与发展①。因此,保护与发展的相互促进,是城市河道有机发展的重要保障。

一、以生态安全保障为先导重构景观生态格局

城市的生存和发展有赖于自然生态系统所提供的供给服务、调节服务、生命支持服务和文化精神服务,而生态系统服务则是来源于生态系统的正常运转和功能发挥。因此,只有维护河流生态系统的格局和结构完整,才能维持区域生态系统的过程与功能,保障城市享有健全的生态服务和生态安全。不同于陆地生态系统,水是不停流动和循环的,使得河流生态系统与流域内其他土地利用和各类景观要素建立起广泛联系。河流生态系统不仅作用于流域的水体、水域,并且为区域生态系统提供了多种重要且无可替代的服务②。干扰河流生态系统功能发挥的因素不仅仅是水量、水质,范围也不局限于河道空间,许多自然过程和人类活动都对河流生态系统产生着深远的影响。

城市河道景观有机更新首先应促进河流自然化和生态系统的再生。发达国家的河流大多都经历过环境恶化到鱼类等水生生物无法久居的时代,这种状况在莱茵河、默西河、塞纳河、隅田川、爱河、新加坡河等都曾发生过。之后这些河流也都通过破除堰坝等水工构筑物、建设生态驳岸与岸基、改善净化水质等开展河畔自然化整治,实现了水生生物的再生。与此同时,我们可以将提供生态服务、保障生态安全的河流、山川、植被等自然生态系统及其基础性空间结构(景观格局)看成城市不可或缺的组成、一副城市发展的刚性骨架。不同于传统城市中灰色的、工程性的市政基础设施,这是一类绿色的、有生命的“生态基础设施

---

① 王玏.北京河道遗产廊道构建研究[D].北京:北京林业大学,2012.

② 俞孔坚,李迪华,袁弘,等.“海绵城市”理论与实践[J].城市规划,2015(6).

(ecological infrastructure)”，它维护着城市的水源保护和涵养、雨洪调蓄、污染消除和降解、土壤净化、栖息地修复等重要的生态过程，提供给人类最基本的生态系统服务。通过对河流生态系统及其格局的保护，可以建立以跨尺度水生态基础设施为核心的“海绵城市”，最终有望能综合解决城市生态问题，包括局域性的雨洪管理、水质净化、地下水补充、休闲绿地营造，也包括区域性的城市气候调节、防洪体系构建、生物多样性保护和栖息地恢复、文化遗产网络和游憩网络构建等等[①]。

二、以现代产业培育为目标驱动经济社会持续发展

城市河道历来在城市功能中扮演了重要角色：从农业时代的引水灌溉到工业时代的临水工业（如面粉工业、燃煤发电厂等）都与临水环境的独特性是分不开的。随着高速公路和集装箱的兴起，内河水运出现衰退，制造业和工业的全球化配置使滨水地区的土地空置出来，有待新的用途开发。20 世纪 50 年代以来，西方发达国家认识到滨水地区非工业性功能的重要性并开始尝试调整产业结构，城市中心滨水区进入了一个“逆工业化”的过程，形成了新的经济增长点。大批港埠空间再开发项目层出不穷，通过改造旧产业、吸引新投资，建立起新的产业、创造出新的就业岗位，驱动着社会经济的持续发展。其中，伦敦泰晤士河港区的更新、巴塞罗那旧港（Port Vell）改建、伯明翰的运河河滨改建等项目尤为瞩目。此外，近 40 年来意大利威尼斯、德国汉堡、荷兰鹿特丹以及日本韩国的滨水城市都有很多成功的实践。从发达国家的经验来看，后工业时代滨河地区正由产业空间向消费空间转变，休闲经济和文化创意产业成为发展的新兴动力。

因此，对滨河地区的产业重新定位、发展与临水环境的独特性相适应的“水岸经济”有望成为信息时代城市经济社会发展的新引擎。城市河道有机更新要符合城市定位与发展目标，与城市经济、社会、生态的发展相统一。滨河地区具有优良的区位、良好的自然环境、丰富的历史遗存，伴随着城市由产业空间向消费空间的转变，其在居住、旅游、休闲、办公、商贸等功能承载上具有得天独厚的优势，为休闲经济和创新创意产业的发展提供了良好的条件。滨水区传统的居住方式和生活习俗是城市历史发展的缩影，宜加以利用、改善并使之延续；商贸、

① 俞孔坚，李迪华，袁弘，等.“海绵城市”理论与实践[J].城市规划，2015(6).

游憩、休闲、文化娱乐、科普及信息科技等新兴产业也能获得很大发展空间。欧美国家在从制造业经济向信息和服务业休闲、娱乐和旅游经济转型的过程中,激发了滨水区一系列新功能的出现。美国学者曾把城市滨水区的开发从用途上进行归纳,分为商贸、娱乐休闲、文化教育与环境、历史、居住和公交港口设施六大类,通常包括公园、步行道、餐馆、娱乐场,以及混合功能空间和居住空间①。此外,河滨地区仍然具备环境保护、生态建设、历史和传统风貌、交通等其他功能。伦敦泰晤士河、巴黎塞纳河、上海苏州河等在城市功能升级中积极转型,逐步发展成集旅游、商业零售、文化休闲于一体的新经济走廊。滨河地区不仅为城市创造出多样化、特色化的环境,还结合自身特质创造出新的消费理念,提供了多元化的品质服务,成为城市发展最具活力的区域之一。

三、以地域文脉延续为线索统领城市风貌

滨水区在空间上一直是城市中的特殊地带,是城市风貌、景观特色、文化内涵的集中体现。水岸凹凸与平直相间的有机形态,岛、洲、缓坡等天然地貌,结合倒影、朝霞、夕阳以及阴晴、雨雪等元素,构成了河滨空间丰富多变的自然形态美;河畔建筑、桥梁、堤岸的形式、色彩、肌理蕴藏着丰富的地域符号和历史文脉,描绘出滨河地区独特的人文美学特质。作为最具吸引力的地区之一,滨河景观是城市文化的载体和城市风格的剪影,也是塑造城市风貌和城市形象的重要手段。

滨河地区的地域文脉不仅包含建筑风貌、古树名木、文物古迹、空间环境等物质载体形式,也包括了丰富的非物质文化形态,例如沿河居民的生活方式与文化观念、社会群体组织以及传统艺术、民间工艺,还包括传统产业、民俗精华、节日庆典、名人轶事等。这些实物与非实物形态要素所构成的生活环境和空间结构肌理经过长期的积淀发酵,形成了深厚的历史景观,体现着特定年代和地域的精神状态、社会理想等文化内涵,也是当代人群日常活动的重要节点。将历史文脉与时代精神通过合理的方式组织起来,使之成为有机的整体,共同构成了城市珍贵的文化遗产和地域精神,凸显出城市独特的景观风貌和迷人魅力。

---

① 张廷伟.城市滨水区设计与开发[M].上海:同济大学出版社,2002.

第三节　城市河道景观更新的意义

一、回归人与自然和谐的都市生活

从19世纪末到20世纪前半叶，伴随工业化和城市化进程的不断推进，欧美国家兴起了建设公园绿地的潮流，并在宽阔的道路两旁种植花草树木，使公园与绿树成荫的公园道路(parkway)成为空气清新、具备“城市绿肺”功能的开放空间(open space)供市民休闲活动。但随着城市机动车交通的快速发展特别是私人汽车的普及，城市的扩张和蔓延成为新的趋势，道路作为公共空间的功能逐渐弱化，转而成为联系和发展城市功能的重要媒介。在此后的很长一段时间内，围绕交通问题进行的道路建设成为城市规划和发展的重要基础。日本关东大地震之后的“帝都复兴计划”就提出了通过修建道路来复兴城市、促进发展的构想，并得以实施。与此同时，工业废水和生活污水排放造成了严重的市内河流污染、淤塞，部分城市索性将河流覆盖并在其上修建道路，甚至将其填埋。在东京首都圈，被污染的河流和农业灌溉水渠等都被掩盖于地下或者被填埋，并在上面修建道路。为了迎接1964年的第18届夏季奥林匹克运动会，避免和减轻不断增加的车流带来的交通堵塞问题，东京在河流和运河、人工河等水边以及被保护的绿地上修建了首都高速公路[①]。1958年韩国也将横穿首尔的清溪川覆盖为道路，在1960年代还进一步建设为高架主干道并作为韩国现代化的象征。

20世纪后半叶，发达国家的城市化进入稳定阶段，人们发现一味加大汽车通行权并不能解决交通问题；人与生俱来的自然天性决定了人无法与自然隔离，丰富的植被和洁净的水体(河、湖、海)对于人类的健康和幸福是不可或缺的，不能任由机动车交通吞噬城市中宝贵的水和绿。于是城市规划的目标又转向减少通往市中心的过境交通量，通过倡导公交优先、修建环形道路等对进入市中心的车流进行限制甚至是禁止。美国兴起了以“公共交通导向的土地使用开发策略(Transit Oriented Development，TOD)”替代郊区蔓延的发展模式，并获得许多成功案例。20世纪90年代，美国波士顿将穿越城市中心、隔离了城市与海滨的

① 吉川胜秀，伊藤一正.城市与河流——全球从河流再生开始的城市再生[M].汤显强，吴遐，陈飞勇，等译.北京：中国环境科学出版社，2011.

高架高速公路拆除并改建在地下。这项前后历时25年、总耗资逾220亿美元的工程被称为“波士顿大开挖(Boston Big Dig)”。工程不仅解决了长期以来困扰波士顿的机动车交通问题,也将地面空间还给城市生活,开发为居住、商业和绿化相结合的综合城市廊道,并形成了面积250英亩的城市绿地和开放空间,恢复了城市与海、城市与人的空间联系。

目前在世界范围内,将建设和更新的重点由传统的高速公路等灰色基础设施转向公园、河流等绿色、蓝色的“生态基础设施”已经成为城市发展的新趋势。法国巴黎、德国科隆和杜塞尔多夫都对进入城市中心的机动车交通进行限制,推进水和绿色的城市再生;日本东京湾填埋地的土地再利用工程和隅田川的河滨地区再开发也在逐步推进;韩国首尔拆除了覆盖在清溪川上的道路和高架桥;中国北京也将位于城市中心被填埋的河段(转河、高梁河)挖掘开来进行再生,同时还对河畔进行了再开发。日本学者吉川胜秀指出,尽管河流面积只占日本国土面积的3%,但在城市化区域内,河流面积远远大于公园绿地面积,是约占城市总面积10%的连续区域(见图3—2)。此外,市民的住所与河流的距离平均约为300米,徒步只需要5分钟。也就是说,市内河流等水边空间天然具备成为城市公共开放空间的条件和优势。东京首都圈从20世纪后半叶开始进行城市更新,例如六本木新城、汐留的JR电车调度站旧址、六本木防卫厅旧址等,这些地区大部分都被有效地再开发并用于发展商业。但是从满足市民日常生活中亲近自然的需求来看,这些更新的成效却乏善可陈[①]。水和绿色环绕、生物丰富的河流空间对于城市生活极其重要且无法被替代,这不仅是因为自然生态系统为城市运转所提供的宝贵服务(ecosystem services),也源自市民日常生活对开放空间的本能需求。随着现代城市的功能由生产向消费转变、市民闲暇时间增多,对于能提供回归自然机会的开放空间的需求也将有增无减。通过污染治理、生态恢复,河道景观的更新将为市民打造一个清水碧波、绿树青草、鸟语花香、温情脉脉的生活空间。

---

① 吉川胜秀,伊藤一正.城市与河流——全球从河流再生开始的城市再生[M].汤显强,吴遐,陈飞勇,等译.北京:中国环境科学出版社,2011.

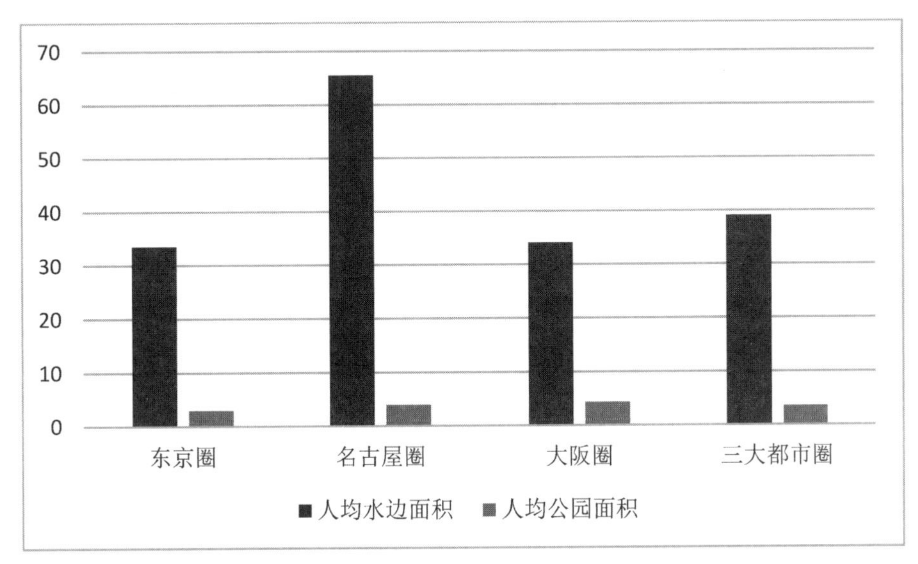

图 3-2　日本三大都市圈人均水边面积与人均公园面积对比[①]

二、助推城市经济社会可持续发展

在国家提倡和推进新型城镇化的方针下，以往无序蔓延、依赖规模扩张的粗放式城市发展模式将逐渐向注重品质、集约环保的“精明增长（Smart Growth）”[②]转变。三亚等城市的“双修”试点工作内容不仅针对城市形象，还着眼于城市功能和产业结构的完善升级，包括城市交通网络的织补、功能网络的拼贴、设施网络的完善和文化网络的延展等，其目标涵盖了环境整治、社会改良、机能改善、提高经济活力和竞争力等诸多方面，希望能促进城市社会经济协调发展、保护城市生态、延续城市文脉、凸显城市特色，全面赋予城市新的发展活力。

城市河道的历史悠久，其生态功能显著、人文积淀丰厚，是城市更新中重要的资源。对穿城而过的河流景观进行更新将破除河流与城市和人群间的藩篱，维系良好的生态环境，恢复城市环境的自然亲和力。更新后的河道景观在为市民提供休憩场所的同时，还可以通过发展旅游、文创等产业而在经济增长方面发

① 吉川胜秀，伊藤一正.城市与河流——全球从河流再生开始的城市再生[M].汤显强，吴遐，陈飞勇，等译.北京：中国环境科学出版社，2011.

② 美国规划协会 2000 年提出精明增长的概念，强调在提高土地利用效率、混合用地功能、发展公共交通等基础上控制城市扩张、保护生态环境，通过鼓励、限制和保护措施实现经济、环境和社会的协调发展。

挥重要作用,韩国首尔的清溪川、中国台湾高雄的爱河、英国曼彻斯特的默西河(见图 3-3)等就是典型的事例(见表 3—2)。可以看出,以上更新实例都不仅仅是单纯的再生河流,而是瞄准了城市更新这个更加远大的目标。

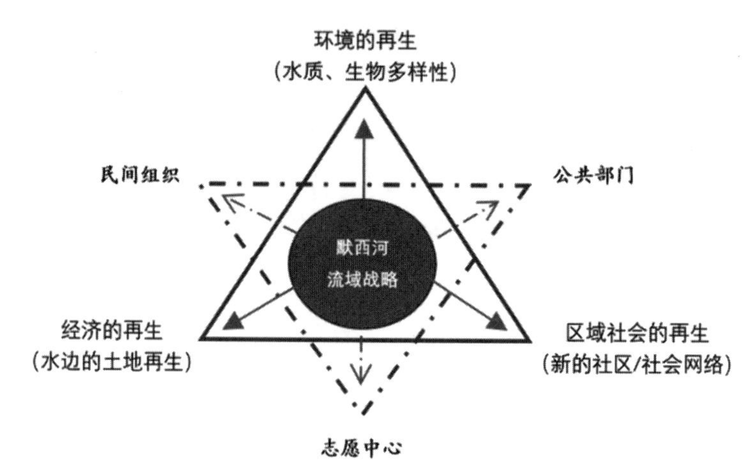

图 3-3 英国默西河的 3 个再生目标①

表 3-2 部分以河流再生为基础的城市更新目标②

地区	基于河流再生的城市更新目标
英国伦敦泰晤士河和运河	1) 确保饮用水安全,维持持续稳定的城市排水系统、应对特殊气象条件的综合治水对策,提供污水深度处理设施 2) 利用河流沿岸的历史建筑物打造和规划景观,形成有价值的水边开放空间,通过船运促进旅客观光、休闲和货物运输 3) 尊重和保护生物多样性,强化水边空间的开发利用,提高水上交通、休闲观光和水运行业的潜力,将伦敦建设成更加丰富多彩、有魅力的城市

① 吉川胜秀,伊藤一正.城市与河流——全球从河流再生开始的城市再生[M].汤显强,吴遐,陈飞勇,等译.北京:中国环境科学出版社,2011.

② 吉川胜秀,伊藤一正.城市与河流——全球从河流再生开始的城市再生[M].汤显强,吴遐,陈飞勇,等译.北京:中国环境科学出版社,2011.

（续表）

地区	基于河流再生的城市更新目标
韩国首尔清溪川	1）彻底解决清溪川上面覆盖构筑物以及高架道路构造面的安全问题 2）恢复拥有600年历史的大都市的历史性和文化性 3）考虑环境因素，创造人类满意的城市空间 4）活化中心部商业区，将首尔打造成为国际金融和商业中心
中国台湾高雄爱河	1）优美的水环境 2）安全值得信赖的洪水防御体系 3）亲水空间和休闲场所 4）流域文化产业 5）市民持续参与到生活、生产、生态发展各领域当中

贯穿整个20世纪以修建公路和街道来建设城市的理念已经被推翻，而合理利用承载城市历史的河流、运河等水边空间的更新促进产业升级和城市发展则变得越来越常见。事实上，以河流为中心、从滨河空间更新改造开始，带动更大范围的城市更新，具有充足的理由和明显的优势。首先，可以改善生态环境，提高生活品质。不同于陆地生态系统，水是不停流动和循环的，这使得河流生态系统与流域内其他土地利用和各类景观要素建立起广泛联系。保护和恢复城市河道的自然形态、优化水网结构，通过污染治理和动迁拆违修复水体与滨岸带生态，构建起“海绵城市”的“生态基础设施”，成为增强城市河道的生态功能、优化水生态系统服务、保障城市水生态安全的有力举措。其次，可以完善城市功能，刺激经济发展。滨河地区具有优良的区位、良好的自然环境、丰富的历史遗存，伴随着城市由产业空间向消费空间的转变，其在居住、旅游、休闲、办公、商贸等功能承载上具有得天独厚的优势，为休闲经济和创意创新产业的发展提供了良好的条件。对滨河地区的产业重新定位，发展与临水环境的独特性相适应的“水岸经济”有望成为信息时代城市经济社会发展的新引擎。第三，可以延续地域文化、塑造特色风貌，形成属于特定城市的精神魅力。滨河地区的地域文脉不仅包含建筑风格、古树名木、文物古迹、空间环境等物质载体形式，也包括沿河居民的生活方式与文化观念、传统产业、社会群体组织以及传统艺术、民间工艺等丰富的非物质文化形态。滨河景观将历史文脉与时代精神通过合理的方式组织起来，使之成为有机的整体，是城市文化珍贵的载体和城市风格的剪影，也是塑造

城市风貌和城市形象的重要手段,彰显出城市独特的景观风貌和迷人魅力(见图3-4)。

图 3-4 以城市河道有机更新带动城市更新

中篇：路径探索

第四章　城市河道有机更新的机制

第一节　城市河道有机更新的现实挑战

一、巨额资金的筹措

城市河流的有机更新是一项系统工程，涉及范围广、持续时间长、耗费资金大[①]。资金投入主要用于环境治理成本、拆迁成本、公共基础设施建设成本、财务费用、行政管理费用等方面。在现有的技术条件下，滨水区独特的地质水文条件使得环境治理带有较高的技术难度、工程结构复杂，其经济成本居高不下；滨水场地地基承载力普遍较低，较易遭到自然生态因素（旋风、飓风，洪水泛滥及滑坡）的破坏，需要有特殊的技术处理，在新建堤岸和公共基础设施时必须达到较高的工程标准，这些无疑都会增加工程的预算。有机更新的一项重要内容是疏解现有的人口和产业，整备土地。随着《物权法》的颁布，市民的财产意识、维权意识显著增强，再加上近年来房地产价格快速飙升，导致补偿标准水涨船高。通常情况下，需要更新的沿河老城区人口密度高、建筑密度高，拆迁量大、安置量大。在滨水区更新和再开发中，为了保证环境质量，需要维持较低的空间密度，设置大片滨水草地、观景平台等，这也使得可出让的土地及其受益受限。城市河道更新一般要求较长的建设周期，从生态修复、拆迁、安置到改造、重建，一般来说都需要多年时间，前新加坡总理李光耀在1977年推动新加坡河治理工程时就是提出“十年清河，十年河清”的目标。因此，城市河道有机更新不仅前期资金投

---

① 吕永鹏，徐启新，杨凯.城市河流生态修复的环境价值及实现机制[J].水利学报，2010(3).

入大，而且后期运行和维护所需资金亦较大，回收投资却比较慢，由巨额资金导致的财务成本也不可小视。

由于城市河道属于公共物品(public goods)，自身没有创收的途径，生态修复和更新的资金长期以来由地方政府承担。在经济不太发达地区，政府财政负担重、可支配财力少，融资渠道也有限，导致河道更新难以开展，或者难以持续。在西方国家，资金的募集多采用公私合作方式。政府致力于水域公共设施建设及与亲水相关的设施投资，在不影响环境生态和不牺牲公共利益的前提下，鼓励私人开发，以获取大量的建设资金并促进新的投资。我国则多采取政府投资、商业贷款、民间集资等多种方式筹集资金。但这种数额巨大、周转时间长、盈利不确定因素多的滨水开发项目，资金始终是各国、各地区都要面临的一个难题[①]。

二、环境效益巨大的外部性

城市河道属于公共物品，其治理、保护和更新具有明显的负外部性。公共物品与私人物品相对，指具有消费或使用上的非竞争性和受益上的非排他性的物品，一些公共物品在供给和需求上还具有不可分割性。外部性又称为溢出效应或外部效应，指一个人或一群人的行动和决策使另一个人或一群人受损或受益的情况，分为正外部性(positive externality)和负外部性(negative externality)。正外部性是某个经济行为个体的活动使他人或社会受益，而受益者无须花费代价；负外部性是某个经济行为个体的活动使他人或社会受损，而造成负外部性的人却没有为此承担成本。

城市河道景观具有丰富多样的价值，城市河道更新也能产生巨大的生态效益、社会效益(包括政府公信力、美誉度)与经济效益，然而从政府作为投资主体的角度看，这一举动却因为效益巨大的外部性而表现得不经济(见表 4－1)。尽管近年来围绕生态系统服务价值的研究取得了较大进展，其研究结果有望为保护自然资源提供起码的管理决策依据，但在现行体制下，投资成本的前期支付仍然是一个巨大的问题。投资主体与受益对象的不对称也在很大程度上影响了河道更新的积极性与工作效率。梁晶等关于秦淮河整治的综合效益测算结果表明，城市内河的治理收益中绝大部分(接近 99%)体现为外部收益，其中又有超

---

① 陆迪民.城市滨水开发中政府的角色定位研究[J].学理论，2010(11).

过95%的收益体现为周边土地增值。然而在这数百上千亿的收益中，很大一部分被在自20世纪末开始的城市圈地运动中潜心运作的开发商无偿占有，作为直接投资者的政府和间接投资者的全体市民并未得到应有的回报，项目的巨大投入甚至造成了财务成本居高不下、项目运营难以为继、入不敷出的窘境[①]。吕永鹏等以上海市长宁区河流生态修复为案例的研究表明，生态修复后的城市河流环境价值增值显著，河流沿线居民和企业是最大的受益者[②]。但该项目的投资主体和运营途径单一，政府投资占总投资98%，而效益分割为70%；沿岸居民并未直接投资却分割效益23%；房产开发企业占总投资比例为2%，获益占比10%以上，其产出投入比为5.06，体现了“投资者受益”的原则；单纯从经济来看，外部性扭曲了市场主体成本与收益的关系，政府投资进行河流生态修复具有极大的效益溢出。如果仅仅关注投资和受益，将有可能导致市场无效率甚至失灵，而负外部性如果不能够得到遏制，经济发展所赖以存在的环境将持续恶化，最终将使经济失去发展的条件。

表4-1 城市河道更新的效益分配

效益	表现形式	说明	主要受益对象
生态效益	水供给	城市供水水质与水量	政府、企业、居民
	水产品	水生植物、水生动物等	企业、居民、政府
	水自净	净化河流中的各类污染物	政府、企业、居民
	小气候调节	调节周边的小气候	居民
经济效益	直接经营性收益	各类经营性项目收入、土地开发收入	企业、政府
	土地增值	土地出让价格升高	政府、企业、居民
	防洪除涝	替代部分排水工程和设施	政府、居民
社会和文化效益	娱乐休闲	散步、观光、划船等	居民、企业
	文化服务	美学、教育、科学价值等	居民、政府、企业

为抑制外部性的出现，可以对正的外部性给予补贴，对负的外部性征收税费。补贴可以激励产生正的外部性的经济活动，征税可以抑制产生负的外部性

① 梁晶，祁毅，曹大贵.城市内河整治的综合效益评价体系研究[J].现代城市研究，2010(9).
② 吕永鹏，徐启新，杨凯.城市河流生态修复的环境价值及实现机制[J].水利学报，2010(3).

的经济活动，这种用于消除负外部性的税收就是庇古税（pigovian tax）。一般来说，城市河流生态修复属于非经营性项目，产出不明确且投资主体与受益对象不对称，令“投资者受益”原则难以实现，资金来源难以实现市场化；在我国现行制度下，“污染者付费”的原则又难以确立。虽然我国于 20 世纪 80 年代开始征收排污（水）费，但许多城市的排污（水）费基本与污水处理和管网投资回收成本持平[①]，难以补偿河流生态修复资金。效益的不对等使各方积极性不高，影响了城市河道更新的开展。

三、生态修复和环境治理的复杂性

复杂的生态环境问题是城市河道有机更新中最难处理的挑战之一。由于城市河道涉及航运、岸线流蚀与治理、水源储备与供应、植被养护、鱼类栖息、水质、城市安全等许多方面，在进行环境治理和生态修复时面临很多技术难点和风险。事实上，国内外的城市河道治理仍处于探索阶段，许多研究只停留在对某一河流指标如鱼类指标、流量指标、水质指标、生物栖息地指标等的关注，因此大多数的工作仅仅着眼于修复河流某一方面的功能，未能实现对河流生态系统的整体修复[②]。国外对河流生态修复的研究开展较早，在兼顾景观的同时更侧重生态修复和重建等方面的工作，但对河岸和湿地植物方面的研究较少，有关河道生态修复的理论和实践均不够深入[③]。国内采用的河道生态修复措施主要集中在水污染控制、河道水量调节、构建河岸带、采用生态护岸、改造河床形态以及加强河道生态管理等方面，主要护岸措施有利用植物进行护岸以及植物与工程相结合的方式护岸[④]。在已有研究中，很少综合考虑河流建设与地区经济、社会发展、水资源利用、居民需求、旅游、文化等方面的关系，城市河道治理缺乏系统的理论指导。

四、条块分割的管理体制，缺乏法制和长效监督保障

“多龙管水”是很多城市的现状，林水、环保、城管、港航、园林绿化、建设等行

---

① 耿建新，肖振东，张宏亮.城市水资金有效循环过程的保证措施探讨——政府环境审计的作用与实施方式[J].中国环境管理，2009(1).

② 陈兴茹.促进人水和谐的城市河流建设理论研究[D].北京：中国水利水电科学研究院，2006.

③ 刘大鹏.基于近自然设计的河流生态修复技术研究[D].长春：东北师范大学，2010.

④ 杜佳.渭河河道生态服务功能评估与生态修复研究[D].西安：西北大学，2012.

政主管部门都涉及城市河道的相关管理职能，但权责不明致使涉河的行政许可、监管执法难以有效施行[①]。在我国，城市河流的管理至少涉及水利部门、环保部门、建设部门(城乡规划局、住建局、园林局)等三大系统的工作。由于相关法律法规多是从水利角度进行的，责任部门多为水利部门，因而目前水利部门在我国城市河流的管理中起着主导作用[②]。我国水利部下属的职能部门主要包括：规划计划司、政策法规司、水资源司(全国节约用水办公室)、国际合作与科技司、建设与管理司、水土保持司、农村水利司、安全监督司、国家防汛抗旱总指挥部办公室、农村水电及电气化发展局、水库移民开发局等，由此可见，水利部的主要职能还是水资源分配、水污染防治、防洪、水土保持等。

在城市河道的实际管理中，水利部门受具体职责所限，对河流系统乃至整个城市生态系统、生物多样性、历史与文化、城市发展框架等往往缺乏战略性考量。通常情况下，城乡规划和园林部门对生态平衡与文化遗产的考虑会更多一些。因此，如果能有健全的法律、多部门合作及公众参与的机制，环保部门和建设部门(地方城乡规划局、园林局)等就能在城市河流管理中发挥更积极的作用，更加有利于实现城市与水系的协调发展。

第二节 探索“利益共享、责任共担”的更新模式

一、城市更新中的利益主体和利益冲突

城市更新的内容不仅是物质环境的更新、人居生态的改善，更重要的是促进区域经济可持续发展、融合区域社会关系协调统一。在城市河道有机更新的过程中，利益相关者包括政府、原始权利主体和市场主体，尽管他们在不同的更新模式和阶段中所扮演的角色并不完全一致，但由他们所提供的要素却相对稳定。政府(公共政策资本)行使行政权力审定和许可特定空间的更新并提供特定的公共基础设施和服务；原始权利主体(空间资本)提供土地的使用权，并具有环境改善等多种诉求；市场主体主要提供更新所需的资金，并从中获得经济回报。对于

---

① 张醒声.杭州市城市河道建设与管理立法研究[D].杭州：浙江大学，2012.

② 吴丹子.城市河道近自然化研究[D].北京：北京林业大学，2015.

政府来说,城市更新往往意味着大规模的投入,因此,政府希望通过招商引资的形式,对急需更新的城市旧区予以大规模的环境整治并尽可能实现经济平衡,以此达到创造政绩的目的;公众则对城市更新往往抱有矛盾的态度,一方面人们希望通过大规模的物质环境更新达到人居环境改善的目的,另一方面又对于大规模物质更新有所犹疑,担心祖辈形成的社会关系网络就此而分崩瓦解;而开发商关注的重点往往仅是开发中所带来的短期经济效益。显然,对于城市更新中利益相关者来说,各方的诉求和目标并不完全一致(见表 4-2)。

表 4-2 城市更新中各参与主体的价值诉求

参与主体	价值诉求
地方政府	政府"企业化"倾向下"经营城市"、实现 GDP 增长;树立政府形象
开发商	获取经济利益、扩大社会影响力
居民	改善生活环境、延续传统习惯和社区氛围

传统滨河地区错综分布着工厂、住宅、公共建筑等多种功能类型,由于各自具有不同的功能、现状、产权、土地使用权等,在更新的过程中也面临着利益冲突。通常,公共建筑类的更新所涉及的利益主体较为简单,可能发生一些公共利益分配的冲突,程度也不会太剧烈;工厂类功能的更新利益主体包括政府、企业和开发商,利益冲突的焦点是政府与企业之间土地置换的利益平衡,以及政府与开发商之间的用地开发条件的博弈;而住宅区的更新涉及的利益主体较为复杂,各利益主体之间的利益冲突较为激烈,其中政府、开发商和产权人之间的利益博弈以及全域利益与局域利益争夺较为明显[①]。

一般来看,城市更新的利益主体由政府、开发商和产权人(包括单位、集体、个人)构成,三者互为关联,在城市更新的利益格局中存在彼此的冲突和对立关系。首先,政府通过开发条件引导和控制开发商的商业行为,开发商为了利益最大化具有试图改变和突破开发规则的本能,两者在开发规则和开发条件上不断博弈,属于规则性冲突;其次,政府作为公共利益的监管者,需要从全域去考虑公共利益的分配,而产权人从局域利益和个人利益出发,总是希望尽可能多的分得

① 任绍斌.城市更新中的利益冲突与规划协调[J].现代城市研究,2011(1).

城市公共利益，双方的利益冲突主要聚焦在公共利益分配上，属于分配性冲突；第三，开发商和产权人按照市场规则进行讨价还价以达成交易看似公平，但实际情况中产权人（尤其是产权个人）与财大气粗的开发商很难处于平等的交易地位，如果没有外力的干预，两者之间很容易产生交易性冲突①。

二、"责任—权利"对等的原则

从城市更新主体的视角出发，城市更新可以分为政府主导的更新、市场主导的更新、自主更新和混合主体的更新等多种模式。政府主导的城市更新更倾向于一种行政行为，由政府直接组织、通常由国有企业负责实施；市场主导的更新属于商业行为，由开发商按照政府的规划要求来实施；自主更新则是产权人根据自身发展需要，对产权区域实施更新的自发性更新形式②。尽管这三种模式在特定的历史阶段发挥了重要作用，但其存在的问题却日益凸显：单纯依靠财政资金的政府主导模式已无法满足更新改造巨大的资金需求；完全依靠企业投资的市场开发模式虽然具有较强的更新动力，但资本追逐利润最大化的本性易造成传统空间历史性、生态性的破坏，损害公共利益；而依靠居民自筹资金的社区自主模式则往往由于资金有限以及意见难以协调等原因缺乏更新的动力③。在过去的 20 年中，我国的经济增长很大程度上是依靠市场化取向的改革，但在城市更新和二次开发的过程中，利益主体的逐利本性显然不利于城市综合价值的实现和城市的健康发展。由于占主导地位的利益个体往往会对利益分配起到支配性作用，以及政府对公共利益的监管与分配失误，使得利益主体与利益相关者之间的冲突和博弈在城市更新过程中屡见不鲜。从西方城市更新组织模式的发展历程来看，也呈现出更新主体三方诉求持续博弈、制衡，并逐渐趋于平衡的特征。

因此，依靠单一主体的更新模式已难以适应城市利益多元化的时代趋势，由各方面利益主体共同协商推动的多主体参与更新模式应运而生（见表 4－3）。混合主体的城市更新模式以各方利益平衡为目标、多个主体共同参与实施，其中多主体联合的形式包括政府与开发商联合、开发商与产权人联合、政府与产权人联合以及政府、开发商和产权人共同体等。随着市场化程度和公民意识的不断

① 任绍斌.城市更新中的利益冲突与规划协调[J].现代城市研究，2011(1).

② 任绍斌.城市更新中的利益冲突与规划协调[J].现代城市研究，2011(1).

③ 郭环，李世杰，周春山.广州民间金融街城市更新模式探讨[J].热带地理，2015(5).

提高，混合主体有望成为我国城市更新的重要模式[①]。

表 4-3　历史街区更新的 4 种模式

更新模式	实施主体	资金来源	更新目的	功能定位	典型案例
政府主导模式	政府	财政资金	文化保护，旅游开发	综合旅游功能	成都宽窄巷子
市场开发模式	开发商	企业投资	商业包装，获取利润	商业为主，兼为旅游服务	上海新天地
社区自主模式	社区居民	居民自筹	完善设施，改善环境	居住为主，兼具旅游服务功能	北京南锣鼓巷
多主体参与模式	各利益相关方	多方共筹	利益平衡	一般都伴有旅游开发	上海田子坊、广州长堤大马路

城市更新主体的经济实力、客体的土地使用权和建筑产权关系等因素，往往也会影响更新的主体模式选择。例如单位产权人（企事业单位）等的更新适宜于自主更新模式和混合主体的更新模式，个体产权人地区（传统住区和城中村）的更新更适宜于政府主导以及政府、开发商和产权人共同体的模式，而行政划拨用地的更新就不太适于市场主导的更新模式[②]。同时，不同的城市更新理念，如城市功能定位和区域发展目标、所依托的战略性资源与核心竞争优势等，也深深地影响着城市更新的模式选择。例如作为首都、政治中心、文化中心的北京，与以全球城市、长三角经济核心为目标的上海，在城市河道更新的目标和模式上必然有所不同。因此，要区分不同城市各自发展阶段下更新主体的参与动因，确定改造过程中的角色分配关系，最终决定重建后的最终利益分配。有学者提出，城市更新中谁是主导者、谁是支持者，主要应取决于项目在经济、社会、政治三个维度内涵的价值导向。当更新项目的政治价值高于经济、社会价值时，政府一般作为更新活动的主导、推动方，并为改造的实现付出主要代价；当更新项目的经济价值高于其他价值时，市场主体一般是项目的组织实施者和资金筹措者，因为更新

① 郭环，李世杰，周春山.广州民间金融街城市更新模式探讨[J].热带地理，2015(5).

② 任绍斌.城市更新中的利益冲突与规划协调[J].现代城市研究，2011(1).

项目实现会为其产生相对较大的利益回报；当更新项目的社会价值最高时，空间的使用者往往是最为主要的倡导者和推动者[①]。秉承“责任—权利”对等的原则，城市更新的各方主体有望从利益共享走向责任共担。

三、多渠道达成资金平衡

前些年，城市河道的治理和管理资金基本上是依靠政府全额财政拨款，在经济不够发达的地区往往导致河道治理和相关设施建设滞后于城市发展。近年来，随着社会的不断发展，各界对河道治理和滨水景观的要求越来越高，政府的财政投入越来越多，资金缺口也逐渐扩大。因此，为了城市河道有机更新的顺利持续开展，有必要引入更灵活、更方便、更多样的投融资机制，多方位、多渠道筹措资金，减轻政府的财政负担。

（一）从全局意识出发理解资金平衡

在城市河道有机更新过程中，生态环境治理、拆迁和土地整理、完善基础设施、培育新型产业等诸多项目都需要大量的资金。在规划和启动阶段，资金筹措是重中之重，政府也对资金平衡非常关注。由于城市发展存在外部成本和外部效应，单纯靠市场的作用仍有很多问题难以解决(如城市绿地、公共设施、市政道路以及土地利用过程中产生的征地遗留问题、违法建设等)。因此，在城市有机更新过程中，政府不能完全退让而应积极地进行干预，有效解决初次城市化遗留的问题和城市二次开发的衍生问题，而这也将产生巨大的资金成本。为了解决城市河道有机更新的资金问题，首先需要解放思想、拓宽眼界，从全局意识出发理解资金平衡的内涵，包括从单一的资金平衡到社会经济环境效益的综合平衡，从地块、区内的资金平衡到全市的资金平衡，从近期的平衡到中远期的平衡等。

第一，要从单纯关注资金的平衡到关注社会经济环境效益的综合平衡。城市更新是政府必须承担的责任，因为这不仅包括建筑和基础设施的建设，更涉及经济和产业布局调整、社会民生的保障，政府不能单纯考虑经济上的投入和产出，而更需要以全局视角统筹生态环境效益和民生幸福指数，努力促进社会和谐。老旧的城市滨河地区虽然物质环境破败、低收入人口聚集，却承载了城市悠久的历史，有着深厚的文化底蕴，是彰显城市特色、凸显城市形象的重要区域[②]。

---

① 刘昕.深圳城市更新中的政府角色与作为——从利益共享走向责任共担[J].国际城市规划，2011(2).

② 袁利平，谢涤湘.广州城市更新中的资金平衡问题研究[J].中华建设，2010(8).

因此,在更新过程中绝不能仅仅从经济的角度出发去设定改造的目标,或为了资金平衡而一味提高容积率,而应考虑到更新的综合效益和环境效益(更新的目的)的溢出(形成区域独特的风貌),例如成功实现了对城市传统文化的保护与传承、低收入群体生活质量的改善和权益的保护等。近年香港市区重建局投入了1亿左右的资金推动茂罗街的文化创意产业更新项目,从经济上来看基本是个亏本的项目,但该项目极大提振了区域价值和活力,取得了难以计算的社会效益和环境效益。

第二,应该从在地块、区内实现资金平衡扩展到在全市范围实现资金平衡。滨河地区不是一个独立的单元而是城市的有机组成部分,其发展与整个城市的发展也是息息相关。因此,应超越"地块资金平衡""区内资金平衡"的理解,处理好滨河地带与城市功能的关系,使更新改造的综合效益溢出到全市范围。要从全市的角度考虑经济的投入与产出问题,灵活、合理地运用容积率这一技术指标,在非重点保护的区域内可以考虑通过适当提高容积率来增加土地出让收入,吸引民间资本的进入。

第三,从关注近期的平衡到着眼中远期的平衡。城市河道的更新对城市的长远发展有着重要影响,尽管目前的治理在短期内不容易看到经济收益,但是从长远来说对于城市的形象提升、吸引投资等有着积极意义。因此,城市河道的更新应在全市范围内统筹规划,明确原则、目标、空间分区和推进时序(近期、中远期),将城市资源划分为经营、准经营和非经营内容区别对待,灵活运用法律行政手段和经济杠杆,分类探索社会参与的方法和模式。通过分区可以确定不同区域更新的方向、思路与对策,例如某些区域的更新是以社会效益的提升为目标、某些区域的更新以实现经济效益、平衡资金为诉求。

(二) 将有机更新产生的外部效益转化为内部效益

城市河道空间的有机更新本身能产生巨大的环境效益和社会效益,通过污染治理、环境整治、基础设施完善等,显著提高了环境质量、提升了土地价值、改善了发展条件。因此,可考虑将河道治理产生的外部效益尽量转化为内部效益,一来解决资金来源问题,二来成为治理工作持续的推动力。目前常见的做法是政府通过规划手段调整土地属性和土地利用规划,加强土地后续管理服务,并将调整后的土地公开出让,实现外部效益的内部化。虽然"七通一平"等初级开发行为本身能够产生一定的效益,对于土地的增值具有一定程度的贡献,但显而易见最根本的收益来源还是土地用途转变后产生的级差收益[①]，而环境整治和提升往往是改变土地用途的先决条件和关键。必须看到，政府以土地级差的形式获取环境效益，并进行再次投入，因此土地增值的收益应由原产权人和政府共享。除了土地增值，还可以发挥市场体制的优点，例如建立基础设施投资回报机制、拍卖公共设施的特许经营权和冠名权等，通过经营政策和优惠条件吸引开发商投资，将具体的更新任务分配给开发商和市场主体来完成。城市更新中一些项目市场化运作缓解了地方政府的财政压力，也增加了开发商和市场主体的经营业务来源。

（三）灵活拓展融资渠道

一般来看，城市河道更新主要的资金渠道包括政府投入、社会投资和执行排污收费制度。在以往的经验中，政府投入是河道整治和维护、公共基础设施建设的主要资金来源。政府的资金来源可能有以下五种途径：一是城镇财政预算安排，包括上级财政（中央、省财政）的转移支付和本级财政的预算安排；二是成立国有资产经营机构，从其中受益；三是设计收费还贷机制，开展公共私营合作制（public-private-partnership，PPP）；四是依据我国土地出让制度，从城镇土地收益中支付；五是政府负债。政府负债其实不是真正的成本支付的方式方法，因为政府债最后还是要靠前面的四种渠道解决。

随着城市河道更新需求的不断增加，单一的政府资金捉襟见肘，亟须扩展融资渠道。为此，可以从资金的供给与需求两方面入手，既考虑如何增加河道更新的资金供给，也要考虑如何抑制河道更新的资金需求。增加供给的主要途径有：增加财政投入、征收税费、发行债券、提高土地出让金（通过提高容积率等方式）；抑制需求的主要途径有：减少更新改造的规模、尽可能采用渐进式有机更新的改造模式、减少拆迁量、就地安置、鼓励业主自主进行整治维修改造等[②]。从已有经验来看，一般城市更新的融资模式主要包括公私合作模式（PPP）、私人主动融资模式（private finance initiative，PFI）、产业基金模式、资产证券化模式（asset backed securities，ABS）等（见表 4 - 4）。在具体应用时，可根据项目的实际情况和具体阶段选用一种或者几种融资模式组合。

---

① 林家彬.对“城市经营”热的透视与思考[J].城市规划汇刊，2004(1).

② 袁利平，谢涤湘.广州城市更新中的资金平衡问题研究[J].中华建设，2010(8).

表 4-4 城市更新常见融资模式的SWOT比较[1]

融资模式		优势(S)	劣势(W)	机会(O)	威胁(T)
项目融资类	公私合作模式(PPP)	可以增加项目的资本金数量,提高资金利用率;有利于引入国内外先进技术及管理经验;有助于产生早期效益;风险由政府与开发商共同分担	项目运行时间长,政府风险分担较大,需有合理的风险分担结构;对开发商的实力要求较高,且有一定的限制;监管措施和执行力度要有较高的层次,对监管人员素质要求高	城市更新资金压力大,政府支持相关融资政策	我国城市更新相关政策法规不完善;政府缺乏健全的承诺机制;缺乏城市更新领域经济和项目管理人才;前期运行较难
	私人主动融资模式(PFI)	减轻政府财政负担,拓宽融资渠道,资源配置更加合理;引进国内私人企业先进理念、技术、知识及管理方法;风险由政府与开发商共同分担;有助于产生早期效益	项目运行时间长、风险大;签订合同多且复杂;开发商获利的目的性强;需全面协调政府目标与私人目标的冲突	城市更新资金压力大,政府支持相关融资政策	我国城市更新相关政策法规不完善;政府缺乏健全的承诺机制;缺乏城市更新领域经济和项目管理人才;前期运行较难
基金、证券类	产业基金模式	减轻政府财政压力,增加更新改造资金投入;提高居民对更新改造的认识,利于整治拆迁工作进行;分散投资者的投资风险;获利范围广	作为基金的运营者,政府承担了较大的基金设计和运作风险,以及利率、汇率和金融政策风险;不利于引入先进的理念、技术及管理方法;选取适合的项目开发的开发商较难;基金监管难度较大	城市更新资金压力大,政府支持相关融资政策	我国城市更新相关政策法规不完善;基金运作机制不健全;基金管理复杂;缺乏城市更新领域和基金管理的专门人才;基金流通受市场和金融形势影响大

① 刘贵文,贝贝,景政基.基于SWOT的旧城改造融资模式比较研究[J].山西建筑,2009(8).

（续表）

融资模式		优势(S)	劣势(W)	机会(O)	威胁(T)
基金、证券类	资产证券化模式(ABS)	减轻财政压力，增加更新改造资金投入；优化投资策略，降低融资成本，提高资金效率；项目产权明晰，可增强项目投资者和管理者的风险防范意识；项目可形成稳定现金流，分散投资者的风险；获利范围广	项目运行时间长，证券兑现时间跨度大；有潜在的利率、汇率和金融政策风险，风险管理比较复杂；不利于引入先进的理念、技术及管理方法；选取适合的项目开发的开发商较难	城市更新资金压力大，政府支持相关融资政策；更新项目规模大，将其进行资产证券化完全有可能	我国城市更新相关政策法规不完善；ABS制度发展的区域不平衡，运作机制不健全；证券管理难度较大；缺乏城市更新领域和ABS项目管理的专门人才

此外，在实际操作过程中要充分借鉴国内外城建投融资方面的先进经验，例如一些目前在全国各地广泛运营并取得初步成效的无追索融资模式，主要包括：

建设—运营—转让（build-operate-transfer，BOT），政府授权特许经营，民营企业作为投资者负责筹集项目资金和开发建设，并在特许经营期内获得商业利益。在项目特许经营期后，经营者将项目产权移交给政府。

建设—转让（build-transfer，BT），建设项目经政府授权，民营企业负责项目的融资、建设，期满后政府回购。

建设—转让—运营（build-transfer-operate，BTO），由民营企业负责项目的融资和建设，完工后移交政府。政府再把该项目租赁给该民营企业，由其负责运营。

购买—建设—运营（buy-build-operate，BBO），政府将原有的项目出售给民营企业，由民企对其进行改造、扩建和维护，并拥有永久经营权。

建设—拥有—运营（build-own-operate，BOO），民营企业负责项目的融资、建设，并拥有该项目的永久经营权。

运营、服务协议，是指政府将共用化程度很高的服务性项目，如绿化养护、植物租赁配送、园林施工等工程发包给民营企业，以提高公用事业的运营效率和服务质量。

四、基于“利益共同体”的运作模式

国内和西方城市更新的经验表明，单纯依赖政府或市场机制无法从根本上解决更新中错综复杂的生态、社会和经济问题。现代城市是“个人、家庭、社区、志愿组织、非政府组织、私营企业、投资商和政府机构大量投入资本、技术和时间的产物”[①]，政府介入城市更新更多是为了补充个人积极性的不足。因此，城市更新必须从市场主导的公私双向合作增加社区参与，形成三方伙伴关系的更新管治模式。无论最终目标是城市更新还是土地整备，政府都必须将一部分土地增值收益的分配权赋予项目开发主体，并通过项目各利益相关者的内部谈判实现利益平衡和产权重构。政府的作用更多在于培育制度和政策环境，并处理政府治理范围内的基础设施建设等公共事务，之后将土地的开发建设交给市场，由市场实现有效配置，达到效率和目标的统一，否则就会陷入政府治理的困境和市场失灵两个极端。通过政府赋予的权利，可以使低收入者有能力改善自身的居住环境，保持社区社会结构的延续，控制开发商对旧城区造成的破坏，保持中小型经济活动，从而增加传统社区的活力，实现旧城区经济、社会、环境等方面的可持续发展[②]。

在城市河道的更新中，应区分行动者的不同角色，以产权为纽带，以外部性成本内部化为基础，通过合约安排使政府、开发商和原住地居民组成利益共享、风险共担的共同体。在这个模式下，城市更新不再是单一的政府或市场行为，而是一个兼顾公共利益和私人利益的社区集体行为。例如在既定的更新改造范围内，城市基础设施和公共服务设施由政府投入，不计入改造成本；旧房屋的拆除、重建及所增加的商业面积则由开发商和原产权人按照一定的比例投入，在扣除对原产权人弃产的补偿和回购房的成本之外，所产生的商业面积通过出租出售带来利润，原产权人与开发商可按股分红。在这样一个“利益共享、风险共担”的运作模式下，既能保持原有社区结构和原住民产权不受侵害，又能够给原住民带来可持续的收益，增加居民的财产性收入，契合了科学发展与和谐社会的理念[③]。

---

① 联合国人居中心.城市化的世界——全球人类住区报告 1996[M].北京：中国建筑工业出版社，1999.

② 李东泉.政府“赋予能力”与旧城改造[J].城市问题，2003(2).

③ 王桢桢.城市更新治理模式的比较与选择[J].城市观察，2010(6).

基于“利益共同体”的运作模式具有以下优点：首先是易于将城市更新的成本和收益内部化。美国著名行政学家、政治经济学家埃莉诺·奥斯特罗姆从博弈的角度探索了在政府与市场之外的自主治理公共池塘资源的可能性。她指出，没有彻底的私有化和完全的政府权力的控制，公共池塘资源的使用者可以通过自筹资金来制定并实施有效使用公共池塘资源的合约，也即“自筹资金的合约实施博弈”[①]。推而广之，政府、投资者、业主参与城市河道更新也可以按照产权的性质，通过制定合约来合理分担更新改造的成本。也就是说，政府通过对旧产权的界定和新产权的分配，让产权人签订自筹资金完成旧城改造的合约。政府作为公共产权的代理者，有关城市道路、供水、供气、供电、电信、电视等城市基础设施和居委会办公用房、幼儿园、学校、医院等公共服务设施的建设成本由政府或有关部门、行业负担；旧房屋拆除和新房屋建设的成本，由产权人负担；新增商品房和商场、停车场的建筑成本由投资者和原住地产权人按照商定的比例共同负担。这样就使旧城改造的成本不再外溢，基本上能被政府、投资者和原住地产权人合理分担，其收益也就归属了投资者和原住地产权人[②]。

其次是赋予了产权人真正意义上的决策权。城市更新的实质是利益的继承、调整、转让和重组。人在有限理性的前提下，会根据自己所面对的约束和偏好，采取正当或不正当的手段，追求自身利益的最大化[③]。城市更新不仅仅是政府决策行为，也是公共选择行为，公众的选择是出于自由、自愿、一致同意的买卖，决策逻辑也是理性的个人基于效用最大化的计算，因此参与者在做出决策时也是以个人的“成本—收益”计算为基础的。在传统改造模式中，政府单方面决策而缺乏众多的产权人参与，难免会产生各方利益上的冲突[④]。基于“利益共同体”的运作模式使产权人能拥有平等的话语权和自由的选择权，当更新规划符合可持续发展诉求、更新的成本与收益分配合理时，产权人可以选择投赞成票；当更新改造损害了原住地产权人的利益时，产权人可以选择投反对票，从而确保旧城改造符合大多数居民的愿望和利益。在更新过程中，产权人还有权参加社区规划、开发商的选择、成本构成、收益分配等重大问题的决策；有权参与合约的谈

① 埃莉诺·奥斯特罗姆.公共事物的治理之道[M].余逊达，陈旭东，译.北京：生活·读书·新知三联书店，2000.

② 王桢桢.城市更新的利益共同体模式[J].城市问题，2010(6).

③ 王林生.中国地方政府决策研究[M].广州：华南理工大学出版社，2005.

④ 王桢桢.城市更新的利益共同体模式[J].城市问题，2010(6).

判；同时，产权人对自己房屋的弃产、转让、回购具有决定权，充分体现了现代社会的平等和民主精神。

第三，基于“利益共同体”的运作模式有利于社区的可持续发展。可持续发展是指“社区建设应朝着与自然相协调而不是相对立的方向发展；要着眼于提高人民生活的质量，而不仅是提高物质商品的生产；要将城市基础设施与土地使用纳入地方生态程序，而不超越生物圈的生态极限”①。城市的建设和发展不是一个“毕其功于一役”的改造计划，而是一个不断渐进、滚动、发展的动态进程。过去那种“大拆大建、疏散转移人口”的做法没有把握城市萌生和发展的内在规律，不仅破坏了原来的社区人口结构，也破坏了社区的商业和社会关系，不利于城市的健康与可持续发展。简·雅各布斯在她的专著《美国大城市的死与生》一书中批评城市大规模改造计划，指出大规模改造计划缺少弹性和选择性，排斥中小商业，必然会对城市的多样性产生破坏，是一种“天生浪费的方式”。主张“必须改变城市建设中资金的使用方式”“从追求洪水般的剧烈变化到追求连续的、逐渐的、复杂的和精致的变化”②。因此，城市更新应采取适度的规模和尺度，妥善处理好当前与未来的关系，以统筹兼顾科学发展观为指导思想和原则，使城市这个具有生命的有机体不断延续与生长③。此外，必须强调对原住民产权的保护，使原住民能分享到旧城改造的成果。只有获得潜在的、持续的收益，才有助于吸引原住民留在本社区繁衍生息，将城市文化和地域精神一直延续下去。

面对错综复杂的“城市病”，城市更新作为一种半被动的政策成为政府治理的“良药”。目前，西方的城市更新非常注重政府、企业以及社区三方面的角色合作，为了促进合作体制，西方社会除了继续鼓励私人投资，还普遍设立了更新基金来强化社区参与，力求经济、社会和环境和谐发展④。就具体的城市更新实践而言，不同的城市更新类型往往会涉及不同的利益相关者，并且各利益相关者之间的利益冲突形式和程度也会有所差异。最理想的模式应该是政府获得社会效益、原住民得到妥善的安置、开发商获得合理的利润这样“三赢”的结果⑤。在实际的更新中采取何种模式，除了借鉴已有经验外，还要根据实际情况不断探索和

① 吴良镛.旧城整治的“有机更新”[J].北京规划建设，1995(3).

② 简·雅各布斯.美国大城市的死与生[M].南京：译林出版社，2005.

③ 武联，王文卓.关于旧城更新方法的几点思考[J].城市发展研究，2009(7).

④ 张京祥，易千枫，项志远.对经营型城市更新的反思[J].现代城市研究，2011(1).

⑤ 茅晓华.城中村改造的模式分析与选择[D].杭州：浙江大学，2012.

创新。但无论选择哪种模式，自上而下的政府主导都非常关键，政府作为城市的经营者必须做好利益平衡和协调的顶层设计。通过搭建共赢的平台，正确处理好经济利益和社会效益之间的关系、平衡好改造的近期效益和远期效益、协调好开发商与原住民的关系。此外，有开发商介入的市场运行机制，也必须要政府通过规范市场、加强监督管理来保证机制的正常运行。毫无疑问，未来的城市更新将逐渐由简单粗放的政府或市场导向模式转向透明高效、多方合作、共同获益的新模式，各方主体将依据“责任—权利”对等的原则构建起良性互动关系。

第三节　灵活创新更新利用模式

吴良镛先生在进行菊儿胡同改造时，归纳了保护（conservation）、整治（rehabilitation）和再开发（redevelopment）三种不同的处理方式。保护是指保护现有的格局和形式并加以维护，一般不允许进行改动；整治是指对现有的环境进行合理的调节利用，一般指做局部的调整或小的改动；再开发（包括改造、改建）指比较完整地替换现有环境中的某些方面，目的是为了开拓空间，增加新的内容以提高环境质量[①]。深圳近年的城市更新实践也并非单一的大拆大建，而是包括拆除重建、综合整治、功能改变等三种类型。功能改变类更新项目改变部分或者全部建筑物使用功能，但不改变土地使用权的权利主体和使用期限，保留建筑物的原主体结构[②]；综合整治类更新项目主要包括改善消防设施、改善基础设施和公共服务设施、改善沿街立面、环境整治和既有建筑节能改造等内容，但不改变建筑主体结构和使用功能；拆除重建类则是将原建筑物全部拆除后重新建设，土地使用权主体和使用期限都可能发生改变[③]。2013 年以后深圳在总结前阶段城市更新经验教训的基础上，又重点针对旧工业区改造升级提出了融合功能改变、加建扩建、局部拆建等多种方式于一体的复合式更新模式[④]。

---

① 徐莹，黄健文.我国旧城更新改造相关称谓背后的观念转变探析[J].城市观察，2011(4).

② 深圳市人民政府.深圳市城市更新办法[EB/OL].http://www.baike.baidu.com.

③ 邹兵.存量发展模式的实践、成效与挑战——深圳城市更新实施的评估及延伸思考[J].城市规划，2017(1).

④ 深圳市人民政府.关于加强和改进城市更新实施工作的暂行措施[EB/OL].http://www.sz.gov.cn/zfbgt/gzwj/.

城市河道的更新是一个改造、整治、保护协调发展的综合过程，不同城市、不同河段存在特定、具体的问题，适用于某些特定的更新方式。在更新的过程中，首先必须针对主要问题、平衡各种利弊，多种模式并举、因地制宜推动更新，体现时代的特色与需求，促进城市河道的可持续发展。例如深圳市总体规划就针对城中村、旧工业区和旧居住区/旧工商住混合区三类不同对象，提出了不同的城市更新策略：对于建筑质量较好的城中村采取以综合整治为主、以拆除重建为辅的更新方式，强调历史文脉的传承与延续，注重社区肌理和社会网络、邻里关系的维系；对旧工业区采取拆除重建和功能改变并重的更新方式；对旧居住区/旧工商住混合区采取以综合整治为主、以拆除重建为辅的更新方式，对富有特色的历史文化街区采用以综合整治为主的手段进行保育、活化和复兴[①]。

一、旗舰型项目引领(XOD)

大项目建设是推动经济社会又好又快发展的“主引擎”，是推进以改善民生为重点的社会建设的“助推器”，也是推动城市有机更新的“动力源”。旗舰型大项目对于促进城市河道保护、激励沿河空间开发能起到事半功倍的作用。TOD就是以大型的综合公共交通设施项目为引导，促进整个区域和城市发展的模式。通过对大运量的交通、道路系统和滨河空间进行三位一体规划和实施，建立起高效便捷的立体城市公共交通体系，能极大地提高滨水区的可达性和吸引力。据统计，现代城市中心区的交通要道每小时的客运量都在1万人次以上，如果依赖自行车解决通行问题，不仅速度、舒适程度无法保证，而且人均占地也很大，还妨碍其他路上交通工具的行驶；依靠多修公路，包括高架公路和立交桥，以增加私人汽车的承载能力、提高通行速度，同样难以避免中心区交通用地规模的约束，并会加重对环境的污染[②]。从国际经验来看，最佳解决方案是实施公共交通优先的模式，依靠组织严密的换乘联运体系提供安全、有效、覆盖全城的大容量快速交通服务。快速轨道客运交通容量大、准点快捷、安全舒适，人均占用道路少，能根据不同路段的地面交通和历史资产状况，从地面、高架、地下三种通行方式

---

① 邹兵.由“增量扩张”转向“存量优化”——深圳市城市总体规划转型的动因与路径[J].规划师，2013(5).

② 张明欣.经营城市历史街区[D].上海：同济大学，2007.

中选择，尽量少的与其他建筑物和运输方式争夺用地[①]，特别适合高密度的城市中心区。通过建设一系列地铁、公共汽车、出租车、高铁等交通工具的立体换乘枢纽，形成若干以公共交通功能为主的综合体，作为区域的旗舰型项目推动城市发展。

与之相似的，国内外相继发展出以不同类型的大型基础设施为导向的城市空间开发模式，例如COD模式（Cultural facilities Oriented Development，以博物馆、图书馆、文化馆、歌舞剧院等文化设施为导向）、EOD模式（Educational facilities Oriented Development，以学校等教育设施为导向）、HOD模式（Hospital Oriented Development，以医院等综合医疗设施为导向）、SOD模式（Stadium and Gymnasium Oriented Development，以体育场馆等体育运动设施为导向）、POD模式（Park Oriented Development，以城市公园等生态设施为导向）等，这些都可以归纳为将城市基础设施建设作为旗舰型项目的"XOD模式"。通过对城市基础设施和城市土地进行一体化开发和利用，有利于形成土地融资和城市基础设施投资之间自我强化的正反关系，而城市基础设施的投入将持续改善企业的生产环境和居民的生活质量、进一步带动土地的增值，进而通过土地的增值反哺城市的发展，形成了新型城市化发展过程中的良性循环。

二、功能置换

随着现代城市的功能逐渐由生产型向消费型转变，产业空间的布局也随之发生了变化，工厂逐渐向城郊转移，使得市内许多原本属于某种特殊产业类型的建筑被闲置或放弃。其中，有部分建造品质较高的产业建筑，从使用寿命、空间特征或所处地段来看，仍有继续使用或改造再利用的潜力和价值，如果统统推倒重建也是资源的浪费。例如一些产业建筑本身的风格、样式、材料、结构或特殊构造做法具有一定的建筑或美学价值；一些建筑因为悠久的历史、巨大的体量或者独特的造型与色彩已然成为城市的地标，对于城市景观具有意象价值；或者某些建筑及其所在的地段经历过历史性的时刻和事件，具有文化和遗产价值。对于这些建筑直接拆除重建不但耗资巨大，更会抹去场所的记忆和文化氛围，破坏城市的历史文脉，因此改造再利用就成为许多业主的首选。在多种多样的改造

① 张明欣.经营城市历史街区[D].上海：同济大学，2007.

和再利用方式中，广泛应用的策略就是功能置换。据统计，美国建筑业七成以上的工程与旧建筑再利用有关，而功能置换在再利用中所占比例不低于65%。与拆除重建相比，功能置换通常具有“三个不变、五个变化”，即土地性质不变、产权不变、房屋结构不变，以及产业结构变化、就业结构变化、管理模式变化、企业形态变化、企业文化变化等特点[①]。

近年来，国内以大型基础服务设施为载体，借助功能置换加快推进产业结构调整、实现城市功能提升的成功范例不断涌现，例如杭州从整体的城市发展出发提出“从西湖时代到钱塘江时代”的战略，对运河边、钱塘江边传统的工业区、城乡接合部等功能进行置换，开发建设钱江新城、运河新城，优先考虑教育、医疗等公共设施和小户型人才公寓、公共租赁房等保障性住房建设，补充和完善公共绿地，提升环境品质。作为传统工业区的拱宸桥西街在原有的基础上，以运河景观、历史建筑、工业遗存为特色，打造成以居住、展示、休闲功能为主，集收藏、研究、购物、娱乐等功能于一体的城市综合区域，成为杭州主城区最为热门的板块之一。通过大力发展商贸商业、旅游休闲、互联网产业和人居环境形成了新的运河经济带，吸引了滨江集团、绿城、九龙仓、远洋地产等实力雄厚的开发商入驻，成为城市新的宜居、宜商、宜业之地。苏州也利用运河这条“黄金水道”，在沿运河两岸形成沧浪新城CBD、新区狮山路商务中心以及金阊新城物流中心等一批商业商务设施，人气、商气不断集聚[②]。

三、小规模渐进式改造

自古以来城市的发展有“自上而下（top-down）”和“自下而上（bottom-up）”两种发展类型，富有活力的城市区域通常并非一次性、大规模建造出来，而更多的是以一种较小规模的方式逐渐“生长”出来的。从本质上看，现代城市越来越倾向于从主观到客观、从一元到多元、从单一性到复合性的发展过程，越来越融合了大量的“自下而上”的发展模式。通常情况下，城市中心区汇聚了大量历史和文化元素，大规模自上而下的改造容易使延续已久的社会关系和生活方式发生断裂。因此，需综合分析区域经济、物质环境和社区生活方式，提倡小规模渐

---

① 管娟，郭玖玖.上海中心城区城市更新机制演进研究——以新天地、8号桥和田子坊为例[J].上海城市规划，2011(8).

② 王静.运河与沿线城市商业发展探析——以扬州、苏州和杭州为例[J].城市，2013(7).

进式的更新改造，为各方面留出能够"自下而上"、弹性生长的空间。上海田子坊就是民间自发的小规模渐进式城市更新，更新内容包括石库门里弄民居、旧工业楼宇，通过空间环境改善、建筑功能置换，在提升居民生活品质的同时营造出当地居民与艺术家和谐相处的生活状态[①]。

第四节　建立健全城市河道保护与利用的管理体系

由于保护和管理上的不足，我国城市化的快速进程给城市河道及其资源的可持续利用带来了巨大的压力。因此，必须牢固树立"绿水青山就是金山银山"的理念，构建完善的城市河道保护与利用的管理体系，避免出现"杀鸡取卵"的做法。要积极开展水质、水生生物生长、河流形态等多项河道监测，有效识别河道演变特征，并针对河道健康状况、水网结构功能、河流演变趋势进行分析和评价，为甄别社会经济活动对河道的不利影响，采取有效保护措施提供相应支持和理论依据[②]；同时加强城市河道的维护，积极针对城市化过程对河道造成的各类不利影响采取必要的保护和修复措施，如河道整治工程、生态修复工程等，开展与城市不同发展阶段河道功能相匹配的涉河工程、防洪排涝工程及河道景观工程建设；此外，通过河道执法监督，加强河道占用清理、排污口管理、河面保洁、工程管理和维护等方面的工作，制止和监察对河道不利影响的行为[③]。

近年来，许多滨河城市加大了河道整治力度，取得了一定成效，改变了城市的环境面貌。在此基础上，需要更进一步变被动整治为主动管理，努力建立起长效管理机制，使河道整治的成果长久保持下去，更使河道能与城市同步发展、不断繁荣（见图 4－1）。通过明确管理职责、组建管理队伍，制定相应的管理办法，及时进行必要的河道保护利用规划，使城市河道的管理体系与水平得到全面提升[④]；同时，应拓宽渠道引入河道管理资金，除了传统的各级财政出资、配套外，

① 管娟，郭玖玖.上海中心城区城市更新机制演进研究——以新天地、8 号桥和田子坊为例[J].上海城市规划，2011(8).

② BARTH, F.. The water framework directive and european water policy[J]. Ecotoxicology and Environmental Safety, 2001(2).

③ 谢琼，王红瑞，柳长顺.城市化快速进程中河道利用与管理存在的问题及对策[J].资源科学，2012(3).

④ 谢琼，王红瑞，柳长顺.城市化快速进程中河道利用与管理存在的问题及对策[J].资源科学，2012(3).

还可利用生态补偿、城市经营、功能置换、土地出让等措施补充资金来源加强河道保护,实现城市河道的积极保护和永续利用。

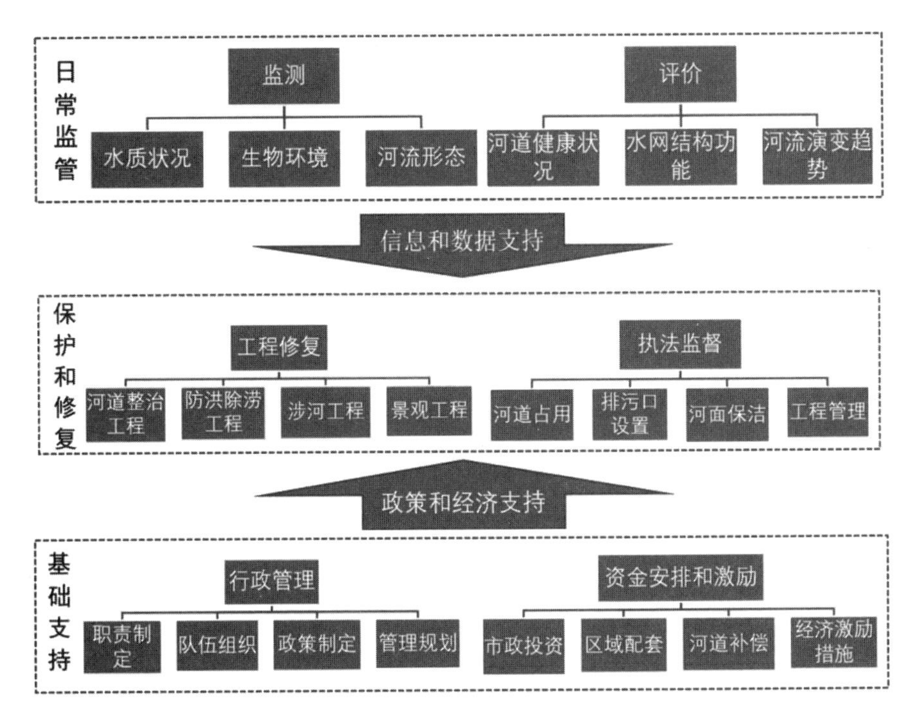

图4-1 健全的河道管理体系[①]

一、坚持和贯彻"河长制"

河道行洪排涝功能的正常发挥为城乡地区社会经济发展和人民生命财产安全提供了基础保障作用;河道水资源可以满足农业灌溉、渔业发展、城镇供水和乡镇、村办企业生产的需要;同时营建的"水清、流畅、岸绿、景美、宜居、繁荣"的河道水景观还可以促进广大城乡地区人民群众生活环境的改善和生活质量的提高,既是为群众办实事的民心工程,也为建设"生活品质城乡"创造了有利条件[②]。因此,城乡河道作为公共基础设施必须实行规范有序的管理。伦敦泰晤士河治理成功的关键并不是采用了最先进的技术与工艺,而是在于开展了大胆

① 谢琼,王红瑞,柳长顺.城市化快速进程中河道利用与管理存在的问题及对策[J].资源科学,2012(3).
② 黄健勇,汪健.杭州市城乡河道长效管理工作的调查与思考[J].浙江水利科技,2010(7).

的体制改革和科学管理。伦敦和英国政府合并了200多个管水单位组成了泰晤士河水务管理局对泰晤士河实施统一管理。新的水务管理局把全河划分成10个区域，然后按业务性质作了明确分工，其优越性主要表现为：①集中统一管理，使水资源可按自然发展规律进行合理、有效的保护和开发利用，杜绝了水资源的浪费和破坏，提高了水的复用系数；②改变了以往水管理上各环节之间相互牵制和重复劳动的局面，建成了相互协作的统一整体；③建立了完整的水工体系，从水厂到废水处理以至养鱼、灌溉、防洪、水域生态保护等综合利用，均得到合理配合，充分调动了各部门的积极性[①]。

从国际经验来看，将原来"条块分割"分散的河道管理权适当集中，实现城市河道建设和管理职能集约化是推动城市河道可持续利用的有效措施。2007年无锡在中国率先实行河长制，由各级党政负责人分别担任64条河道的河长，负责督办河道水质改善工作，取得了明显的效果，并开始在全国推广。2016年10月11日，中共中央总书记、国家主席、中央军委主席、中央全面深化改革领导小组组长习近平主持召开中央全面深化改革领导小组第28次会议，审议通过了《关于全面推行河长制的意见》[②]。2016年12月，中国中共中央办公厅、国务院办公厅印发了《关于全面推行河长制的意见》，并发出通知，要求各地区各部门结合实际认真贯彻落实[③]。全面推行河长制是落实绿色发展理念、推进生态文明建设的内在要求，是解决中国复杂水问题、维护河湖健康生命的有效举措，是完善水治理体系、保障国家水安全的制度创新[④]。河长制的主要任务有6个方面：一是加强水资源保护，全面落实最严格水资源管理制度，严守"三条红线"；二是加强河湖水域岸线管理保护，严格水域、岸线等水生态空间管控，严禁侵占河道、围垦湖泊；三是加强水污染防治，统筹水上、岸上污染治理，排查入河湖污染源，优化入河排污口布局；四是加强水环境治理，保障饮用水水源安全，加大黑臭水体治理力度，实现河湖环境整洁优美、水清岸绿；五是加强水生态修复，依法划定

---

① 曲鸿亮.生态文化是生态文明的基础[J].福建行政学院学报，2013(8).

② 习近平主持召开中央全面深化改革领导小组第二十八次会议[EB/OL].人民网. http://politics.people.com.cn/n1/2016/1011/c1024-28770163.html.

③ 两办：建立四级河长体系 省级主要领导任总河长[EB/OL].新华网. http://xhpfm.mobile.zhongguowangshi.com/v300/newshare/1381551? channel=qq.

④ 中共中央办公厅、国务院办公厅印发《关于全面推行河长制的意见》[EB/OL].新华网. http://www.xinhuanet.com/politics/2016-12/11/c_1120095733.htm.

河湖管理范围，强化山水林田湖系统治理；六是加强执法监管，严厉打击涉河湖违法行为[①]。强化落实“河长制”体现了我国从突击式治水向制度化治水的历史转变。

二、建立全面的公众参与机制

公众参与是加强城市河流管理的重要途径。河流与其周围的每一个人息息相关，美丽健康的河流为每一个市民服务，同时也需要公众的共同努力。长期以来，河道管理一直被认为是政府行为，没有形成广泛有效的公众参与机制和监督，也缺乏公众自觉参与河道保护的良好氛围，导致政府疲于应付市民无意识造成的污染行为[②]。因此，政府应充分利用新闻媒介开展多渠道、多形式的环境保护宣传教育活动，提高和增强广大市民的环境保护知识水平、环境意识和对河道整治工作的关心程度，改变不良行为方式，形成公众参与环境保护的良好氛围[③]；同时赋予群众监督权利，鼓励市民对各种污染行为进行举报投诉，建立全社会监督的网络体系，使他们意识到河道的治理是全体市民的责任和义务（见表4－5）。

表4－5　公众参与城市河道管理的方式与内容

河道综合管理阶段	居民参与方式与内容
现状问题分析 规划目标确定	配合专业部门的调查咨询： · 提供规划原始信息资料
总体规划方案 污染治理规划 河道景观设计 河道设施设计	参与规划设计方案、听证会： · 反映居民要求、期望 · 提出方案修改意见

① 中共中央办公厅、国务院办公厅印发《关于全面推行河长制的意见》[EB/OL].新华网.http://www.xinhuanet.com/politics/2016－12/11/c_1120095733.htm.

② 吴丹子，王晞月，钟誉嘉.生态水城市的水系治理战略项目评述及对我国的启示[J].风景园林，2016(5).

③ 滑端科，雷小锋，胡华剑.河道保洁长效机制探讨[J].治淮，2016(10).

（续表）

河道综合管理阶段	居民参与方式与内容
日常河流管理	参与社区河流管理： · 志愿清扫、绿地维护 · 在专业机构指导下的群众性河道环境生态监测活动 · 志愿爱河宣传活动 · 协助与配合河流机构的管理

有必要专门成立由经济技术、人文历史、法律等专家组成的河道风险防范专家咨询机构，降低河道破坏的风险概率。建立河道重大决策社会公示、听证制度。在河道整治、建设问题上，要落实“四问”“四权”（“四问”就是“问需于民”“问情于民”“问计于民”“问绩于民”；“四权”则是确保群众知情权、参与权、选择权和监督权），以增强决策者的责任意识、法律意识，同时也增强群众的环境意识。只有通过完善的管理机制、全面的公众参与，才能最终实现城市河道的严格保护、有序建设、合理利用和科学管理。

三、积极推动河道设施养护市场化

河道整治的后期维护主要包括河道两岸绿化维护和水域的日常保洁，以及相关设施的管理和维护等。传统的管养一体养护模式，管理部门和养护部门往往存在着特殊的关系，难以对养护质量进行真正的监管和考核，养护人员缺少忧患竞争意识，人浮于事的情况较为普遍，有限的资金没有用在城市河道设施养护上，而是多消耗在养人上，养护质量无法适应人民群众对城市河道的需求①。根据公共经济学原理，提高两岸设施利用率、河道保洁等公共服务质量的重要措施之一就是形成提供公共服务的竞争机制。公共服务的市场竞争既有利于技术创新和组织创新，也有利于在公共管理机构中适当引入市场文化，从而主动提高生产力和竞争力、提高公共服务质量和水平。因此，河道的设施养护应当走市场化道路，实行竞标竞价和末位淘汰制，由专业公司承包进行日常养护，政府部门进行监督管理②，确保水面常年无漂浮物。

---

① 梅仁爱.浅谈杭州城市河道设施养护市场化[J].科技信息，2014(5).
② 滑端科，雷小锋，胡华剑.河道保洁长效机制探讨[J].治淮，2016(10).

例如，杭州市制定了《杭州市城市河道保洁养护经费定额》《杭州市市区城市河道养护管理技术要求》《杭州市城市河道水生植物养护技术要求》《杭州市城市河道设施综合养护服务政府分散采购管理实施细则》《杭州市城市河道市场化养护保洁发展指导意见》等一系列技术标准、规章制度，使城市河道设施养护市场化工作有章可循[1]。随着从事市政、园林绿化的企业不断增多，不少企业已具备了较强的竞争实力，城市河道设施养护市场化环境日渐成熟。实行养护市场化有利于充分发挥市场资源优势，引入竞争机制，实现养护企业优胜劣汰，降低城市河道设施养护运行成本，提高养护运行的效率和质量[2]。

---

① 梅仁爱.浅谈杭州城市河道设施养护市场化[J].科技信息，2014(5).
② 梅仁爱.浅谈杭州城市河道设施养护市场化[J].科技信息，2014(5).

第五章　增强河道生态功能，优化水生态系统服务

随着我国经济的持续发展和城市化进程不断加快，城市面貌日新月异。据国家统计局统计资料显示，在1981年至2017年的16年间，中国常住人口城镇化率由20.2%提高到58.5%，城市建成区面积也由7 438平方公里增加到5.43万平方公里[①]。快速、无序的城市开发建设侵占河湖水系，改变了自然排水格局，降低了雨洪调蓄能力、造成洪涝灾害频发；城市生产、生活排污量不断增加，雨洪非点源污染负荷量持续加重，超过了河湖水系环境的承载能力，导致水环境和水生态的恶化；城市发展显著增加了用水需求量，水资源供需关系日趋紧张。这些问题对河流生态系统造成了巨大的干扰和破坏，给城市带来重大的生态安全隐患，也使城市的可持续发展蒙上了一层阴影。因此，必须构建以水为核心的生态安全格局，控制和治理水体污染，恢复水体与滨岸带的生态健康，保障城市生存发展所需的水生态系统服务。

第一节　构建以水为核心的生态安全格局

泛滥的洪水是河流带来的最大威胁，防洪自古就是人类社会的基本需要。从历史经验来看，一味采用“堵”和“拦”的传统方式治理洪水效果不大，甚至有可能使洪水更加凶猛，因为即便是修筑了百年一遇洪水标准的堤防，超过该标准的

---

① 中华人民共和国国家统计局.中华人民共和国2017年国民经济和社会发展统计公报[J].中国统计，2018(3).

洪水仍有可能发生。有学者指出，洪水也是大自然的一部分，无论人类如何努力治理，它都不可能被消除[①]。因此，我们必须把研究视角从水体本身扩展到整个生态系统，并认识到人类社会也是地球生态系统的一个组成部分，进而通过调整区域生态系统的结构与过程，确保系统正常运行，并发挥完整的生态功能。

景观安全格局（又称生态安全格局，Ecological Security Pattern）理论提醒我们用跨尺度的系统思维来思考，为水生态基础设施的空间界定提供了科学的理论和方法。在不同的尺度上划定对水生态过程具有关键意义的点、线、面等空间形态及其格局，确保水生态系统结构和功能的完整性，也即水景观安全格局。将水安全格局、地质安全格局、生物保护安全格局、文化遗产安全格局和生态游憩安全格局等整合在一起，构成一个以水为核心的综合安全格局，它保障关键的生态系统服务，包括雨洪调蓄、生物保护、游憩体验等；这个以保障水系统综合生态系统服务为目标的基础性空间结构（景观格局）就是水生态基础设施，它有别于传统的工程性的灰色基础设施，是一个生命的系统；它不是为单一功能目标而设计的，而是用来综合地、系统地、可持续地解决水问题[②]，例如充分发挥河流的廊道作用，理顺能量和物质循环链条（防洪排涝），并决定了未来城镇化的空间格局。

一、恢复河道格局，优化水网结构

适度的水面率不仅仅是承泄市政管网排水除涝的需要，更重要的是可以发挥其在改善城市水环境、调节小气候、减缓城市热岛效应、改善人居环境、增加生物多样性以及其在城市景观建设中所起到的综合生态环境效应[③]。从保持水网调蓄功能和水生态系统服务的角度考虑，应加强城市河道尤其是末端水系的保护，改善水系结构，重建水系自然格局，推进近自然生态型河道修复，恢复河道原有健康结构和功能[④]。目前，城市规划管理控制的主要是一些骨干河道，对城市水面率或水面积鲜少做出强制性规定。从平原河网地区的现实来看，城市建设和开发过程中镇村级河道被填埋的数量明显高于新开挖或补偿的水面积，原来

① 俞孔坚.美丽中国的水生态基础设施：理论与实践[J].鄱阳湖学刊，2015(1).

② 俞孔坚.美丽中国的水生态基础设施：理论与实践[J].鄱阳湖学刊，2015(1).

③ 杨凯，袁雯，赵军，等.感潮河网地区水系结构特征及城市化响应[J].地理学报，2004(7).

④ 程江，杨凯，赵军，等.上海中心城区河流水系百年变化及影响因素分析[J].地理科学，2007(2).

量大面广、"毛细血管"般的镇村级河道淤塞严重,甚至成为露天垃圾场。杨凯等2004年的研究表明,上海的河网水面率与城市化水平成反比,城市化程度越高的区域河网水面率越低,而人口密集的地方雨季的泄洪排涝压力越大,由于排水能力不足造成汛期积水点主要分布在黄埔、静安和徐汇等市中心区域周边[①]。这反映出平原河网地区水环境与城市发展之间的尖锐矛盾,也是城市发展中未能考虑区域地理特质、保护河网结构的后果。

有专家指出,保护低等级非主干河道更有利于增加河道槽蓄量、增强水体自净能力。对不同等级的河流来说,最末级支流的分布最能反映该区域河网排泄降水的能力:如果其末端分支分布密集,则其排泄降水的能力就强;反之,末端分枝的分布稀疏,则其排泄降水的能力就弱[②]。因此,城市小水系在蓄积雨洪、分流下渗、提供行洪空间、削减洪峰、降低洪水危害中有着重要作用,小水系更适宜保护而不能简单地填埋平整[③]。合理的水系结构、适度的城市水面率不仅有利于城市排水排涝,也能调节城市小气候、增加生物多样性、改善区域水环境。程江和杨凯等的研究指出,上海中心城区百年来河流水系受人类活动的影响不断消亡,尤其是中小河道的消失(消失的历史河道平均长度不足2公里),导致水面率大大降低、不透水地表的面积扩大,严重削弱了城市河流水系的调蓄能力[④]。一旦中小河流大量消亡、水系之间的沟通受到阻隔,建成区发生内涝的概率无疑将会提高,迫使城区不断增加雨水泵站以应对排水压力。唐敏对上海地区水系结构的分析研究也表明,上海城市化的发展对河网水系的结构已经产生了一定的影响,突出表现在:高度城市化地区河网结构趋于简单,城市化明显削弱了水网分枝能力,即高度城市化地区的非主干河道不断减少,河网有单一化、主干化的趋势。部分中小支流河道被填埋、截断后成为不能流动的静态水体,使得这些河道的排水泄洪功能丧失,甚至成为藏污纳垢之地。据上海水务部门统计,这些因填埋而断流的河道大多集中在城郊接合部,仅外环线以内的中心城区就有103条(段)黑臭的镇村级骨干河道的支流[⑤]。

鉴于保护中小河道的重要意义,在河道整治中应实行骨干河道和中小河道

---

① 杨凯,袁雯,赵军,等.感潮河网地区水系结构特征及城市化响应[J].地理学报,2004(7).

② 唐敏.上海城市化过程中的河网水系保护及相关环境效应研究[D].上海:华东师范大学,2004.

③ 程江,杨凯,赵军,等.上海中心城区河流水系百年变化及影响因素分析[J].地理科学,2007(2).

④ 程江,杨凯,赵军,等.上海中心城区河流水系百年变化及影响因素分析[J].地理科学,2007(2).

⑤ 唐敏.上海城市化过程中的河网水系保护及相关环境效应研究[D].上海:华东师范大学,2004.

整治并举,加强中小河道与骨干河道水系的联通性,如在适宜区域开挖竖井和隧道进行贮水或将涝水引排至骨干河道;将水闸和防汛泵站选址定位在中小河道与骨干河道相通的位置;加强对断流和阻断河道的整治,使河道水流畅通①。沟通的水系才能产生具有流动活性的水体,“流水不腐”才能保持其净化能力、维持生态景观作用。对于已填埋且难以恢复的中小河流,可结合城市公园、绿地系统和公共活动场地建设开辟城市湿地,形成中小型滞蓄洪区域,弥补河道减少后槽蓄量的不足,在一定程度上缓解城市河面率降低的问题。

日本在城市河道治理中曾通过人工开挖导流水道与天然的河流沟通形成集水网络滞蓄洪水,使得水资源的时空分布更为均匀,也避免了洪水集中冲击的危险。对于上海河网地区遭到人为破坏的水系结构和功能的恢复,首要措施就是通过沟通水系来重建水系的自然格局,进而实现不同层次的水循环过程,发挥水体的多种生态功能②。在此过程中,结合水系调整及水系沟通要求适当新开河道是必要的。上海市水务局在2002年底提出“互联互通,调活水体,营造水景,改善水质”的河道整治目标,为水系调整与沟通创造条件。水网建设“连则通、通则畅、畅则生态”,考虑适度修复河道现有结构和功能,支流水系以及人造景观水系则要尽可能地与周围大水体沟通,通过水系中循环、小循环及微循环来实现经济有效的水质净化。到2005年底,上海基于水利控制片的市郊水系大循环格局基本形成,全市截污治污率达到70%以上,主要骨干河道基本消除黑臭,水生态逐步得到恢复,水体质量也有了大幅度的提高。

二、保护和恢复城市河道的自然形态

水流通过对河岸的冲刷、侵蚀,以及通过运输和沉积泥沙,形成了天然的河床,并创造了具有独特且多样形态的河道浅滩、深潭和河漫滩等。这类天然的形态结构有利于消能、提高水质和完善食物链,也有利于减少洪水发生的频率并降低其造成的伤害。多样化的河道形态能够满足多种生物种群存在,从而丰富区域内的生物群落,进而保障河道生态系统良好运行③。在以往的河道整治中,加

---

① 谢琼,王红瑞,柳长顺,等.城市化快速进程中河道利用与管理存在的问题及对策[J].资源科学,2012(3).

② 唐敏.上海城市化过程中的河网水系保护及相关环境效应研究[D].上海:华东师范大学,2004.

③ 滕华国.河道生态治理技术与案例分析[D].咸阳:西北农林科技大学,2014.

高堤防、将河道裁弯取直和加大断面是常见的做法，但从实际效果来看对于整个流域范围的防洪益处也不大。直线型河道不仅增加了水流速度，更破坏了生态系统的自然结构，使大量生物失去了栖息地，还降低了河流的文化审美价值。因此，河道整治应做好现场调查，尽量保护河道自然形态的多样性，保留河道的蜿蜒性，避免河道的渠化设计。

目前许多城市河流的自然形态都已遭到破坏，呈现出均一化特征，唐敏等人将其归纳为：①河流平面形态直线化。现有河道多为“一”字形或“U”字形，缺乏蜿蜒曲折的天然流动性；②渠道横断面几何规则化。由于规则的渠道断面输水能力强，同时易于设计施工，故河道综合整治后通常把自然河流的复杂形状变成梯形、矩形及弧形等规则几何断面；③河床材料硬质化。为了防洪的需要，大部分河道尤其是市区的边坡及河床大量采用块石、混凝土等硬质材料[①]。

自然河流具有复杂的结构，可以创造出多样的、丰富的环境条件，形成稳定的生态体系，而人工化、均一化的河流不仅形态单调，其结构也很简单、系统功能薄弱且不稳定。为了保护城市河流多样化的形态，应在解除河道水流瓶颈的基础上，尊重河道天然形态、尽量保持河道的自然弯曲，避免直线和折线型的河道设计。郊区灌溉渠道设计也要注意模仿河流自然形态的特点。对于河流的裁弯取直工程要充分论证，持慎重态度；对于城市河道的断面形态规划设计，既要考虑防洪排水的需要，也要注重生态环境和社会生活的需要，应尽可能采用生态化、亲水型的形式，疏浚底泥，加大过水断面，增加人们良好的亲水感和视觉美感。在空间较为充裕的河段可以尝试保持近自然的形态，按 5～10 年一遇标准构筑堤岸并保留一定的河漫滩。这些河漫滩是城市理想的开敞空间环境，能提供散步、慢跑、健身、儿童游戏等活动场所，满足了市民游客的亲水性需要。当发生较大洪水时也允许这些滩地被淹没。

对于河道驳岸则应视具体情况分类处理，担负重要防洪排涝任务的大、中河流，在水流直冲或冲蚀较为严重的河段，驳岸应当采取刚性结构，例如钢筋混凝土或石砌挡土墙护岸，局部岸段可采用园林山石驳岸，重力挡土墙可采用台阶式分层处理；水量不大、流速较缓的中小河流或不担负较大防洪任务的河道，则可以采用软式稳定法替代钢筋混凝土和石砌挡墙结构的硬式河岸；对于坡度较缓

---

① 唐敏.上海城市化过程中的河网水系保护及相关环境效应研究[D].上海：华东师范大学，2004.

或腹地较大的河段，可以考虑保持较为自然的状态，并通过科学合理地运用植物种植达到稳定河岸的目的。

综上所述，在河道整治中应避免过度人工化，尽量保持河道形态的自然和多样。近年上海通过样板河段的试验，在河岸改建工程中亲水河岸、模拟自然的思路逐渐被接受，如上海西部的横港等河道采用了仿自然的岸坡式、台阶型堤岸的护坡种植手法，效果明显；浦东张家浜和苏州河部分段的亲水平台运用也丰富了护岸绿化的效果[①]。从现实情况来看，大部分城市河道已经建有硬质护岸。为此，可以挖深河床底部，利用获得的底泥在硬质护岸的地脚上堆起一面斜坡，通过种植品种多样的水生植物及放置鹅卵石等手法，创造接近自然状态的水生环境，提高生物多样性。

三、构建水—陆体系

如果说森林绿地是“城市之肺”，河流、湖泊等各种水体则是“城市之肾”，两者都是城市重要的生态源地。在自然生态系统中，水体与林地交界处由于具有边缘效应，是生物多样性最高的区域之一。因此，提高河道—滩区的连通性、使水域和绿地楔形结合紧密镶嵌更有利于城市中自然生态系统的物质循环和能量流动，不仅能提高生物多样性，也为市民提供了更加宜人的小气候与自然景观。根据景观生态学原理和哈佛大学 Richard T. T. Forman 教授“集中与分散相结合的格局(Aggregate-with-outliers Pattern)”理论，在保持大型自然植被斑块完整性的同时，引导和设计自然斑块以廊道或小型斑块的形式分散渗入人为活动控制的建筑地段，通过提高景观的异质性与联通性，形成较为优化的景观格局，有利于保护各种自然生态过程的开展，最终实现保护生态系统功能、保障生态服务的目标。在城市水网空间结构优化中，不仅要完善水系沿线的绿化建设，还有必要构建河流、林带相结合的廊道系统以连接更为广泛的绿色基质(matrix)，这样既能增强岸边动植物栖息地的连续性，而且创造了层次丰富的亲水性人文活动空间，使整个生态系统更加稳定、城市真正融入自然。

因此，结合城区环境建设规划与河道整治规划等，推动河滨带环境治理，加大河道两岸防护林带建设，恢复水网交错、水绿相间的水绿一体化近自然体系，

---

① 唐敏.上海城市化过程中的河网水系保护及相关环境效应研究[D].上海：华东师范大学，2004.

一方面能滞纳雨洪、联通水陆生态系统为生物提供多种类型的栖息地，另一方面也能改善城区景观，为居民提供休闲空间场所。对于水流量大、岸坡冲刷严重的河道，可采用浆砌或干砌块石重力式挡墙、现浇混凝土或预制混凝土挡墙等安全系数较高的护岸结构；在流速较慢、防洪风险较低、无通航要求的郊区河道则可采用生态护坡技术，形成生态良好、自然优美的滨水景观。

第二节　污染控制与治理

城市河道是城—人—水交互影响最强烈的区域，其环境容量较小、生态系统较为脆弱。城市污染物通过污水排放、垃圾倾倒和大气干湿沉降等方式大量进入河道，一旦纳污量超过了水体的环境容量和自净能力，将造成十分严重的水生态退化、水环境恶化等后果。因此，河道治理最主要的内容之一就是从源头上消除污染、保护水质，通常需要综合采取截污治污、引水配水、生物防治等多项措施。

一、截污治污

为了治理沿岸污染、改善河网水质，需要环保、水利、规划、城建、航运、土地管理等多个部门共同协作，根据实际情况采取截流污染和生态治理的综合措施。在河网水质严重污染的地区必须控制点源污染、减少面源污染、治理内源污染，全面阻断进入城市河道的各种污染源。截除的污染源包括城市垃圾、生产生活污水、径流污染等，其次还包括河道水面及河道上游污染源等。由于城市不透水面积增加，使得降雨期间地表径流系数提高，城市各类地表污染物易在雨期冲刷入河。因此在截污治污过程中应采取污水截留与雨水泵站联动的对策，以实现点源与非点源污染的联合治理[①]。对于镇村集居地要加快生活污水收集管网建设，将沿河两岸企业单位及居民区排放的污水纳入污水管线内，同时提高居民的素质，规范生活垃圾收集处理，改变人们将垃圾往河道倾倒的陋习[②]。此外可通

---

① 谢琼，王红瑞，柳长顺，等.城市化快速进程中河道利用与管理存在的问题及对策[J].资源科学，2012(3).

② 吴加宁，董福平.浙江省河道治理思路与措施[J].中国水利，2004(1).

过建设污水处理厂加大入河排污处理量，在雨水入河区域进行地表污染物拦蓄，加大雨污分流和雨水回用，实现对河道水质的保护。

二、动迁拆违

由于河流具有独特的资源优势和地理区位，使得河道容易在城市建设中遭到侵占。因此，应根据城市发展定位和河道保护需要，确定合理的城区河面率，明确河道岸线和界桩范围，并在相关法规中予以明确作为规划和管理依据。

此外，应通过定期和不定期摸排，严格查处违章搭建等侵占河道的行为。加强执法监督，依法对侵占河岸及河道的建筑物进行拆除，坚决打击涉河违法占用行为。同时，可在划定河道生态保护区域的基础上，参考市场行情适当提高河道及周边地区土地价格，使河道自身的资源优势体现在市场价格中[①]。提高土地价格一方面有助于抑制河道侵占，另一方面也能获取更多资金用于河道维护建设，借助生态补偿机制实现规划意图。

三、引水配水，增加河道水体更新速率

通过河道清淤、水面保洁、控制排污等工程措施能削减进入河道的污染物总量、防止河道水体的恶化，但要从根本上提高水资源的承载能力、逐步改善水体质量，还需采取水体置换、引水配水工程，使水体流动起来，变“死水”为活水[②]，提高河流水体自净能力，达到吐旧纳新、流水不腐的效果。可将经污水处理厂的再生水输入河道中增加河道流量，缓解枯水期水面保持及河道淤积等问题。

通过引水配水入城市内河，增加河道内水体更新速率，可改善河道比降较小、河道阻隔严重及河道底泥淤积严重地区的水质状况[③]。上海市先后组织实施了多次大规模综合调水工程，指导各区（县）开展区域性调水工作，全市共引进内河水量 95 亿立方米，排出水量 151 亿立方米，加快了内河河网水体的有序流动和置换，使苏州河、黄浦江上游水源地河道水质明显提高，全市内河河网水体有效改善。杭州市也在深入调查城市河网水质现状基础上，建立了城市河道配

① 谢琼，王红瑞，柳长顺，等.城市化快速进程中河道利用与管理存在的问题及对策[J].资源科学，2012(3).

② 吴加宁，董福平.浙江省河道治理思路与措施[J].中国水利，2004(1).

③ 谢琼，王红瑞，柳长顺，等.城市化快速进程中河道利用与管理存在的问题及对策[J].资源科学，2012(3).

水调控体系。通过实施钱塘江三堡、珊瑚沙引水入城工程等，加大了运河与市区其他河道引配水力度。2001—2009年共引配水232.8亿立方米，其中2009年配水量达36亿立方米。通过引配水，显著改善了运河及市区其他河道水质。

四、应用生物防治与强化净化技术

水体是不断流动的，其主要净化手段就是以土地为处理设施，通过土壤—植物系统的吸附和过滤，实现一定程度上的净化作用。生物防治手段利用人工湿地、生物栅、前置库、生态河床技术将物理、化学、生物等净水技术集成于一体，应用于河道水质净化[①]。通过在具备条件的部分河道放养水生动植物、人工浮岛、人工水草等多项生态治理措施，降解消纳水中氮、磷，增强水体自净能力，改善河道水质，重塑城市河道生态系统。2004年10月上海邱泾河原位生物修复工程正式启动，在实施原位生物修复工程后一个月内，水质指标DO值提高，NH_3-N含量下降。此外可通过加强水质监测，例如安装监控探头和分析预测富营养指示生物生长繁殖规律等技术方法实现河道污染状态实时监测，并科学指导打捞工作，清除外来入侵物种和富营养化类物种，加强河道水质与生态系统的保护。

清除重污染底泥是河道治理、实现水质改善和实施生态重建的基础工作，目前主要采用水力冲刷和机械清挖等方法实施底泥疏浚[②]。可采取混凝沉淀及气浮、吸附和过滤、化学氧化等传统技术进行河道水质应急处理，也可通过曝气船、水下造流增氧机、水车式增氧机等充氧设备曝气增氧，借助高效微生物菌剂、酶制剂和促生剂等生物净化与修复产品进行微生物及酶快速分解，实现河道水体快速净化和处理。较为常用的城市河道水质生态净化途径有：

（1）生物膜。生物膜技术是利用纤维等合成材料、辅以鹅卵石等为载体，在其表面形成一种特殊的生物膜，可为微生物提供较大的附着表面，有利于加强对污染物的降解作用。利用生物膜自净的原理，把一些鹅卵石填在河里，然后改变单一的水环境生态链的结构，让其表面长出类似于青苔一类的东西，上面附着很多可以吞食污染物并将其分解为二氧化碳和水的微生物，对增强有机物和微污

---

① 谢琼，王红瑞，柳长顺，等.城市化快速进程中河道利用与管理存在的问题及对策[J].资源科学，2012(3).

② 谢琼，王红瑞，柳长顺，等.城市化快速进程中河道利用与管理存在的问题及对策[J].资源科学，2012(3).

染水氨氮作用效果明显。该方法操作简单、对周边影响小、成本低，既能净化水质，也能在一定程度上防止河岸被水流过度冲刷。

(2) 生物栅。生物栅是一种按照生态学原理、根据水质净化要求建立的近自然水环境治理与生态修复装置，它利用有限空间集聚的各类水生动植物、微生物等生态要素的共同作用，实现快速、高效的修复。生物栅系统是充填料和植物根系的组合，通过对固体物质、胶体等进行沉降、截留、吸附等来实现净化目的。

(3) 生物浮床。生物浮床是人工搭建、为水生动植物提供的生存环境。它通过一些自然的生态过程消除水体中的污染物质，最终实现净化水质的效果。例如借助生物浮床种植水生植物，利用根系的吸收、吸附作用在水中吸收氮、磷等元素，然后通过收割植物的方式将氮、磷等元素带离水体，以净化水质、改善景观[①]。水生植物发达的根系还能帮助堤岸提高抗冲刷能力，并形成鱼巢为动物生存和繁殖提供生境，提高了水体的自净能力。

(4) 生物浮岛。生物浮岛是人工搭建并栽培水生植物的浮岛，利用植物、植物根系上的微生物等作用直接从水体中吸收营养物质、吸附其他污染物，达到净化水质的目的。另外，生物浮岛也能抑制藻类等植物生长，减轻“水华”发生的概率和危害[②]。

第三节　水体和滨岸带生态修复

对于已经受到环境污染和生态破坏的河道必须综合运用多种手段积极开展生态修复，逐渐助其恢复生态功能。为此，堤岸应尽可能采用弹性结构，或者利用透水材料和有机材料建造以实现“水—岸”的沟通，确保生态系统内物质循环和能量流动，并充分发挥“边缘效应”提高生物多样性和系统生产力。

一、建设生态型护岸

近年来，各界已逐渐意识到钢筋混凝土和浆砌块石等重力式护岸隔断了生态系统间的物质交换和能量流动，极大地影响了自然生态系统功能的发挥，在河

① 滕华国.河道生态治理技术与案例分析[D].咸阳：西北农林科技大学，2014.
② 滕华国.河道生态治理技术与案例分析[D].咸阳：西北农林科技大学，2014.

流治理中采用生态型护岸也越来越常见。生态型护岸通常指在防止河岸坍塌的同时还能保留河水与土壤相互渗透的一种河道护坡形式，具有双重功能：首先是护岸，即保证岸坡的稳定、防止水土流失，也不影响行洪排涝；其次是生态，即植物能大范围生长、动物可自由通过，“水—岸”能进行物质交换。生态型护岸可以看成一个开放的系统，能与其他自然生态系统协同发展，以便充分发挥流域生态系统的环境效应和生物效应。生态型护岸主要的优点包括：①为水生动植物提供栖息、繁衍场所；②促进大气中氧气向水体输送，提高水体自净能力；③孔隙率高、透水性好，能调节水位、滞洪补枯：在丰水期水资源能渗入河堤中储存，补充地下水，有助于降低洪灾风险。在枯水期储水反渗入河，起到滞洪补枯、调节气候的作用[①]；④具有更自然的视觉效果，能美化工程环境。

对于地质不良的河段，如塌方、崩塌及沉降段，通常可采用抛石护岸的方式。施工时一般先抛小石块，上层再抛大石块，也可采用均匀的石块。抛石高度如果超过低水位则采用平铺以防止冲刷，洪水期内沉淀物填塞石块的缝隙会使护岸更加稳固。如果河水较深，可采用分级抛石，层层积累；如果河岸实际位置离河道规划线较远可在规划线部位抛石形成边坡，最终高度与低水位持平即可[②]。

在大石料匮乏的区域可采用沉梢护岸，即先用柳条、竹条等树枝编制猪笼状梢架，再用卵石、碎石填充，结构与抛石护岸大致相似，如果用铁丝作为编制材料则称为蛇笼。铁丝笼装满小粒径的石材，凭借其高铺性允许一定的边坡变形和挤压，具备良好的防洪能力，还可以改变其空隙以调节水流速度[③]。如岷江水系部分河道段采用竹笼填石护岸，金马河河岸采用铁丝石笼的护岸。蛇笼制备简易，是优良的护岸材料，但因其填充的石头块径较小，形成空隙较窄，完工后需待泥沙沉积、水生植物（自然调节生长不足时可采用人工种植）在其间生长茂密之后，方可作为鱼类生存场所发挥生态效益；同时，茂密的植物根系可以束缚土壤，提高防洪能力，发挥综合效益。蛇笼铁丝在腐蚀之前已包裹石材，基本定型，可以延长其使用寿命。我国长江中下游地区也常常采用填梢护岸。用柔软的枝条编织成席状，其间填充碎石沙砾，层层叠压，经抛石压入水中，填梢接岸部分可以

---

① 谢琼，王红瑞，柳长顺，等.城市化快速进程中河道利用与管理存在的问题及对策[J].资源科学，2012(3).

② 滕华国.河道生态治理技术与案例分析[D].咸阳：西北农林科技大学，2014.

③ 滕华国.河道生态治理技术与案例分析[D].咸阳：西北农林科技大学，2014.

填沙，沉排于水下持续时间较久。

为了更好地创造植物生长和鱼类栖息环境可建造面坡箱状石笼护岸。将预制管桩或耐水圆木锤击入河床形成直角梯形框架，再在其内侧填入大量植物枝条（如竹条、柳树枝等）、大粒径的石块，还可在水侧种植石菖蒲等水生植物，该方法不仅能护岸，还能形成天然的深鱼巢。

由于河网密集区域一般森林覆盖率较高，木材获取容易，而且易于与河床地势相适应，传统的水利工程往往采用沙、土、石、木等源自自然的建材。木材的缺点是不能持久，因此往往应用于低水位及常水位以上的部位。随着技术的发展，一些新材料也逐渐应用到河道护岸工程中。例如土工网垫固土种植基，一种主要采用高分子聚合物（聚乙烯、聚丙烯等）制作的网垫，辅以土壤、肥料、种子。固土网垫一般由多层无张力和双向拉伸平面网组成，多层网络之间层层连接[①]。固土网垫一般直接用人工摊铺，用液压喷播植草，随着草籽成长为草垫，发达的根系将网垫、草、土壤牢固地结合在一起。目前这种护坡结构已得到广泛应用，例如上海工业园区的填海工程就采用了这一形式。

二、恢复滨岸带植被

根系发达的植物能有效地保护土壤，因而具有良好的水土保持作用。据研究，植被覆盖度和土壤侵蚀速率具有明显的非线性关系，随着覆盖度增加，土壤侵蚀量会减少；堤岸上种植植物能有效地削减浪高，降低波浪对护岸的冲刷，防止土体塌方或滑坡[②]。植物根系活动能提升受其影响范围内土壤的抗张拉力。在河漫滩、谷坡等洪泛区种植植物，林冠层和草冠部可以有效地拦截雨水，延长产流时间[③]；增加地表水下渗，影响径流系数值，减小径流峰值，延缓汇流时间；降低径流速度，拦截和沉积径流中运动的泥沙颗粒，降低输沙率，从而减少坡面的土壤侵蚀量，实现稳固堤岸的作用。我国传统水利工程常常种植柳树进行护岸，典型的例子就是杭州西湖十景之一的苏堤春晓。因为柳树吸水、耐水、易于成活，且柳树的根部较为密实，能够压实河岸，具有防洪、保护河岸的能力；水上的枝叶部分能成为陆地上昆虫的栖息地，水下的树根也为鱼类等水生物的繁殖

---

① 滕华国.河道生态治理技术与案例分析[D].咸阳：西北农林科技大学，2014.

② 滕华国.河道生态治理技术与案例分析[D].咸阳：西北农林科技大学，2014.

③ 产流时间是指从降雨到产生地面径流的时间。植被越好、下渗越多地面产流时间越长，反之就短。

提供适宜的环境。柳树品种较多,低矮且耐水性的柳枝一般被插栽于构筑边坡的石笼中,其间也可间植其他水生植物。在德国广泛种植杨树等大型乔木保护河流护岸,在日本还常选用山菖蒲等。

为了恢复滨岸生态系统的结构和功能,在城市河道治理时可以根据滨岸立地条件选择合适的植物种类,并采取模仿自然的群落结构,扩大生态型护岸的作用。在水滨生态敏感区的自然植被恢复应考虑以下因素:①遵循适地适树(草)原则,保证河道基本的功能;②优先考虑当地具有较强抗逆性的植物品种,外来物种的引进要慎重,营造具有地域特色的景观风貌;③避免采用单一的绿化模式,积极发挥植物根系固土等生态效应;④河道汇流处可考虑布设湿地,兼顾现代城市景观、休闲等功能的需要,并完善后续抚育管理等措施。

三、发挥生物修复潜能

水体生物修复技术是利用培育的水生植物或培养、接种的微生物的生命活动,对水中污染物进行转移、转化及降解,从而使水体得到净化的技术。清洁的水体为水中生物的生长繁殖创造了先决条件,生物的生长繁殖又进一步净化了水体,形成了自然界的良性循环[①]。因此,要积极应用水体生物修复技术,有目的地种植水生植物、放养水生动物和培养底栖生物,在恢复沿岸生态环境的同时促进恢复和形成洁净的水际、水体环境。水中生物的多样性不仅能发挥很强的水质净化作用,更为水边环境增添了自然风光。上海外环绿带中的许多水面和部分农村河道正是因为有了丰富多样的水边植物和水生植物,才保持和创造了洁净的水质及一派江南水乡的自然风貌。

为了充分发挥水生植物对水体的净化作用,应大力发掘应用水生植物资源。根据不同的生活方式,水生植物一般可以分为挺水植物、漂浮植物、浮叶植物、沉水植物和湿生植物等等。挺水植物下部或基部沉于水中,根或地茎扎入泥中生长,上部植株挺出水面,直立挺拔植株高大、花色艳丽,绝大多数有茎、叶之分,常见的有荷花、芦苇、千屈菜、慈姑、菖蒲、泽泻、三棱藨草、茅草、丝草、辣蓼草、茭白等;漂浮植物的根并不固定在泥土中,植株漂浮于水面之上,随着水流、风浪四处漂泊,通常生长、繁衍特别迅速,例如浮萍、满江红、紫背浮萍、凤眼莲等;浮叶植

① 汪松年.试析“死水”的成因和对策[J].上海水务,2003(6).

物的根状茎发达,无明显的地上茎或茎细弱不能直立,叶片漂浮于水面上,常见种类有藕莲、睡莲、芡实、红菱、荇菜、野莼菜、萍蓬草等;沉水植物整个植株沉入水中,根茎生于泥里具有发达的通气组织,叶子多为狭长或丝状,能吸收水里的养分,在水下弱光的条件下也能正常生长发育,包括金鱼藻、轮叶黑藻、穗花狐尾藻、龙须眼子莲、竹叶眼子莲、苦草、大茨藻和小茨藻等多种水草。这些水生植物不仅具有过滤悬浮物、吸附污染物、增加溶解氧等作用,也为水生动物提供了食物,同时还是水生动物和微生物栖息、繁殖的场所,保证了局部环境的生物多样性。

同时,要充分重视水生动物和微生物在水体中的净化作用,积极、主动地开展人工放养。我国南方地区的水生动物资源比较丰富,浮游动物主要有原生动物、轮虫、枝角类和桡足类等四大类;鱼类主要有鲤鱼、鲢鱼、鲫鱼、鳙鱼、鳊鱼、青鱼、银鱼、刀鲚鱼、穿条鱼、旁皮鱼、咀白鱼等;贝类资源包括河蚌、田螺、螺蛳、豆螺、沙蚕、黑蚬、黄蚬、短钩蜷、水蚯蚓等;底栖动物主要有河虾、白虾、青虾、日本沼虾、中华绒螯蟹。据华师大调查,仅淀山湖区域,底栖动物就有软体动物 21 种,甲壳动物 8 种,水生昆虫 2 种;鱼类多达 60 属 75 种[①]。水生动物的多样性既促进了生态的平衡,同时也不断地消耗和降解着水体中的有机物质,使水体得以净化。因此,为充分发挥生物净化对水体的作用,可以因地制宜地投放一些鱼虫、摇蚊幼虫、红蚯蚓等浮游动物和螺蛳、黄蚬、河蚌等底栖动物并促使其生长繁殖;随后放养旁皮鱼、穿条鱼、河鲫鱼等野生鱼类,逐步建设和修补水中生物链,提高环境中生物的多样性。上海普陀区河道所 1996 年曾在真如港整治中据此进行封闭试验,取得了十分明显的效果。

---

① 汪松年.试析“死水”的成因和对策[J].上海水务,2003(6).

第六章　调整土地利用，培育现代产业

无论对于什么城市类型，产业都是推动经济发展的根本。1950年代美国巴尔的摩内港面临着传统港口产业全面衰退的危机，设施陈旧、环境破败。在内港区的更新中，确立了进行产业调整升级的中心思想，重点发展航运旅游、金融保险、生物医疗科技、仓储物流等现代化服务业[①]。更新计划将内港区规划为旅游观光、商业中心、休闲娱乐和展览展示等四个不同的功能区，通过挖掘水岸休闲资源塑造无可取代的特色景观，彻底改变了都市面貌。到1980年代，巴尔的摩已发展成每年接待800多万观光客的旅游重镇，实现了城市的复兴。通过新业态的引入与培植，巴尔的摩内港区实现了产业转型升级、促进了环境改善、提升了城市形象，被看作城市滨水区更新众多实践中最早、最成功的案例之一[②]。国内外经验表明，产业先导策略是推动滨河地区有机更新的重要途径，通过合理的空间置换和产业升级可以赋予滨河地区全新的面貌和发展的活力。

第一节　重视城市河道的自然禀赋和文化资本

一、自然禀赋奠定更新的价值与潜力

河流是城市发展的起源，水资源是影响城市经济生活、社会生活和文化生活的重要因素。“水富则人聚市生，水贫则人走市凋，水尽则人绝市灭”，城市滨水

① 胥建华.城市滨水区的更新开发与城市功能提升[D].上海：华东师范大学，2008.
② 陈钦.中美比较视角下设计引导型城市复兴研究[D].北京：北方工业大学，2017.

地区一直是关系着城市能否保持良性运转及可持续发展的关键性区域。随着城市的不断发展，郊区的绿地、耕地逐渐消失，自然环境和气候也不断恶化。我国城市气候学的奠基人周淑贞教授将城市发展对区域气候的影响总结为热岛、干岛、湿岛、雨岛和浑浊岛等“五岛效应”，指出不适当的建设行为将使得城市变成不适宜人类生存的环境。

理想的城市空间不是工业化和批量生产、粗制滥造的人工环境，而是有机、多元、便捷、人性等特点。从近年国内外的优秀案例来看，生态和谐、环境优美的高品质城市空间不仅宜居宜游，更是经济和社会创新的重要基础。滨河地区不仅拥有城市里极为难得的生态环境和自然景致，往往也因为历史悠久而占据了城市中良好的区位，享有便捷的交通体系、充裕的绿地和各类公共服务设施，成为城市中最有魅力的品质空间。在城市化高度发达的当下，河畔空间也随着经济社会的发展而变得稀缺和珍贵。2015 年底的中央城市工作会议提出了“统筹生产、生活、生态三大布局，提高城市发展的宜居性”的要求，表明城镇的空间规划和开发次序将从生产优先转向生态优先，从严格的功能分区到适度的功能混用，从以生产空间为主导到以生活空间为主导。而空间优化的方向是重视生态空间的作用，提高生产空间的集约利用效率、生活空间的安全性和宜居度，进而强化“三生空间”的融合与再融合①。城市水岸区集聚居住、购物、公园、步行道、度假、休闲、体育等多种功能，能够提供在别处无法享受的高品质的生活体验。与滨河环境紧密结合的城市建筑提升了人们的情趣、期望和整个生活的品质。旧金山渔人码头、圣地亚哥港湾、新加坡的中心城区都是市内的水岸区，房地产价格比城市其他区域高出数倍不止。因此，滨河空间对城市发展具有难以替代的价值，也是塑造城市品质的战略资源，最能体现人与自然的和谐相处。

二、文化资本催生更新的内涵与特色

伴随城市化进程的推进，传统的主导产业如制造业、加工业逐渐遭遇市场、生产成本、资源、环境和土地等压力，城市依靠既有模式持续发展陷入困境。立足现有土地、建筑等存量资源，引入新兴产业、改变城市形象、激发城市活力成为城市发展的重要路径。与此同时，随着物质生活水平普遍提高，个体变得越来越

① 张玉林.中国的城市化与生态环境问题——“2018 中国人文社会科学环境论坛”研讨综述[J].南京工业大学学报(社会科学版)，2019(2).

富足，市民对生活方式、价值理念与社会公正环境等非经济性诉求越来越看重[①]，也即市民参与的文化转向。已有实证研究表明，城市的包容性、文化氛围、公共服务以及沙龙俱乐部等社会文化因素正在替代收入等经济因素，成为我国年轻人选择城市的重要原因[②]。

目前，契合消费升级趋势的文化产业已展现出强大的经济拉动作用，文化旅游的发展、城市形象的营销以及由此带来的发展活力，为寻求经济增长和产业转型的城市更新提供新的可能，文化成为城市更新的通行策略。文化，或被贴上文化标签的媒介已经成为当今城市发展的一项重要资本，一种传递财富利益和营造地区精神的方式，并被广泛地应用于城市建设、营销与生活的各个方面[③]。正是看到文化已渗透进当代社会所有领域，并取代政治和经济等传统因素跃居社会生活的首位，法国社会学家皮埃尔·布迪厄(Pierre Bourdieu)将马克思主义经济学中的资本概念进行扩展后，提出了“文化资本(cultural capital)”的概念[④]。

对文化资本的重视催生了以升华文化主题为导向的城市更新模式，通过开展娱乐休闲、特色餐饮、艺术展示等相关文化活动刺激消费行为，形成完整的文化或创意产业链，为更新地区提供能持续发展的经济活力。然而，全球经济一体化的一个重要负面影响就是给许多城市带来文化趋同和意向模糊的危机，而被消费型文化主导的城市更新又令这一危机进一步加剧。如今许多城市复兴工程将所在地区千篇一律地变成了博物馆、酒吧街、商业中心或高档住宅区，我们在不同的城市吃着雷同的菜肴和小吃、眼前闪过同样的广告牌，感受着当代文化惊人的一致性，令人印象深刻的独特文化体验实际难觅其踪，使得城市更新的成效大打折扣。

人类社会源起于河流，在漫长的发展过程中积淀了丰厚的河流文化。由于深受不同地域、民族、历史、社会、经济的影响，河流文化往往具有独特的文化符号与多样的文化标识，具备成为城市发展与更新重要动力和资源的条件。河流文化具有空间和历史响应的显著特征，能在城市空间布局、功能转换和发展模式

---

① 徐雅琴.从设施到场景：城市更新的文化策略——基于Z省P市的个案研究[J].浙江树人大学学报(人文社会科学)，2019(1).

② 吴志明，马秀莲.文化转向：大学毕业生城市流动的新逻辑[J].当代青年研究，2015(1).

③ 洪祎丹.华晨.城市文化导向更新模式机制与实效性分析——以杭州“运河天地”为例[J].城市发展研究，2012(11).

④ 杨玲丽.西方经济社会学“文化分析范式”的百年流动及其新动向[J].贵州社会科学，2011(4).

转变等方面发挥系统和多元的作用。立足河流文化进行保护式再开发的城市更新也更容易凸显独特的地域特质,避免“千城一面”的文化危机。古根海姆博物馆对西班牙毕尔巴鄂城市转型、克拉码头更新对新加坡旅游业的带动以及“伦敦眼”对伦敦城市形象和区域发展的促进等案例表明,独特的河流文化不仅孕育了城市更新的特质,更丰富了更新的内涵。

第二节 科学判定土地用途,以生态原则指导开发建设

在可预见的将来,我国的城市化水平还将继续提高,预计到2050年,我国的城镇常住人口将超过10亿[①]。快速和无序的城市化干扰了自然的水文过程、加剧了城市水问题的恶化,引发了严重的生态风险,迫使人们不得不开始关注城市生态系统的合理规划与健康发展。国际上针对城市雨洪管理、水环境与水生态问题开展了广泛而深入的科学研究,提出了“低影响开发(Low Impact Development,LID)”“最佳管理措施(Best Management Practices,BMPs)”“水敏感城市设计(Water Sensitive Urban Design,WSUD)”“可持续排水系统(Sustainable Drainage System)”等一系列策略。在新型城镇化背景下,基于水生态文明理念,我国提出了建设自然积存、自然渗透、自然净化的“海绵城市”,旨在为我国健康、高效、可持续的城市发展奠定良好的基础[②]。

一、科学开展建设用地的适宜性评价

从城市防灾的角度看,对城市建设用地的适宜性进行风险评价是城市土地利用与布局的重要内容[③]。由河流与滨水陆地组成的环境具有生态脆弱性,对这类资源不合理的开发利用容易造成环境污染和生态退化,甚至酿成严重灾害。

---

① UNITED NATIONS. World urbanization prospects: the 2014 revision-highlights[R]. New York, United Nations, Department of Economic and Social Affairs, Population Division, 2014.

② TEDOLDID, CHEBBOG, PIERLOTD, et al. Impact of runoff infiltration on contaminant accumulation and transport in the soil/filter media of sustainable urban drainage systems: aliterature review[J].Science of the Total Environment, 2016(569).

③ ZHU Q J, SU Y P, WU D D. Risk assessment of land -use suitability and application to Tangshan City[J]. International Journal of Environment and Pollution, 2010(4).

不同的建设用地类型对河流环境产生的影响也不同，一般情况下公共服务设施用地可以利用河流环境创造社会和经济效益，而对于封闭管理的医院、学校会降低滨河的公共性；一些对环境要求不高的城市功能（如一般事业单位）选址在此会造成河流环境资源的浪费和建设的低效；而仓储与工业等用地会对河流产生污染，破坏河流环境质量和沿线景观的塑造（见表 6－1）。因此，在滨水空间的开发或更新中有必要科学开展建设用地适宜性评价，满足建设用地“借用”河流环境却不“损害”河流环境的开发准则，引导城市功能合理布局，尽可能发挥河流的环境增值效益，确保河流生态系统以可持续的方式保护和利用。

表 6－1 滨河土地使用与河流环境相容性分析①

滨河土地使用类型		不同区位河流环境	
		城市中心区河流环境	一般地区河流环境
1	公用事业设施	●	●
2	一般事业单位	⊙	⊙
3	教育设施	⊙	●
4	高级住宅区	⊙	●
5	普通住宅区	◇	⊙
6	游憩设施	●	●
7	医疗卫生设施	◇	⊙
8	文化娱乐设施	●	●
9	大中型商业	⊙	●
10	一般零售业	⊙	⊙
11	餐饮业	⊙	⊙
12	金融业	⊙	⊙
13	航运设施	⊙	●
14	仓储业 -	◇	◇
15	旅游接待	●	●
16	无污染工业	◇	⊙

◇不相容　⊙中度相容　●充分相容

① 罗攀攀.基于河流生态功能保护与恢复的空间规划对策研究[D].重庆：重庆大学，2014.

土地适宜性评价可以从两个角度来理解，一是判定各类土地最恰当的用途，二是为各项城市功能寻找最合适的空间位置和范围。建设用地适宜性评价是土地适宜性评价的一个重要应用领域，通过分析区域土地开发利用的潜力与制约因素，寻求最佳的土地利用方式和合理的规划方案，对城市的整体布局、社会经济持续发展具有重大影响。早在1933年的《雅典宪章》中就已经指出，城市功能分区需要考虑不同土地的适宜性；1969年，伊安·麦克哈格出版了《设计结合自然》(*Design with Nature*)一书，指出土地利用应主要依据其适宜性，强调了土地固有的自然过程与自然价值，并在其规划实践中完善了以因子分层分析和地图叠加技术为核心的技术手段，对后来的城市规划和城市用地综合评价产生了重要影响。

在进行建设用地适宜性分析评价时需要考虑的影响因素有很多，主要包括自然因素、社会经济因素、生态因素、灾害因素等。自然因素中最重要的是地形和地基承载力，社会经济因素主要是城镇区位和交通通达度、历史文化遗迹，生态因素主要考虑用地与河流、湖泊的距离、植被覆盖程度、动物迁徙路线等，灾害因素则包括地震、冲沟、塌方、滑坡、泥石流等，另外也有基本农田、风景保护区、自然保护区等特殊区域不能建设[①]。通常情况下，适宜性分析主要受到生态方面因素的限制，例如与水源等生态敏感地的距离，因此有时候适宜性评价也可以狭义地理解为生态适宜性评价。

在方法上，建设用地适宜性评价采用最多的是多因素综合叠加模型，此模型最早由麦克哈格在土地的生态适宜性评价中提出，当时称为“千层饼模式(Overlay Maps)”，基本思路是先按照单个评价因素以分级的形式逐一生成图层，再进行叠加得到结果，其表达形式可以用式(6－1)表示：

$$S=f(X_1,X_2,X_3,\cdots,X_i) \tag{6-1}$$

式中，S是生态适宜性等级，X_i(i=1，2，3，…，n)是用于评价的一组因子。

为了体现不同评价因子的重要程度，往往会对各因子赋以不同权重(经验或层次分析法)进行修正后评价计算，最后通过叠加分析得到结果，即式(6－2)：

$$S=\sum_{i=1}^{n}W_i X_i\ (i=1,2,3,\cdots,n) \tag{6-2}$$

式中，S为适宜性综合得分，W_i为第i个因子的权重，X_i为某单元第i个因

---

① 李坤，岳建伟.我国建设用地适宜性评价研究综述[J].北京师范大学学报(自然科学版)，2015(11).

子的分值，n 为评价因子个数。根据计算结果和排序分类，可以获得整个滨水地区最适当的功能布局，或者找出最适合某种城市功能的空间位置与范围。

采用式(6-2)进行生态适宜性评价的最大问题是，每个变量对于生态适宜性的贡献是十分复杂的，既有正面又有负面的影响，有些因素对某种土地利用构成发展潜力(如越靠近交通要道越好)，有些则构成绝对限制(例如近水 30 米内，坡度大于 15°禁止建设)。因此，需要将影响建设用地适宜性的因子分成两类，一类是弹性因子，具有从极度不适宜到极度适宜的渐变特性，如坡度、交通区位、水文条件与地基承载力，另一类则是“一票否决”式的刚性因子，直接变现为适宜或者不适宜，如重要水源地、地质灾害区、自然保护区、重要矿产覆压区等。在建设用地适宜性评价中需要因地制宜地构建弹性因子与刚性因子相结合的指标体系，并对刚性因子采用极限条件法(一票否决法)进行评价以保证结果的准确性。

在技术实现上，目前 GIS 技术应用较多。GIS 具有强大的空间地理数据管理和分析功能，并能对分析结果给予直观显示。建设用地适宜性评价中应用到的 GIS 功能主要是空间数据的管理、建模、缓冲区分析、叠加分析等，各种地理分析方法和数学模型也与 GIS 功能有着密切结合，例如最常用的多因素综合叠加评价模型在 GIS 中可通过栅格计算器(栅格评价单元)和字段计算器(矢量评价单元)实现①。另外，作为数据获取的手段之一，RS 在建设用地的适宜性评价中也有广泛应用。

二、更新雨洪管理策略

雨洪管理(stormwater management)也称雨洪控制利用，是以雨水利用、防洪排涝、污染控制为目标的雨水管理系统，是对雨水资源进行多目标、多层级管理的方法②。现实中降雨的过程可以分为下落、产生径流和排放进入受纳水体 3 个阶段。因此，可以针对降雨发生的位置等具体情况，采取源头控制、场地滞留和区域调蓄等不同层级的雨洪管理策略进行调节，以实现雨水利用、防洪排涝和污染控制等多重目标。这也体现了城市规划理念由单一注重空间物质的传统向物质与生态协调共轭的未来转变。

---

① 李坤，岳建伟.我国建设用地适宜性评价研究综述[J].北京师范大学学报(自然科学版)，2015(11).

② 俞孔坚，林双盈，丛鑫，等.海岛雨洪管理系统构建的景观设计途径——以印度尼西亚巴厘岛海龟岛为例[J].中国园林.2014(1).

源头控制的主要目标是减少径流产生、回补地下水和预防污染,从而间接延迟洪峰。其重点是通过可渗水的地表和下渗设施等建设,吸收和收集雨水,从源头上削减径流产生的概率,代表性的技术手段是低影响开发(LID);场地滞留旨在遇到极端降雨时滞蓄雨水、减少峰值流量、推迟洪峰形成时间,且将平时的中小型降雨径流收集回用。由于径流离开产生地后在迁移的过程中会受场地土壤、坡度、绿地和水体等要素的影响,因此通常在潜在径流路径和径流交汇的低洼地带设置场地滞留设施,如植草沟、景观化的旱溪、中小型湿地等;区域调蓄与场地滞留原理类似,在径流排往区域受纳水体前根据受纳水体的防洪需要和生态保护要求,在更大的范围和数量上调蓄、净化雨水,通过堰、闸等设施控制向下游排放雨洪水的速度,延迟洪峰和保护河道[①]。区域调蓄与场地滞留的主要区别在于采用了湖泊、湿地等较大尺度的景观作为调节设施。

低影响开发是一种以生态学理论为基础、从径流源头开始的雨洪管理方法,是20世纪90年代末发达国家在暴雨管理和水源污染处理技术上发展出来的城市规划技术,其基本的原理是通过分散的、小规模的源头控制机制和设计来实现对暴雨所产生径流和污染的控制。通过有效的景观和工程设计,综合采用过滤、下渗、蓄流和蒸发等方式减少径流排走的水量,使开发活动尽可能低地对地形构造、生态系统功能、自然风貌和城市文脉等产生影响,确保被开发区域的水文循环功能最大限度地接近开发之前的自然状况。随着这一目标的实现,不仅保护了生态系统的功能、减少了资源浪费和碳排放,也节约了城市基础设施建设投资,对于建设"绿色城市""生态城市"以及城市的可持续发展产生重大意义,有助于城市实现人工系统与自然生态的互惠共生。具体的工程技术主要包括都市自然排水系统、雨水花园、生态滞留草沟、绿色街道、可渗透路面、生态屋顶、雨水再生系统等。

美国是最早开始雨洪调蓄研究的国家之一,在城市建设活动中关注雨水的收集、储存和净化,以提高天然入渗能力为宗旨,鼓励开展与植物、绿地、水体等自然景观结合的生态设计[②]。早在20世纪80年代,美国就对所有新开发区强制实行"就地滞洪蓄水",要求改建或新建项目的雨水径流不能超过开发前的水平。

---

① 俞孔坚,林双盈,丛鑫,等.海岛雨洪管理系统构建的景观设计途径——以印度尼西亚巴厘岛海龟岛为例[J].中国园林.2014(1).

② 莫琳,俞孔坚.构建城市绿色海绵——生态雨洪调蓄系统规划研究[J].城市发展研究,2012(5).

从最佳管理措施(BMPs)发展到低影响开发,雨洪调蓄的焦点从大流域转向小流域,借助场地中的景观要素,通过渗透、过滤、蓄存、挥发和滞留等天然的水文控制措施,减少了暴雨径流集中管理的需要,不仅从源头上控制了径流,而且成本更低、具有更好的生态和景观效应。如今在美国很多地区,如俄勒冈州、华盛顿州、马萨诸塞州、弗吉尼亚州、马里兰州的一些城市都有雨洪调蓄的景观工程,包括雨水塘、雨水湿地、绿色屋顶、雨水花园、街道浅沟等①。

德国也从20世纪80年代开始逐步建立和完善雨洪调蓄技术、行业标准与管理条例,1989年《雨水利用设施标准》标志着第一代雨水利用技术的成熟②。很快各州都颁布了相关法规,要求城市在开发活动中实现"排放量零增长",通过下凹绿地、植被渗沟等方式利用景观水体收集调蓄雨水,避免降水直接排放到公共管网中。1994年英联邦政府在城市河流管理与可持续发展战略中提出,在土地利用的决策过程中将河流恢复和改善作为重要决定因素,这种综合城市流域规划的方法将水资源利用管理、流域的管理规划及地方发展规划融为一体,旨在恢复渠道化的河流以体现河流对生态、休闲和娱乐的潜在价值。法国在洪泛区的景观管理中也明确必须保护洪水流经的区域及其附近范围的生态环境,禁止在洪水严重区域建设任何新工程与居民区,切实保护水文的自然过程及其所需的景观格局。

日本建设省1980年曾通过推广"雨水贮留渗透计划"来鼓励雨水资源的收集利用,致力于补充涵养地下水、复活泉水和恢复河川基流③。该计划得到了民间的广泛支持,1988年成立的"日本雨水贮留渗透技术协会"吸引了包括住友、大成、日产和三井等84家著名企业参加。1992年颁布的第二代"城市下水总体规划"正式将雨水渗沟、渗塘及透水地面作为城市总体规划的组成部分,要求新建和改建的大型公共建筑群必须设置雨水就地下渗设施。日本东京墨田区自1996年开始实行"雨水利用补助金制度",对自主建设雨水收集利用装置的单位给予投资额50%左右的补助④。

荷兰在城市发展规划中制订了严格的规定以保护水面积,一般不得降低现

① 王滢芝,赵旭雯.从流域角度探讨城市水环境[J].水工业市场,2011(9).
② 莫琳,俞孔坚.构建城市绿色海绵——生态雨洪调蓄系统规划研究[J].城市发展研究,2012(5).
③ 莫琳,俞孔坚.构建城市绿色海绵——生态雨洪调蓄系统规划研究[J].城市发展研究,2012(5).
④ 张旺,庞靖鹏.海绵城市建设应作为新时期城市治水的重要内容[J].水利发展研究,2014(9).

有水面率,如今在鹿特丹市不仅保留了流经城市中心的大、小河道,而且还开挖了许多形状各异的池塘。1997年荷兰国家运输部、水务局和公众参与委员会联合提出“还河流空间”的河流管理政策,规定除了非常必要的公共设施建筑以外,在河流基底区域(wientr bedding)不得新建任何建筑(包括市政工程、房屋、农场等)。如果工程项目(包括修筑堤岸)改变了河床,必须要付出相应经济补偿用于扩建新的河流空间,通过政策和立法严格保障河流应有的输水能力。

澳大利亚为应对长期干旱的情况而改进了传统开发思路,试图将暴雨径流、天然河道作为资源进行利用而不是在暴雨时尽快将雨水排出,强调通过城市规划设计的整体分析来减少对自然水循环的负面影响和保护水生生态系统的健康,因此也被称为水敏性城市设计(WSUD)。其主要措施包括:保护城市中的天然水系,并使其充分发挥作用;在控制暴雨径流的同时考虑景观效应,将城市中的雨水管理、生物栖息、公共休闲和视觉景观等不同功能用地进行整合;通过天然的洼地蓄水、减少不透水地表比例来降低城市的雨水径流量和高峰径流量;最小化排水基础设施建设的费用等等[①]。无论低影响开发或是水敏感城市设计,其核心议题都是维持场地水文的良性循环,探索场地的可持续发展方式。许多事实证明,单纯采用管道迅速排水和局部景观营造等雨水管理方式是不可取的,在解决局部问题的同时将引发更大范围的灾难。因此,探索一种适应区域自然水过程与文化背景、实现空间系统水文良性循环的雨洪管理方式,不仅是维护城市生态系统功能的必要途径,也是确保城市经济社会持续健康发展的重要措施。

三、建设海绵城市

“海绵城市”的概念在2012年4月的“2012低碳城市与区域发展科技论坛”中首次被提出。2013年12月12日,习近平总书记出席中央城镇化工作会议,并在讲话中强调:“提升城市排水系统时要优先考虑把有限的雨水留下来,优先考虑更多利用自然力量排水,建设自然存积、自然渗透、自然净化的海绵城市”[②]。国务院办公厅随后出台的《关于推进海绵城市建设的指导意见》指出,采用渗、滞、蓄、净、用、排等措施,将70%的降雨就地消纳和利用,使城市能够像海

---

① 莫琳,俞孔坚.构建城市绿色海绵——生态雨洪调蓄系统规划研究[J].城市发展研究,2012(5).

② 中央城镇化工作会议举行 习近平、李克强作重要讲话[EB/OL].新华社.http://www.gov.cn/ldhd/2013-12/14/content_2547880.htm.

绵一样，在适应环境变化和应对自然灾害等方面具有良好的“弹性”，下雨时吸水、蓄水、渗水、净水，需要时将蓄存的水“释放”并加以利用，提升城市生态系统功能和减少城市洪涝灾害的发生。2017 年 3 月 5 日中华人民共和国第十二届全国人民代表大会第五次会议上，李克强总理在政府工作报告中指出，要统筹城市地上地下建设，再开工建设城市地下综合管廊 2 000 公里以上，启动消除城区重点易涝区段三年行动，推进海绵城市建设，使城市既有“面子”，更有“里子”①。在政府的支持和引导下，我国出台了《海绵城市建设技术指南——低影响开发雨水系统构建(试行)》，并于 2015 年和 2016 年分两批产生了济南、北京等 30 座试点城市。许多城市结合自身特点开展海绵城市建设探索，取得了一些成功经验。随着城市发展对生态环境健康提出的高标准、高要求，海绵城市建设成为我国城市化进程中的重要战略举措。

海绵城市建设首先需要扭转观念。传统的城市建设地表以硬化为主，以绿地为代表的可渗水地面从绿化管理出发比路面更高；在雨洪管理上以“快速排除”和“末端集中”的思想为指导，对于雨水主要依靠管渠、泵站等“灰色”设施来排除，很容易造成旱涝急转、逢雨必涝。《海绵城市建设技术指南》要求，在城市建设中优先利用植草沟、渗水砖、雨水花园、下沉式绿地等“绿色”措施来组织排水，以“慢排缓释”和“源头分散”控制为主要规划设计理念，既避免了洪涝，又有效地收集了雨水。建设海绵城市应遵循生态优先的原则，将自然途径与人工措施相结合，在确保城市排水防涝安全的前提下最大限度地实现雨水在城市区域的积存、渗透和净化，促进雨水资源的利用和生态环境保护②。

海绵城市建设的关键在于不断提高“海绵体”的规模和质量。城市“海绵体”既包括河、湖、池塘等水系，也包括绿地、花园、可渗透路面这样的城市配套设施。雨水通过这些“海绵体”下渗、滞蓄、净化、回用，最后剩余部分径流通过管网、泵站外排，从而可有效提高城市排水系统的标准，缓减城市内涝的压力③。传统的城市建设一味追求土地利用的效率和效益，挖掘山头填平河湖并不罕见。《海绵城市建设技术指南》要求，各地应最大限度地保护原有的河湖、湿地、坑塘、沟渠

① 李克强.政府工作报告[EB/OL].http://www.gov.cn/guowuyuan/2017-03/16/content_5177940.htm.

② 胡强.海绵城市理念应用于积水点雨水排水系统改造探讨[J].城市道桥与防洪，2019(11).

③ 胡强.海绵城市理念应用于积水点雨水排水系统改造探讨[J].城市道桥与防洪，2019(11).

等“海绵体”不受开发活动的影响；受到破坏的“海绵体”也应通过综合运用物理、生物和生态等手段逐步修复，并维持一定比例的生态空间。

值得注意的是，海绵城市建设并不是要将已有的城市雨水系统和设施全部推倒重来、全面取代，而是为了加强资源利用、减轻排水设施的负担，促进城市与自然生态系统的融合。因此，在建设海绵城市的过程中应统筹自然降水、地表水和地下水的系统性，协调给水、排水等水循环利用各环节，并考虑其复杂性和长期性。海绵城市建设要以街道、广场、绿地、建筑等为载体，道路广场采用可透水铺装、让绿地充分“沉下去”、使屋顶“绿”起来，共同发挥滞留雨水、节能减排、缓解热岛效应等多种功效。

作为住房城乡建设部第三批生态修复城市修补试点城市、江苏首个国家水生态文明城市，徐州市以“海绵城市”理念统领所有涉水规划、协调绿地系统规划、道路竖向专项规划，全局性引导“海绵城市”开发建设，延续徐州市山水肌理、保护区域安全；识别重要的生态板块、构建生态廊道，保护山体、水体、水源保护区等重要生态敏感区；通过大疏大密空间的有序指引，留足生态空间与水域用地，让城市与自然共生。在中心城区大海绵体系构建中，徐州市主要从“生态海绵（生态安全格局）”“弹性海绵（水安全系统、水质保障系统）”和“活力海绵（雨污水资源化利用系统）”等三个方面进行规划研究，通过渗、滞、蓄、净、用、排等多种技术实现城市“海绵”功能。

徐州市的“生态海绵”通过识别并保护区域内大型生态斑块、绿廊、水系廊道，构建“一核多廊多心”的蓝绿生态网络空间格局。对城区164条河道、湖泊提出具体的生态岸线建设比例，新建城区的生态岸线比例为90%～100%，老城区则结合具体的用地分析尽可能改造河道驳岸，使生态岸线比例达到40%～60%；“弹性海绵”是指构建排水防涝体系。在徐州中心城区共划定了39个汇水区，其中老城区13个、新建区12个、拆建区4个、规划区10个，利用MIKE FLOOD软件构建排水防涝模型，耦合雨水管网、场地竖向、水系河道等各个系统，在综合分析的基础上提出解决方案。采用三级污染控制系统落实污染物的削减：一级为湿地净化削减系统（分为强化型湿地和景观型湿地两种），二级为雨水管网终端集中处理系统，三级为源头低影响开发处理系统。“活力海绵”则是指雨水的资源化，节水利用是“海绵城市”的硬指标。在海绵城市建设过程中，徐州市进一步发掘水空间价值，在减少水体污染、改善生态环境的同时，推进雨污水资源化利用。城市建设用地以径流污染控制为主兼顾洪峰控制,采取雨水罐、蓄水池等方式小型集中调蓄雨水。城市非建设用地以雨水资源生态涵养与面源污染净化为主,实现湿地、水库总调蓄容积 1 106 万立方米。通过"源头消减、中途控制、末端治理"的海绵城市雨水径流污染控制措施构建良好的水生态系统,降低城市发展对周边水环境的负面影响,使城市具有弹性应对水患和环境污染的能力。

第三节　更新沿河产业,发展水岸经济

城市河道不仅仅是观赏、散步、休闲的空间,也是重要的产业空间,在历史发展的过程中,河道始终承载着与之所处历史阶段相适应的产业。在传统社会阶段,河道周边是居民主要的生活空间;在工业化社会,接近水源、水运交通便利等有利条件使得城市河道两边成为工业用地的最佳选择,城市河道空间渐渐由传统的生活岸线转变为城市的工业走廊;随着时代的发展,人们对环境、对高质量生活标准的追求以及现代人对回归自然的向往,传统工业正逐步退出,城市河道重归城市居民的生活岸线[①],孕育了新的水岸经济。

在工业社会向后工业社会、生产型社会向消费型社会转变的过程中,滨河地区在城市发展中的作用日益凸显。游憩产业、文化创意产业等新型水岸经济具有较长的生命周期,基于河道空间独特的区位、自然和文脉优势,在延伸产业链的同时完善城市功能,实现了产业的高级化,提高了科技含量和附加值,能够产生辐射扩散功能,带动整个城市区域产业的发展[②]。产业结构的调整与宗地更新、城市基础设施完善、景观建设等紧密相关,一些新兴的服务型产业对环境景观具有较高的要求,同时自身也构成了新时代的滨水景观。

一、打造旅游休闲产业

后工业时代人们的闲暇时间大大增加,休闲成为人们日常生活的重要内容,休闲相关产业也已成为城市新的经济增长点。新时代的休闲经济不同于传统的

① 肖立胜.历史文化名城护城河域保护与更新规划研究[D].武汉:华中科技大学,2010.
② 罗翔.从城市更新到城市复兴:规划理念与国际经验[J].规划师,2013(5).

旅游业和娱乐业经济,也不是某几个产业的简单相加,而是在旅游、度假、娱乐、健身、购物等休闲产业基础上融合并衍生出来的一种具有时代特征的新的经济形态,而为休闲而进行的各类生产活动和服务活动已日益成为经济繁荣的重要因素①。

旅游休闲产业先实现以盈利为目的的经济功能,再发挥具有带动作用的社会性功能,最后发展到以生活质量提高、审美愉悦为主的文化性功能。它不仅直接带动餐饮、住宿、旅行业、商业、交通运输业、景区和娱乐等多个行业水平的提升,还间接带动农业、工业、文化产业和城市建设的发展,推动金融、保险、通信等服务领域的快速发展,对加快经济增长,减轻就业压力,促进社会稳定和产业结构的优化等方面具有十分重要的作用②。在城市滨水空间发展旅游产业既可以增加就业岗位、提高经济收入,也有利于促进自然和人文资源的保护。充分利用河道的自然、人文环境优势,结合城区河道穿越多个主要城市地段的条件,利用人们亲水的心理特性,积极挖掘和开拓空间的特点,通过原有产业的调整和新型产业的植入推动第三产业发展,为城市生活提供全新的亮点与活力。

近年来,立足区域和城市的旅游发展,依托滨河地区的资源禀赋,打造休闲旅游产业成为滨河地区复兴的重要抓手③。旅游休闲项目的开发可以以优美的生态景观为优势、以地域资源为特色,通过特色游线的串接,特别是水上游览,打造旅游特色,将最具代表的历史资源整合起来整体打造,成为城市新的旅游品牌,同时带动周边会展、商务、酒店等服务功能的综合发展;也可以利用沿河两岸承载的丰富的历史遗存和深厚的文化底蕴,包括河流、历史遗迹、历史建筑群、人文资源等,塑造城市精神和文化特质,即以历史资源为特色的文化休闲游。滨河地区作为城市发源地往往留下了大量的具有历史价值的建筑群,通过挖掘文化内涵注入以旅游休闲为主体的新业态,赋予历史建筑新的活力,从而成为引领时尚潮流的文化休闲区④。例如新加坡河、上海外滩十六铺码头等的有机更新通过延续历史肌理和恢复传统风貌,融入现代元素、引入休闲功能,包括高级餐厅、特色酒吧、个性服饰以及画廊文化等,成为城市时尚文化的新地标,也是市民和

① 郭旭,郭恩章,陈旸.论休闲经济与城市休闲空间的发展[J].城市规划,2008(32).
② 孙慧婷.旅游业作为青海新支柱产业可行性研究[J].青海师范大学学报(哲学社会科学版),2007(7).
③ 柏巍,黄昭雄,刘畅.滨河地区复兴的发展策略——以济南小清河为例[J].城市规划学刊,2012(12).
④ 柏巍,黄昭雄,刘畅.滨河地区复兴的发展策略——以济南小清河为例[J].城市规划学刊,2012(12).

游客游览、休闲的主要目的地。

二、聚集和服务创新型企业

国内外诸多成功案例表明，科技创新是当代经济发展和城市复兴的主要动力之一。为发展以知识为基础的创新型经济，充分发挥新知识和新技术在区域经济中的重要作用，应设法激发政府、企业、大学与科研机构之间的密切合作，通过鼓励知识创新及创新成果的传播和应用，促使低成本、标准化生产转向创新型、服务型产业模式①。城市滨河地区通常具有良好的区位，加上稀缺的生态资源和丰富的历史积淀，对文化创意、科技创新等产业具有较强的吸引力。

（一）激发文化创意，推动空间更新再造

近年来，文化创意产业被视为城市功能升级、塑造地区品牌和形象的重要途径之一。创意产业涉及人类艺术活动领域的绝大部分内容，包括时尚时装、产品设计、建筑设计、广告、摄影、手工艺、出版、表演艺术、音乐、电视电影、视频游戏、交互式休闲软件开发、软件及互联网服务等。滨河地区的产业结构调整和功能置换遗留的大量工业历史遗产为文化创意产业的发展提供了良好的条件。这些大规模的旧厂房、仓库等传统产业建筑能够提供展示创意、艺术交流的空间，其深厚的文化底蕴和气质是激发创意灵感的源泉，加之其相对低廉的房租价格吸引了创意阶层和创意企业的集聚，成为滨河地区涌现出来的新型的文化空间②。借助文化创意产业的发展推动滨河地区废弃的产业空间的更新改造成为滨河复兴的重要手段。如上海苏州河畔的创意园，在保留并完善现状空间肌理的基础上深入挖掘建筑的文化价值，引入文化艺术、创意产业等新功能实现建筑群体空间的有机再生。英国泰晤士河南岸、日本北海道小樽运河沿线等创意企业密集的区域，也都是厂房、仓库改造而成，成为滨河地区的特殊符号，也是可持续发展的动力③。此外，在功能激活的基础之上，依托大型特色建筑举办各种鉴赏、拍卖、展销、时尚品牌发布会、时尚多功能秀场、文化沙龙酒会等大型文化活动，集聚高端人气、展现高端品位，对滨河地区整体价值的提升也起到了强劲的推动作用。

① 罗翔.从城市更新到城市复兴：规划理念与国际经验[J].规划师，2013(5).

② 柏巍，黄昭雄，刘畅.滨河地区复兴的发展策略——以济南小清河为例[J].城市规划学刊，2012(12).

③ 柏巍，黄昭雄，刘畅.滨河地区复兴的发展策略——以济南小清河为例[J].城市规划学刊，2012(12).

可采用以文化创意为主的产业型空间与以文化休闲为主的消费型空间相结合的发展模式，实现工业遗存空间的改造升级。其中，以文化创意为主的产业型空间强调创意产业的生产功能，将大师工作室、艺术家工坊、工业设计、创意办公、新媒体、产品体验等内容融为一体，保证创意设计的生产需求[①]。以文化休闲为主的消费型空间突出创意创新产业的休闲功能，将艺术展示、新品发布、商务会展、演艺会馆、商业休憩等内容相联系，以实现消费空间的丰富性和连贯性。

（二）注入高端服务，打造城市新中心

现代城市的中心区往往聚集了公共服务、商业金融、商务办公、文化娱乐等现代服务功能。滨河地区具有良好的区位，丰富的自然和历史资源，可以借助旗舰项目的支撑和高端服务的注入带动整个区域发展，形成新的城市中心。在我国经济社会发展进入“新常态”的背景下，产业结构不断优化升级，现代服务业（金融、信息、咨询等）在国民经济中的比重不断提高，逐渐成为带动城市经济发展的先导产业和支柱产业[②]。因此，首先应当将河道空间置于城市发展的大背景下，顺应城市发展的客观规律，从增强城市功能、提升城市综合竞争力的角度考虑河道更新的途径，依托河道等自然元素通过滨水景观的整体更新，打造一个全新的社会和经济的引力核心。例如济南小清河地区的北湖城市副中心就是依托北湖的环境资源优势塑造高品质的中心区环境，环湖植入商务、商业金融、文化传媒等多元服务功能，打造济南北部都市活力中心和城市新地标[③]。也可以利用现有的基础，借助沿岸环境整治进行织补型的更新。例如济南泺口商贸中心就通过生态修复和开放空间组织，实现了现有市场的基础上的功能填补与空间缝合。以小清河沿岸有机更新为契机植入品牌专卖、品牌旗舰店等高端商贸商业功能，增加餐饮、娱乐等综合服务配套功能，提升商贸中心的功能、形象和知名度，打造现代的综合商贸中心。

三、复兴城市居住功能

滨水空间是城市的稀缺资源，如果仅仅只能实现单一方面的价值，无疑是对

---

① 李妍.城市滨水区的复兴之路——国际经验对黄浦江南延伸段开发的启示[A].城乡治理与规划改革——2014中国城市规划年会论文集(13区域规划与城市经济)[C].2014.

② 吕拉昌.新经济时代我国特大城市发展与空间组织[J].人文地理，2004(2).

③ 柏巍，黄昭雄，刘畅.滨河地区复兴的发展策略——以济南小清河为例[J].城市规划学刊，2012(12).

珍贵资源的浪费。大量国外优秀案例都表明,滨水区的复合功能开发可行有效。滨水区土地的混合利用不仅提供了多种开发模式,满足各种需求,还可以带来多样化的景观,从而赋予滨水区强劲的活力。在上海闵行区黄浦江两岸开发的功能定位过程中,就是以生产、生活、生态"三生融合"的理念为指导,通过功能复合来实现城市滨水空间多个维度的价值取向①。

在工业化时代以前,临水而居的人水和谐场景曾经随处可见,如今却在快速的城市化建设中渐行渐远。事实上,复兴城市滨河地区居住功能的意义不仅是迎合人们亲近自然、回归自然的本性需求,更是促进城市功能可持续发展的重要举措。在城市地价不断高企的当下,开发商希望借助提高开发强度来提升利润。然而,过高密度的城市空间在将人与自然隔离的同时,也令城市生活失去了尊严和意义。在生活品质作为重要诉求的当下,滨河空间凭借其得天独厚的自然属性、历史积淀和良好的区位成为城市生活的焦点。随着许多城市活动日渐分散化和新的、高质量办公空间的开发,过剩的办公空间、闲置的工业空间可能使城市中心变得荒废衰败,出现"逆城市化"和"郊区化"。因此,积极倡导空间的混合利用,尤其是强化居住功能,实现一定空间尺度上的职居平衡、在具体街区设计上促进社区融合,是保持城市中心区吸引力和活力的有效途径。成功的国际经验表明,在城市滨河地区,在购物和办公时间之外,居住功能特别有助于创造一个"活跃的中心"。居民 24 小时的日常生活对城市街区的活力具有决定性的作用,对城市中心的各种设施也形成了更大的内在需求,同时还丰富了街区功能,提高了空间利用的混合性②。

重视复兴滨水地区居住功能不仅将促进经济发展、实现本地社会发展(包括个人与社区发展需求的满足、市民社会、文化多样性和社会融合等方面)的平衡,也是对地域文化传统的延续。因此,城市滨河地区的有机更新应在保护生态环境、发展新型产业的同时保持传统的居住功能,努力使景观元素、商业元素和生活元素有机融合,最终实现全球一体化和信息时代的"产城融合""职住平衡"。通过保留和发展居住功能,使城市滨河地区能持续保有丰富的景观和文化多样性,成为生机勃勃的新型滨水空间。

---

① 李妍.城市滨水区的复兴之路——国际经验对黄浦江南延伸段开发的启示[A].城乡治理与规划改革——2014 中国城市规划年会论文集(13 区域规划与城市经济)[C].2014.

② 杜茜.古城街巷空间的保护与更新研究[D].南京:南京林业大学,2010.

第七章　传承城市文脉，重塑地域风貌

随着人类社会进入后工业时代，城市经济逐渐由生产型向服务型转变，以休闲为重要内容的多元消费经济成为新的时期特征，环境品质的提升也就成为人们对城市的新要求。滨河地区是城市空间结构、历史文化脉络、生态景观格局的重要组成，富有良好的生态景观和深厚的文化底蕴，通常也具备良好的区位条件，对于承载休闲旅游、文化创意等多元服务经济和提升生活品质有明显的优势。因此，必须坚持以河道景观的有机更新带动环境保护和整治、空间改造和建设、项目开发和管理，全面提升城市滨河地区的经济价值、文化价值和生态价值，满足市民需求、促进城市与水系的协调持续发展。

第一节　塑造和延续地域景观风貌

一、增强河流的整体意向

河流是陆地表面上经常或间歇有水流动的线形天然水道，是人造城市中宝贵的景观资源。不同的河流、河段具有不同的意向，既有惊涛骇浪也有清澈澄明，常常隐喻着动荡浑浊的世道与宁静纯洁的心灵；江河的奔流入海蕴含着雄浑劲健的壮美与逝者如斯的哀愁；一些源远流长的大江大河还寄托了许多民族文化的崇拜与个人离愁的抒怀。为了延续和突出地域景观风貌，应该通过强化河流的连续性、重视河道空间的自然生态性等策略来增强河流的整体意向，与人工机械的城市景观形成对比，体现大自然的原始魅力。

首先是强化河流的连续性。保持河流水体的连通，并借助河流将城市中的自然山脉、湖泊、湿地、公园绿地串接起来，形成兼具生态环境及游憩观光功能的绿色开放空间系统，成为城市与自然的纽带，既可满足动植物迁移和传播以及生物多样性保护的功能、创造自然的丰富的景观结构，又是城市人群体验自然，游憩观光的好去处①。发挥河流天然的连续性不仅把城市传统特色环境中已被分散的点、中断的线和不协调的面组织成一个整体，还将城镇居民的社会生活串接了起来，使古老的河流空间重新焕发出生命的活力，也使现代的城市沿河空间体现出丰富的历史文化内涵②。桂林"两江四湖"工程将城区主要的江、湖、塘等连接起来，保持水域面积的原有总量，形成独特的市内水上乐园和水域景观，突出了城景交融的景观效果。用生态的、科学的、多样性的绿化配置创造优雅、闲情、宁静的城市人文空间，形成开放式步行休闲公园，将各类历史文化遗存进行充分的发掘、保护和展现，把城市历史格局的保护与城市建设结合起来，形成了城市新的标志与景点，改善了旅游环境和形象③。同时，作为平行于水岸的带状空间，滨水地带不应被人为因素切断而应保持充足的连续性④，例如朝向水面的视线不被遮挡、河道沿岸的公共空间要全线贯通，实现"还河于民"。

其次是重视河道空间的自然生态性。树立保护自然景观的理念、以生态学理论为指导，保障良好的河水循环过程，恢复水体自净化能力，创造和谐的生物生长环境。在河道和河岸综合开发时要注重滨岸河水生态环境的保护修复及长效管理。河道更新要关注堤岸土壤与河水之间的物质流动、能量循环，运用多样化的生态护岸使边坡土体中地下水能与河道水体正常交换。在河岸边坡较缓的地方，可采用自然土质岸坡、自然缓坡、植树、植草、干砌堆石等各种方式护岸；在河岸边坡较陡的地方，可采用木桩、木框加毛块石等工程措施加固河岸，尽可能修筑人工鱼巢，提供鱼类等水生动物安身栖息的场所⑤。自然的岸线、丰富的水生物种以及水体多种形态的运动状态如跌水、波浪、瀑布将大大增加水中的溶解氧和生物含量，有利于维持水体的自洁能力。应用推广河道底泥综合治理、水体自然生态及生物修复的新技术，结合两侧绿化带内设置沿河的截污管道或采用

---

① 金汤.南京城市山水景观状况与保护[J].规划师，2003(4).

② 李包相.基于休闲理念的杭州城市空间形态整合研究[D].杭州：浙江大学，2007.

③ 庄锐.生态·文化·景观[N].中国建设报，2005-05-20.

④ 赵娜.浅谈城市亲水空间带的形态设计[J].科技创新导报，2010(3).

⑤ 曹仲宏，刘春光，徐泽.现代城市河道综合治理与生态恢复[J].城市道桥与防洪，2010(1).

生物处理技术改善河道水质[①]。沿河的绿地、公园、广场要避免大面积、单调化的硬质铺装，可采用具有地域特色的手工营造使草石相生、充满野趣。

二、提供良好的亲水性

随着经济的发展、城市人口的增加，水泥森林般的城市规模还在不断地扩大，加上工作节奏的加快，人们已经厌倦了雾气般的城市灰尘和嘈杂的城市噪音，节假日及休闲时段人们更加倾向于生态环境更加良好的户外空间[②]。水是最富有生气的自然要素，水的变化、流动、光影、声、色，都使其成为城市中最富表现力的自然景观。在城市空间中最能体现生态性的城市滨河地区，人们可以感受到清新的空气、波光的灵动、悠闲的环境和鱼虫鸟兽的自然情趣。

亲水是人类的天性，人类自古就选择在水边生活，繁衍发展。人们对亲水所表现出来的行为有交往接触、运动、娱乐、休闲等多种形式。在宋代《清明上河图》画卷左侧的绿地，滨水建筑因地就势与河道衔接，船行驶在河面上，可以随时登上建筑的亲水平台[③]。王紫雯就城市河道的水域景观与品质评价研究而对嘉善西塘与杭州市区沿河居民进行的调查表明，城市居民对洪水侵害的恐惧感已不再强烈，人们更强调的是自己的喜水天性得到满足和能获得美学上的享受，人们对于能亲近水的设施的喜好要高于那些使人们与水隔离的措施（如围栏）[④]。人们对河岸阶梯（俗称河埠）与凉棚、亭子这种具有中国水乡传统特色的景观元素表现出了极大的兴趣，越能满足居民亲水、近水、戏水的景观空间越是受到居民的认可和喜爱。

有学者认为，“亲水”具有两层含义：首先是活动概念上的亲水，即“接触水”“亲近水”的行为，也包括和水环境有关的行为活动，如观鱼、划船、戏水、游泳等；另一层则是心理意义上的亲水，强调心理以及精神概念上的亲水感，与人们对环境的知觉和想象有关，即充分体现出“河川原本的自然生态特征”以及“地区固有的特色”，并且认为亲水场所和设施的规划应该与当地生长、繁育、栖息的植被和鱼类、昆虫等生态系统更好的和谐共存，将通过生态系统的保护以及滨水景观获

---

① 李包相.基于休闲理念的杭州城市空间形态整合研究[D].杭州：浙江大学，2007.

② 吕然.城市河道景观设计研究[D].成都：西南交通大学，2009.

③ 张雨泽.基于历史文化保护下的开封市河道景观研究[D].哈尔滨：东北林业大学，2015.

④ 王紫雯，秦卫永，徐承祥.城市的河道水域景观质量评价体系研究[J].建筑学报，2004(5).

得心理上、情感上满足的概念也包含其中。心理上的亲水往往来自现实意义上的亲水，是人们对亲水的感性体验到理性体验的一种升华。在确保防洪功能的前提下，城市滨水空间的规划设计应有目的地消除人与水的隔阂，恢复人与自然的对话，积极创造具有地方特色、显示多样性的城市滨水景观。

新加坡河两岸的交通系统很好地满足了人的亲水心理，步行系统在离河最近的区域，而车行道路则围绕河流及行人活动区域的外围。尽管车行交通不会设置在直接沿河，但为方便沿河步行的公共人流，沿河道方向的车行路离沿河步道距离较近，而公交车站也基本设置在离河最近的车行路上，方便附近的人流靠近河流。车行交通系统及沿河步行系统既隔离又联系的设计策略大大提高了新加坡河两岸步行区活动的便捷度及综合吸引力①。另外，除了陆上交通，新加坡河还开发了一条水上路线专供旅游观光，沿河两岸设有多处码头方便游客就近登船。

第二节　建设便捷完善的交通体系

城市滨河地区使人与自然及文化建立起天然的联系，是市民经常游憩休闲和观光的场所，因此便捷的交通体系是促进滨水地区兴盛繁荣的重要条件。但滨水区位于水陆交接的边缘，由城市至滨水区通常是尽端式的交通，比较容易产生可达性的问题。可达性可以分为实际和心理两个层面，克里斯托弗·亚历山大通过研究指出，“人们愿意前往步行 20 分钟之内到达的公共空间活动，超过 20 分钟才能到达的场所人们就很少使用；如果能在 10 分钟或更短的时间内到达的公共空间，人们将会经常使用它。”②因此，滨水公共空间应该重视与城市其他区域之间的交通联系，强调公共交通和步行交通的优先，通过快、慢速交通系统全方位的衔接换乘使人、车既分流又联系，把河流空间转变为城市的宝贵公共空间。例如巴尔的摩内港区以立体、复合的交通与市中心相连，外来入城的车辆从下层的高速路直接通往停车场，同时还有高架的步行道直通水滨。作为地面

① 王海松，史丽丽.“面向河道”的更新设计——新加坡河沿河地区城市更新解读[J].华中建筑，2007(11).

② (美)克里斯托弗·亚历山大.建筑模式语言[M].王昕度，周序鸿，译.北京：知识产权出版社，2002.

交通、水上交通和地下交通的中转和换乘枢纽,滨水区的立体交通可以增加滨水空间的观赏面,使人们能从多种角度对滨水空间进行认知。

滨河区域的机动车交通应与城市路网平滑对接,促进城市空间与滨水空间的相互渗透;但其内部交通应与城市交通分开,机动车道也应尽量外移,保证滨水游憩不受城市交通和噪音的干扰与影响。可设立专门的滨水公交线路,并尽量以这些公交线路代替私人汽车进入滨水空间,以简化车行交通的内容。为方便滨水活动的开展,应在机动车道进入滨水空间的转换口区域设置停车场,限制机动车的进入①。针对我国私家车数量的增长情况,应留出足够的停泊车位,前期可在预留的停车位面积上种植简易绿化。

步行系统可以丰富亲水活动的内容,引导更多人进入滨水区域体验城市中的自然气息。在城市河流的两岸保留足够宽的带状绿地并通过游径将它们相互连成网络,可以形成城市综合绿道网络、慢行系统的基础,真正提高城市环境质量②。要重视依托市区河道,建设以步行和自行车为主的"绿道",打造具有地域特色的城市慢行交通系统。按照观赏、游憩的需要,步行道的平面可以曲线为主充分体现步移景异,垂直面上随地形的高低可适当变换坡度,避免机动车对步行及非机动车使用者的威胁和干扰,创造一个安全的健康的绿色通行网络。人流量较大的滨水步道可考虑每隔一段路设置节点空间,提供座椅、平台供游人间歇性休息。包括自行车休闲道、无障碍通道等的非机动车交通也是滨河空间的重要组成。自行车休闲道在为市民提供便捷的游憩观光的同时也可作为市民的慢跑步道,是提倡环保交通的一种体现;无障碍通道考虑到对弱势群体的关注,为轮椅、婴儿车提供安全、便捷的交通。非机动车道在平面上应以直线为主,避免过大的曲线路面,并做好标识系统设置;在垂直方面应修建坡度较小的防滑坡道,坡度不大于6%,单辆残疾车的通行宽度不小于0.6米③。非机动车路线应该贯穿整个滨水区,连接沿途广场和景点,在限制机动车进入的同时还应保持与城市道路和滨河步行道的联通,方便游人进出。

水上游线可以丰富水上游览活动,从而增加滨水地区的人气。要按照"能通则通""连片成网""留有余地"的原则,实现"大河通大船、小河穿小船",强化市区

---

① 吕然.城市河道景观设计研究[D].成都:西南交通大学,2009.

② 何志明,倪琪.杭州主城区绿道网络构建初探[J].华中建筑,2013(3).

③ 吕然.城市河道景观设计研究[D].成都:西南交通大学,2009.

河道的交通、旅游、休闲功能。客运和游船码头需考虑其亲水性和换乘需求，作为短暂的停留空间，码头还应配置座椅等休息设施、设置导航灯塔。桥的频繁设置加强了两岸的人流联系，有利于沿河区域成为一个整体的场所空间。桥的设计要充分考虑到步行人流过河的便捷性：步行桥均从河岸边缘起坡，坡度平缓，便于自行车从桥上行驶；车行桥均在两侧设步行道，且都有便捷的上桥通道通往河岸步行道；此外，为了不阻隔沿河步道的贯通，沿河步道在与车行桥相会处可设置下沉通道，使沿河岸步行人流可从车行桥下方便地通过[①]。从形态上看，桥身设计都力图轻盈，大多平缓且贴近水面，避免对沿河步行者造成心理上的阻隔感。

第三节　复兴传统公共空间

城市滨江地区历来是城市居民重要的公共活动空间。作为公共休闲空间，城市河道是沟通城与河、城市现代与城市历史的桥梁，休闲活动以动与静的方式让人们对城市的历史和现在进行追忆和感知，因此城市河道公共休闲空间也是传承城市历史文化的重要载体[②]。19 世纪的美国作家赫尔曼·梅尔维尔曾指出，“城市中将没有任何一个地方能像城市的边界滨水区一样，能将大街小巷，东西南北的人们聚集在一起，共享一个主题。”伴随河流而生的城市滨水区拥有水域与陆域有机组合的环境优势，历来是城市中最具活力和自然魅力的公共活动区。作为公共生活的载体，滨水公共空间还是人们认知自然河道的主要途径和展示城市历史文化的重要环节。我们应当充分利用河滨地带的自然环境和人文风光，营造丰富多样的绿色开敞空间，容纳多样化的活动内容，使其真正成为共享的、宜人的、生机盎然的公共空间[③]。通过提升滨江的亲水性、娱乐性与景观性，改善区域环境品质，优化城市滨江形象，提升区域土地价值，为城市居民营造多元化、高品位的滨江游憩与社交空间，创造出更多适合大众活动的公共空间，

---

① 王海松，史丽丽.“面向河道”的更新设计——新加坡河沿河地区城市更新解读[J].华中建筑，2007(11).

② 朱桃杏，吴殿廷，陆军，等.城市河道公共休闲的适宜性指标体系构建与评价——兼论北京河道公共空间休闲价值[J].地理研究，2014(1).

③ 王玏.北京河道遗产廊道构建研究[D].北京：北京林业大学，2012.

延续城市的文化传统。

一、适宜的街区尺度和完善的公共服务设施

城市滨河空间的活力来自其公共性，来自人们活动参与其间的频率和内容[①]。良好的街区尺度为沿河区域提供了良好的渗透性(permeability)和可达性(accessibility)，有利于增加人们活动的参与。传统小尺度街区(小于150米×150米)不仅提高了公共人流到达沿河步道的可能性及便利性，同时也强化了沿河区域内的公共活动强度，从而创造了良好的沿河步行环境[②]。旧金山的渔人码头是对游客极具吸引力的著名滨水区域，通过较小的街区尺度和一系列林荫带、步行街、广场等连续的公共空间营造出宜人的环境。

注重公共性和共享性是聚集滨水地区人气、商气的关键之举。在更新建设中必须遵循让全体市民共同享受滨水岸线的原则，确保滨水地区的共享性和公共性。芝加哥将密歇根湖滨32公里长、1公里宽的"黄金地带"规定为公共区域，除公共绿地、体育场、美术馆等公共设施外不允许开发其他项目[③]。此外，设计中还必须综合考虑人的可停留性、舒适感和繁荣感。空间的活力不仅取决于其中的人数，也取决于人们停留的时间，如果人数不多但停留时间长也会增强空间的活力；对一个公共活动场所而言，环境优美、设施便利、尺度宜人、秩序井然、自由平等、无拘束感，就会有舒适之感；与人群接触，看热闹、人看人、被人看，有时也是一种乐趣，如果一个广场冷冷清清，连过客都行色匆匆，无疑会令人不愿意停留[④]。

滨河地区作为城市未来建设的综合新区，公共设施缺乏、等级体系不健全，不能满足这一地区的发展需求。完善的基础设施是城市河道公共空间的安全性与舒适性的保证，基础设施不足就无法保证滨水活动的正常进行，滨水空间也就无法吸引更多的人群。因此，需要构建以河道为主脉的完整的公共服务设施体系，完善服务配套，改善和提高公共服务设施的供给水平，为未来的发展提供充

---

① 王昕.城市传统滨水空间形态演变与社会生活变迁关系初探[J].中国名城，2017(7).

② 王海松，史丽丽."面向河道"的更新设计——新加坡河沿河地区城市更新解读[J].华中建筑，2007(11).

③ 陈跃.实施市区河道更新 建设"倚河而居"的"水上都市"[J].中共杭州市委党校学报，2007(5).

④ 吕然.城市河道景观设计研究[D].成都：西南交通大学，2009.

足的服务支撑[①]。基础设施通常包括安全设施、休息设施、服务设施、标识系统等。安全设施包括滨水护栏、减速路障等以保证滨水活动安全性的设施;休息设施包括长椅、亭、廊、亲水平台等提供休息和停留的设施;服务设施包括垃圾箱、厕所、书报亭、公共饮水设施等满足日常生活需要的设施;标识系统包括宣传牌、指示牌等具有引导和指示功能的设施[②]。其中标识系统不但可以明确游览的路径,还可以通过赋予标识牌更多的文化内涵,如在内容上对河道的发展历程、周边的文化遗产分布、沿岸景点的介绍、滨水植物常识的介绍,充实历史河道的人文内涵,体现更多人文关怀。

二、水域文化的再生

许多城市的发展都依赖于城市水系,那些孕育了城市文明的河流被称为"母亲河",受到人们的珍爱。作为城市建设史的重要记载,河道在城市发展进程中对其经济、社会、文化等方面的发展起到了至关重要的作用。它是人类有意识地在线性或带状区域内的活动而形成的水域文化纽带,是物质和非物质文化交流互动的载体,具有重要的历史意义和文化内涵[③]。水域文化的再生,不仅是河道历史文化的延续,也是构建城市文化网络的重要保障。

传统水域文化包括生活方式、交通方式、建造技术等,是人与河流千百年来相适应的结晶。在江南水乡,水、街、屋三者在空间上紧密结合,表现在交通、生活方面对河流深深的依赖。街与水由水陆交通转换产生近水与滨河两种方式,滨河街道也视河流宽窄形成了"一河一街""一河两街"的格局。屋与水则有"枕河"和临水两种方式,前者底层挑廊于河面或二层楼尾悬挑凌驾于水上,后者通过骑楼、凉棚包容街道[④]。传统水乡建筑采用木结构或砖木混合结构,除山墙外,多采用木质围护,安装可卸去的整面窗权,因而体形空灵剔透。山墙形式考究,层层叠叠产生节奏韵律。共用山墙的建造传统使界面连续,顺水势营造山墙连绵透逸的景观特征[⑤]。市河作为服务性物流通道承载着人与物的运输,并为约定俗成的商业行为如大米码头或"以船为店"的售卖提供场所;在靠近泊船码

---

① 柏巍,黄昭雄,刘畅.滨河地区复兴的发展策略——以济南小清河为例[J].城市规划学刊,2012(12).
② 王玏.北京河道遗产廊道构建研究[D].北京:北京林业大学,2012.
③ 王玏.北京河道遗产廊道构建研究[D].北京:北京林业大学,2012.
④ 陶锋,包伊玲.传统交往空间构建浅论[J].宁波大学学报(人文科学版),2010(11).
⑤ 金俊.寻找失落的市河空间——浙北水乡小城镇旧区更新的思考[J].新建筑,2002(8).

头的公共型街道，由于人流物资的集散和固定或流动的商业服务的吸引形成了驻留型公共空间。交往行为更是无处不在，码头、桥头及茶肆酒楼成为公共社交场所，街道骑楼及凉棚空间是老人纳凉聊天和儿童玩耍的天堂，对于家庭主妇而言河埠不仅是家务场所还是热闹的交流空间①。

由于陆路交通取代水路交通，现代给排水技术改变了依赖河流的生活方式，在现代建筑结构与技术的推广以及外来文化的冲击下，传统的市河空间已失去了生存的基础，呈现衰败的趋势②。在全球化浪潮席卷全世界的时候，各个城市都努力寻找着自己在未来发展中的定位，因为只有依赖自身的文化特色才能找到自己在世界的位置。在1992年召开的世界环境与发展大会上通过了《21世纪议程》，首次提出了文化多样性的概念。文化多样性丰富了城市的含义，从广义上讲，也是一种生物多样性③。对于一个城市的发展而言，尊重和保护其历史文化传统，是使其有别于其他城市的前提条件；对于河道的发展而言，传统文化的多样性也是保持水域文化系统稳定发展的动力④。在今后城市的发展中，本土文化将逐渐取代意识形态和经济因素，成为区分空间异质性的根本因素。有效地保护好水域传统文化，才能在外界新的文化的干扰下，使人们获得场所传达出的文脉信息和稳定感，依然保持本土文化的稳定发展，并吸收外来文化的精华，创造出具有河道自身特色的文化脉络⑤。历史河道文化多样性的保护与发展需要丰富多样的水域文化空间，无论传统的生活方式还是现代的文化活动都必须有满足活动进行的场所与空间，这些滨水文化空间的营造是保护河道文化多样性的基础与保障。

通过查阅相关的文字记载、典故，挖掘河流本身及本地区的相关历史事件、历史人物、民俗风情等并加以整理融入景观建设中，使历史文脉得到传承和延续。在进行河道景观建设时要充分注意保护该地区的优秀水域文化，在水文化活动、民俗盛行的地方，要为居民从事水文化活动保留足够的场所，例如在赛龙舟盛行的水域，堤岸建设要方便人群观看比赛⑥。在保存历史优秀水文化的同

---

① 金俊.寻找失落的市河空间——浙北水乡小城镇旧区更新的思考[J].新建筑，2002(8).
② 陶锋，包伊玲.传统交往空间构建浅论[J].宁波大学学报(人文科学版)，2010(11).
③ 单霁翔.文化遗产保护城市文化建设[M].北京：中国工业出版社，2009.
④ 王玏.北京河道遗产廊道构建研究[D].北京：北京林业大学，2012.
⑤ 王玏.北京河道遗产廊道构建研究[D].北京：北京林业大学，2012.
⑥ 吕然.城市河道景观设计研究[D].成都：西南交通大学，2009.

时，还应当将现代技术、文化、观念引进来，创造现代水文化。如在河岸建设高技术手段的水文化展览馆、现代雕塑、大型喷泉、水上娱乐、水幕电影、音乐广场、水上夜景游览、焰火晚会等。具体策略包括：

（1）保护和发展河道沿岸曾经的传统民俗活动（如庙会、清明踏青等），利用传统文化活动提升河道的人文活力。

（2）利用城市河道周边的环境提供市民日常活动的场所，同时定期举办与文化遗产涵盖的历史、文化特征相关的节庆或民俗活动，使人们在亲身经历和体验的过程中增加对水域文化的认知，增强对水域文化遗产的保护意识，同时提升滨水公共空间的活力①。

（3）在河道周边，注入满足当代生活需求的新的文化活动，在丰富河道景观功能的同时，实现传统人文活动和现代人文活动的融合发展。

为了延续传统的水域文化，在空间规划上应突破现代城市从机动车出发考虑的空间交通格局，组织内向型沿河空间、恢复市河空间的步行体系。可以视河流走向采用灵活的“街—庭院”或“街—巷—庭院”的空间格局。以市河为依托形成步行网络和景观轴线，机动车交通通过外道路解决，车库及机动车停放应集中在外围道路一侧。沿河底层空间可开发为老人住宅或商住综合空间，提倡“店家合一”的混合模式②。在桥头或视线通廊处可集中小型商业空间、尺度宜人的滨水开敞空间以及体现城市文化品质的环境小品。在建筑设计中应借鉴骑楼、凉棚等空间形式形成连续的步行走廊和空间界面。市河桥梁往往是传统建造技术的杰作，经必要修缮完全可以满足步行的要求，同时保持了水乡小城镇古色古香、恬静幽雅的环境氛围③。内向型沿河空间和步行体系不仅维持了灵活多变富有情趣的景观特征，更为重要的是，它可以形成舒适的交往平台，产生丰富的空间层次，形成稳固的领域空间，强化邻里的社会网络。位于京杭大运河边的扬州东关街因拥有比较完整的明清建筑群及“鱼骨状”街巷体系，保持和沿袭了明清时期的传统风貌特色，且拥有名人故居、盐商 大宅、古树老井等重要的静态历史遗存，因此政府和城建部门一方面对历史遗存进行保护，将东关街、东圈门、观巷、马家巷等古街巷连成一片，形成颇具规模的古街巷区；另一方面引导东关街

① 王玏.北京河道遗产廊道构建研究[D].北京：北京林业大学，2012.

② 李包相.基于休闲理念的杭州城市空间形态整合研究[D].杭州：浙江大学，2007.

③ 金俊.寻找失落的市河空间——浙北水乡小城镇旧区更新的思考[J].新建筑，2002(8).

区沿街店面恢复一些“老字号”，买卖古玩字画、土特产品、扬州小吃，开设家庭旅馆，开辟弹词、清曲、扬剧等传统文化表演场所，引导沿街居民养鱼、种花、画画等[①]，成为活态的古扬州运河风情文化“博物馆”。

第四节　强化独特的地域标记

中国农耕时代在河汊纵横、水网密布的太湖平原、京杭大运河旁有大量小城镇依托蜿蜒纵横的内河湖港“以舟代车”逐步发展起来。这些内河湖港与城镇格局结合紧密，与市民生活交通息息相关，因而被称为“市河”。市河与外围运河沟通而有舟楫之利，出口通过水闸节制以避水患之虞，河流宽窄适度有水之用而无架桥之苦，形成了区域景观的共同特征和独特的地域标记[②]。对传统市河空间的研究不仅应从物质空间形态入手，还应考察生活在其中的居民的社会网络和文化心理。传统市河空间存在物质空间、社会空间、心理空间同构的现象，表现为物质形态的有机性、社会空间的复合性、主体行为的自生性、心理空间的层次性。市河空间景观的研究既是对物质形态的关照，又是对生活艺术的感受。对于生于斯长于斯的城镇居民来说，“小桥、流水、人家”是司空见惯的景象，而在这种柔美环境下，在那种闲适的生活乐趣、温馨的交往氛围、融洽的邻里亲情网络下的形形色色的人事更迭才是常见常新的[③]。

在全球化时代，建立在功能分区基础上的现代城市空间愈来愈表现为物质形态的离散性、社会空间的单一性、主体行为自主性缺失、心理空间的两极分化、领域空间的消解。在现代城市中，独特的地域标记对丰富城市的文化内涵、树立文化自信、唤起市民的认同感和归属感、构建社会网络具有重要意义，也是凝聚全体市民的努力与创造性为城市的历史文化注入新活力的重要途径。在经济学领域，地域标记常被视作城市的文化资本，作为城市文化资源能够带来新增价值。附着地域标记的场所和空间形态就成为城市文化资本，可以广泛产生经济价值和文化价值。苏州、杭州和扬州最大的特点是运河仍维持着航运功能，且城

① 王静.运河与沿线城市商业发展探析——以扬州、苏州和杭州为例[J].城市，2013(7).
② 金俊.寻找失落的市河空间——浙北水乡小城镇旧区更新的思考[J].新建筑，2002(8).
③ 陶锋，包伊玲.传统交往空间构建浅论[J].宁波大学学报(人文科学版)，2010(11).

内河网水系是构成城市景观的要素之一，也因此形成了独特的地域标记。苏州平江路的改造通过强化独特的地域标记，使整条街既渗透着商业气息，又能使参观者体会到空间的幽静、宽敞和老苏州风情。为强调商业空间的低调和隐蔽，商铺往往掩饰在民居的门板之后，同时门面设计保持“精、细、秀、美”的建筑特点，形成“一店一景”的特色。坐落在平江路上的平江客栈由明朝老宅改造而成，在粉墙黛瓦的掩映下42间典雅客房户户朝向庭园，让人们在感受现代商务酒店舒适性的同时，又体会到苏州传统文化的优雅和别致①。

一、保护文化遗产

注重历史文化的传承保护，是体现滨水地区独特性和差异性的有效途径。水承载着一个 城市的人文积淀和文化传承，在有机更新中首先要对沿岸历史文化资源进行调查梳理，对文物古迹、有价值的乡土建筑和构筑物等物质文化遗产（如历史建筑、街区景观、古桥梁、庙宇、陵墓等）应实施定点保护和修复，避免破坏和拆迁，保护其真实性与完整性；通过挖掘、保护，再现沿岸的历史文化遗迹，使保护与开发有机结合，展现历史文化的丰富内涵。如苏州就把滨河街巷保护作为古城保护的重要内容，在滨河街巷的改造更新中，力求保持水巷的尺度、比例和两岸的建筑风格，对所有河街并行的街道和水巷均保持了传统的空间结构关系，还修缮、复原了一批老房子和各具特色的桥，重现了“小桥、流水、人家”的江南水乡风貌，使人能够充分感受到水乡的水环境、水文化②。

二、解读历史

地域文化能够恰当地表达城市的意义、讲述城市的历史、唤起人们心底对于城市的记忆。对空间环境中的历史文化信息进行完整、准确的解读，充分发掘历史文化的价值，并对这些信息进行强化是传承城市历史文化，强化地域标记的重要途径。目前，许多老城区空间环境中传统街区的整体面貌在很大范围内已基本不存在了，大部分历史痕迹在老城区更新改造的过程中也已经变得难以辨析，因此那些零落的散布在老城区中的具有历史意义的建筑物、构筑物及自然环境

---

① 王静.运河与沿线城市商业发展探析——以扬州、苏州和杭州为例[J].城市，2013(7).

② 陈跃.实施市区河道更新 建设“倚河而居”的“水上都市”[J].中共杭州市委党校学报，2007(5).

等就显得弥足珍贵[①]。因此，要努力发掘、详细调查这些历史文化遗存，扩大历史遗存的保护与辐射范围，注意历史街区的形态及内涵的密切联系，引导沿河地区的更新建设，在保护单体建筑与历史街区的同时注重形成整个历史文化遗存网络互联的格局，以提供展现整体性与连续性的舞台。

新加坡政府在推进其“特征规划”时就特别注意重新认识城市中的历史建筑和历史街区，解码其中的信息、合理评估其价值，重视它们所蕴藏的无形回忆和共同情感。在对市中心新加坡河北岸的克拉码头进行城市开发的时候，“政府并没有将老建筑重建更具经济价值的商业或办公，而是将这里的数十座货仓和店铺改为多元特色的餐馆和酒吧。如今，有着传统风貌的店屋同背后的现代化摩天楼形成鲜明的对比，并成为附近金融区职员和外国游客最爱光顾的休闲去处，也成为该地区的重要特征”[②]。

三、应用本土材料

建筑和景观的建造材料可视可触，在环境与使用者之间建立起最为直接的联系。因此，材料的选取及其应用方式历来是塑造景观风貌的重要内容。不同地区有着各自的本土材料和相应的使用方法，能够很好地契合当地人的生活，并借此形成了独具特色的地域性景观风貌。随着时间的推移，这些地域性景观风貌更被深深烙上了当地发展的历史痕迹与文化印记，并作为承载某种物质文明和精神文明的实体，成为重要的文化和旅游资源。

本土材料的应用不仅能凸显地域特色、表达情感记忆和精神内涵，还有容易获取、经济实用的便利。本土材料主要包括石材、木材、砖瓦等建筑材料和各类手工艺产品，以及地域性的植被。在海河上游大悲院堤岸亲水平台步道的设计中，采用了天津老城地面铺设所用的“青砖立铺”工艺和新型青砖，在提高工程质量、满足现代要求的同时唤醒了历史的记忆，使人们在行走过程中能感受到丝丝传统的文化；一些滨海城镇采用贝壳混合泥沙建造墙体，既坚固又耐腐蚀，同时彩色的贝壳与黄色的泥沙形成美丽的图景，仿佛在讲述着大海无尽的故事。

---

① 颜晓强.“休闲城市”理念下杭州老城区空间环境问题研究[D].杭州：浙江大学，2006.
② 颜晓强.“休闲城市”理念下杭州老城区空间环境问题研究[D].杭州：浙江大学，2006.

下篇：案例剖析

第八章　首尔清溪川重建工程

第一节　“首尔奇迹”:清溪川的复活

首尔旧称汉阳、汉城,自 1394 年李氏王朝在此建都起,600 多年来一直是朝鲜的政治、经济、文化中心,现为韩国首都。首尔位于韩国西北部的汉江流域、朝鲜半岛中部,居住着韩国约 5 200 万人口中的 1 000 万人以上,是世界上人口密度极高的城市之一。清溪川(Cheonggyecheon)最早被称为“开川”,是首尔建城时为排除周围山体流下汇集的积水而挖掘的一条输水内河,全长 10.84 公里,自西向东贯穿市中心后与中浪川汇合注入汉江,将城市分为南北两岸。历史上清溪川是一条深深影响首尔市民生活和生计的河流,是举办传统民间活动的中心和平时孩童嬉戏、妇女浣洗的场所。早在朝鲜王朝时期,由于夏季梅雨时节常常引发洪水泛滥,也进行过河床疏浚和堤防修补等工程。

进入 20 世纪后,随着人口的急剧增多以及城市化进程的加快,清溪川受到污染,恶臭及传染病蔓延等严重卫生问题也随之产生。经历了第二次世界大战和朝鲜战争的混乱后,许多难民迁徙至此,清溪川两岸逐渐成为社会下层的集聚区,河流沿岸不断增加非法窝棚建筑使河川环境的恶化雪上加霜。面对棘手的洪水、环境、卫生问题,以及日益增加的交通需求,首尔规划了清溪川的覆盖、道路化工程。从 1958 年开始,清溪川被覆盖上了宽 50～80 米的道路,道路周边发展成为商业街,而清溪川成了一条暗渠(下水道)。不仅如此,在经济高度增长期,伴随着机动车辆的普及交通压力猛增,建设新道路迫在眉睫,于是 1967—1971 年在已铺设的道路上又建成了 5.8 公里长、16 米宽的 4 车道汽车专用高架桥，成为横贯首尔东西的交通主干道，并作为韩国现代化的象征一度令韩国人引以为豪。然而，高架桥带来的大气污染、噪声等环境问题一直令人头疼，数十年后覆盖道路和高架公路的老化问题也开始显现，需要花费高额的修缮费用。更重要的是，这条高架桥宛如一道分隔墙破坏了城市的肌理，逐渐使得首尔南北区域发展不均衡，清溪川沿路与作为新兴都市发展起来的汉江南岸（江南区）相比反差极大，这些问题都促使人们重新思考这个区域的未来。

2002 年李明博当选首尔市市长，将整治清溪川、拆除高架公路作为重要的施政目标。起初此工程被认为不但费时且困难重重，当地商户也因不愿搬迁而纷纷表示反对。当时平均每天经过清溪川路和清溪高架道路的车辆多达 16.8 万辆，普遍市民都担心拆除高架路将使首尔原本严重的交通拥堵状况更加恶化。在进行四千多次公众游说并充分吸取当地人士的建议下，首尔市政府决定借助“清溪川复原计划”将河川、交通及地区经济发展的种种问题都纳入其中，实现“拆除覆盖道路、再生历史古河、推进周边地区开发”的多重目标。清溪川的重建试图彻底改变首尔噪声与大气污染的形象，恢复其 600 年的古都历史和文化，使其再生为重视自然而富有人文关怀的可持续发展城市，助力首尔定位于中国和日本之间的东北亚地区中心，担当起国际商业、金融都市的重要角色。2003 年 7 月至 2005 年 9 月，首尔市政府拆除了 5.84 公里高架桥，恢复了 8.12 公里的河道，修建了滨水生态景观及休闲游憩空间，其中包括 22 座桥梁、10 个喷泉、一座广场、一座文化会馆，耗资超过 3 800 亿韩元（约合 3.6 亿美元）[①]。至此，有清洁流水的清溪川作为内河又回到了首尔市民的生活中，在开放后的两年多时间里，接待游客 6 200 万人次，平均每天 7.7 万人次。清溪川重建工程不仅如愿取得了水环境治理带来的生态效益，还通过水环境治理推动了城市公共交通发展，将以私人小汽车为主导的交通模式转变为以公共交通和步行者为中心的新模式，提高了城市的宜居性和绿色发展指数。

第二节　环境改造措施

清溪川重建项目的施工区域全长 5.8 公里，规划建成一条由西向东贯穿市

① 秦惠雄.建设人水相亲的生态城市——韩国城市环境建设考察报告[J].城市管理与科技，2011(4).

区的绿色生态轴线。方案设计在自然与实用原则相结合的基础上分为三个主题:西部河段建设的目标是“开放的博物馆”,景观设计体现现代化特点,包括建成可以举办各种文化活动的露天广场,布置假山瀑布等;中部河段建设的目标强调反映城市生活和滨水空间的休闲特性。与其他工程段不同的是,这里要在确保可以安全抗洪的同时,保留现有的下水管道。另外,河体明显变窄变深,一条天然河流从一侧流过,而一座双层的人行道在江的另一侧,这种设计给人空间缩小的感觉,让人们容易接近①;东部河段建设的目标以恢复河道自然生态为主,相比上游两段河道的人工化更为强调自然和生态性的特点,不仅保留了沿岸连续的野生植被和水生植物,还增加了柳树湿地、浅滩和沼泽,并留出足够的空间为野生动物提供生境。为保证清溪川一年四季的水流不断,建成后通过三种方式向清溪川供水:首先引流经过处理的汉江河水,其次是由专门设立的水处理厂提供从地铁沿线周边区域抽取的地下水和雨水,第三是采用经过净化处理的中水作为应急条件下的备用水源②。

一、恢复被填埋河道

20 世纪 60 年代首尔对清溪川五六公里污染严重、环境恶劣的河段采用 16 米宽的水泥板进行覆盖,1971 年又在已被封盖为公路的清溪川上方建设机动车专用高架桥,作为城市东西方向的交通主干道。为了改善市中心的环境、延续清溪川的历史,2003 年首尔市启动了高架桥拆除工程。考虑到拆除高架可能导致首尔市中心原本就拥堵不堪的交通状况更加恶化,市政府在交通调查、民意调查以及环境影响评价的基础上制订了相应的交通疏导及限制措施,主要包括:在施工前就开始实行单向行驶方式以限制交通量;增加穿过城市中心的公共交通,倡导市民乘公交出行;施工期间规定车辆夜间运输,以缓解白天的交通压力③;利用外环线解决原有穿城的交通等。通过以上措施的实施,有效避免了拆桥所带来的交通影响,并成功将清溪川上已覆盖了 40 余年的水泥板挖开,将其恢复为一条流经城市的自然型河道,塑造了一个人与自然和谐共存的河岸文化空间,彻底改变了城市面貌。清溪川复原工程并没有像人们所担心的那样导致交通混乱

① 梁耀元,陈小奎,李洪远,等.韩国城市河流生态恢复的案例与经验[J].水资源保护,2010(11).
② 冷红,袁青.韩国首尔清溪川复兴改造[J].国际城市规划,2007(8).
③ 王军,王淑燕,李海燕,等.韩国清溪川的生态化整治对中国河道治理的启示[J].中国发展,2009(6).

等问题，相反由于公共交通设施利用率的增加和过往交通量的减少，使城市拥堵逐渐趋于改善。

二、河道治理

清溪川的复原工程虽然只耗费了短短两年多时间，但却是景观、自然生态、都市环境、地域交通、城市规划等多领域十余年研究的结晶。清溪川重建前，研究人员就对河道周边地区进行了广泛的生态调查。由于清溪川被覆盖在地下后仍承担着排污的功能，为了保证水质的清洁、防止复原的水体再次被污染，首尔市建设了新的独立污水处理系统，对原来流入清溪川的生活污水进行隔离处理，并与雨水分开排放①。事实上清溪川上游并没有稳定的自然水源，为了实现河流的生态功能、展现河流的自然风貌，有必要通过工程改造提供常备水源，维持重建后的清溪川一年四季水流不断。经过科学论证后，最终确定用三种方式为恢复后的清溪川提供水源。考虑到降雨在一年之中分布不均，在河道重建中还增加了相应的设施，使之能达到200年一遇的防洪标准。根据具体情况，部分河段驳岸采用自然式的缓坡设计，并种植本土植物进行加固。自然式的驳岸不仅有利于河滩空间的利用和亲水性的形成，也为鱼类、两栖类、鸟类等动物提供了良好的生境，促进生态系统的整体恢复。

三、景观营造

清溪川重建工程的主要目的之一就是改善城市中心景观面貌，提升城市竞争力。清溪川沿岸景观营造充分考虑流经区域的特点，在自然与实用相结合的原则上设定了不同的主题，分别为历史和文化空间、游玩和教有空间、自然生态空间，越往下游自然度越高，成为一个位于都市中心充满水和绿的空间。西部上游河段以首尔市政府附近的清溪广场为起点，由于断面较窄且地处韩国的政治和金融中心（周边建筑包括总统府、市政厅、新闻中心、银行等），景观设计时注意体现历史元素和文化氛围，复原了朝鲜王朝时期的桥梁和宫廷，河道两岸采用花岗岩石板铺砌成亲水平台，坡度略陡；中部河段流经小商品市场和服装鞋帽市场密集的东大门地区，是普通市民和游客喜爱光顾的地方。因此设计主题为游玩

① 王军，王淑燕，李海燕，等.韩国清溪川的生态化整治对中国河道治理的启示[J].中国发展，2009(6).

和教育空间，强调滨水空间的休闲特性，注重为小商业者、购物者和旅游者提供休闲空间。河道南岸以块石和植草的护坡方式为主，北岸修建连续的亲水平台，设有喷泉[①]，还建造了刻有首尔市民以及国内外人士感言的瓷砖墙——“希望之壁”和模仿城墙闸门理念的建筑物；东部河段周边地区与中部和西部相比发展相对落后，是城市居住与商业混合功能区。相对于西部和中部河道景观较为明显的人为改造痕迹，东部河段以自然河道为主，宽度40米左右，两岸坡度较缓，景观营造注重体现自然生态的特点。下游地段直至与中浪川的汇合处构造了生态社区，在现代城市中再现大自然。舒缓的堤岸边设有亲水平台和过河石级，植物种植模仿自然的形式，尽量使市民和游客体会接近大自然的感觉。视野开阔的河岸两旁四季都被缤纷的鲜花装扮，市民游客人声熙攘，络绎不绝。

清溪川重建工程的两端高差约为15米，河底西高东低、上游河道偏陡、下游偏缓，设计者巧妙地利用跌水的方式来处理河道的落差。在上游较为陡峭、水流湍急的河段，两座桥之间布置了多道连续的跌水，而在水流较为平缓的下游河段，每两座桥之间只设一道或两道跌水，使小型瀑布与涓涓流水的景观交替出现。在下游较宽的河段，河流顺势自然弯曲，有凸岸也有凹岸，不规则的岸边和激流为鱼类产卵繁殖创造了条件。从芦苇、水边植物、一般草本植物到攀缘植物，设计者将平面绿化和垂直绿化结合起来，把不同种类和不同花期的植物混合种植，形成一条多彩的立体走廊。这些植物具有发达的根系和旺盛的生命力，可以深深扎根于河边的土壤里，起到美观和保护河岸的作用。清洁的河水与绿色的河岸为居住在混凝土大厦林立的大城市中的人们提供了难能可贵的自然气息。

除了贴近自然的景观风貌，清溪川重建工程中还非常注重亲水环境的营造。工程结合河岸坡度较缓的特点，为游人设计了散步的小路和休息的场所，并间隔布置了可以到达水边的亲水平台。大量的亲水平台各具特点和文化意象，既有整体曲线造型的，也有根据“洗衣石”的方式设计的。中部河道在平时小流量情况下水深一般为30～40厘米，在温暖的季节里孩童们可以下水玩耍嬉戏。此外，清溪川两岸沿途还布设了若干座到达河岸的楼梯或无障碍通道，方便不同年龄段的观光游人和残疾人的通行。

---

① 冷红，袁青.韩国首尔清溪川复兴改造[J].国际城市规划，2007(8).

第三节 成效与借鉴

清溪川重建工程不仅仅是简单地复原一条河道，而是以一种全新的理念再造一条兼具历史文化底蕴和经济发展活力、体现人与自然和谐相处的城市河流，并借此为全市乃至韩国创造出新的发展契机①。改造后的清溪川空气清新、河水清洁，加上河岸生态公园的建设，为市民提供了清净的休息、休闲、旅游空间；周边环境也获得了改善，促进了产业结构的调整，带动了周边房地产的升值，提高了城市的品位和国际竞争力，为该地区成为东北亚重要的经济、金融、文化、时尚、旅游中心打下基础。

一、重建后带来的效益提升

清溪川的重建消除了原来高架桥所带来的噪声和空气污染，恢复了河流的自然面貌，改善了城市生态环境，可以抵御200年一遇的洪水，生物物种数量增长了6倍。水系走廊风的流通性大大增强，减轻了周边空气污染和噪声污染，缓解了热岛效应。据测算，清溪川复原通水后周边地区平均风速增大了2.2%～7.1%，平均气温比首尔市区低3.6℃，而清溪川作为高架桥时周边的平均气温比首尔市区高5℃以上②。

经济方面，清溪川的重建对首尔江北城区建设和改造产生了极大的拉动效应，为周边地区整合成为国际金融商务中心、尖端情报和高附加值产业地区提供了条件③，工程还在建设期间周边的房地产就开始升值。随着江北城区开发力度增强，首尔市进一步实现了各空间单元的均衡发展，城市中心区经济活力和国际竞争力也得到了提升。根据 Hyunhoe Bae 在2011年的研究，仅仅将水泥覆盖的河道转换成自然河道就会多吸引平均每户家庭(影响范围内的)50美元的消费投入；将河道两岸的人行设施优化并增加娱乐设施又会多吸引平均每户家庭(影响范围内的)25美元的消费投入，因而拉动了经济增长。由于生态环境的改善，周边房地产价格飙升、旅游收入激增，带来的直接效益是投资的59倍，附

① 郭军.韩国首尔构建人水和谐的清溪川重建工程[J].中国三峡建设，2007(4).

② 王军，王淑燕，李海燕.等：韩国清溪川的生态化整治对中国治理河道的启示[J].中国发展，2009，9(3).

③ 冷红，袁青.韩国首尔清溪川复兴改造[J].国际城市规划，2007(8).

加值效益超过 24 万亿韩元，并提供了 20 多万个就业岗位。

在社会方面，重建工程拆除了横贯市中心的高架桥，取而代之的是改善后的城市公交系统。随着搭乘公共交通的市民不断增多，清溪川重建工程成为转变首尔人出行方式的一个重要契机，也推动首尔市向着环境友好型城市发展迈出了重要的一步。同时，清溪川改造中注重景观营造，提升了环境的社会服务功能：将河岸带作为城市公园、步行和自行车系统的景观载体，与城市绿地系统和慢行系统有机结合，向沿途社区完全开放，在创造精神和美学价值的同时方便通勤、休憩、健身与娱乐，充分发挥河流作为城市重要景观和生态元素的综合服务功能，市民有了交流和团体活动的绿色公共空间；正月十五灯节等传统节庆集会都在清溪川保留的历史桥梁处进行，清溪川文化博物馆也成为市民知识交流的重要场所，提升了首尔市民的生活质量。

二、经验与借鉴

重建清溪川并不是首尔第一次对城市水系进行大规模整治，为了迎接 1988 年的汉城奥运会，首尔就对汉江河岸进行过绿化整治；2002 年日韩世界杯开赛前夕，又修建了一个以运动场为中心、水和绿为主题的大型公园；在汉江河岸一带曾是垃圾丢弃场的地方把垃圾堆改造成绿色小山丘，修建活水水路以及带有甲板步道的水池等。但这些治理工程的实施都没有像清溪川的重建一样，在韩国乃至亚洲、全球备受关注。究其原因，在于拆除覆盖清溪川的道路、进行河流再生、建设环保和人性化都市，其实是紧紧围绕将首尔打造成为“位于中日之间的东北亚金融、商业中心”这一宏大目标进行的。这种以河流再生为催化剂的城市更新手法在世界上、历史上都具有重要意义，它象征着城市经营新思维的出现。通过重构河流与道路的关系，不仅再生了水和绿的空间、人与自然和谐的城市，更以此为契机赋予了城市发展新的动力与资源。受到清溪川重建大获成功的鼓舞，现在韩国已经提出了连接首尔和仁川的京仁运河计划以及连接首尔和釜山的京釜运河计划等，不仅开始探讨全国内陆水运的可行性，更希望能开展以河流和运河为基轴的国土经营、经济振兴，实现沿河各城市的全面更新和可持续发展。

(一) 加强生态治理，促进人水和谐

过去对清溪川进行覆盖主要是强调经济与效率的结果，而清溪川的重建则

体现了对自然资源和生态系统价值认识的转变，是从单纯追求经济增长到追求人与自然和谐共生的全面创新与变革。因此，重建从本质上反映出塑造人水和谐、自然环保的城市发展理念。清溪川的重建恢复了河流作为城市生态廊道的功能，使城市再次享有了自然生态系统的服务，保障城市的健康发展。重建后的清溪川维护和恢复了河道及滨水地带的自然形态，成为城市的绿色基础设施，重点发挥河流生物保护、涵养水源、调蓄雨洪、遗产保护等功能，保护和重塑城市良性的水文系统和生物栖息地；重建的河道具有亲水、安全的特性，为城市居民提供健康、舒适、优美的休闲娱乐场所，市民和观光游客频频徜徉、驻足于河边散步道，满足了城市的休闲文化需求。尽管流经首尔市中心并被再生的清溪川其实只是大约6公里的一个短短区间而已，却成功改变了首尔是噪声和大气污染严重的大城市形象。整个项目正确处理了人与水、城市与河流的关系，实现人与自然的和谐发展。

（二）注重与区域经济发展相协调

清溪川重建工程以生态学和循环经济理论为指导，结合河流的生态状况进行区域功能定位，综合考虑到河道恢复后与经济、社会发展相协调。重建工程将现代城市的居住交通功能、基础设施等与自然生态系统融为一体，不仅为市民提供优美的人居环境，更是推动沿河周边的土地升值、提升城区建设水平、筑巢引凤进行高层次招商，带动了沿河区域服务业、商业和旅游业的发展[①]，成功将城市形象的提升转化为经济增长的源泉。

清溪川重建工程尽管初期资金投入很大，但用短期的集中投入撬动了长期的经济发展，为城市持久繁荣提供了充足的动力。原清溪川地区共有6万多家店铺和路边摊，主要从事较为低端的批发零售业。清溪川重建工程完工后，该地区更多地承载了韩国艺术、商业、休闲和娱乐的功能，国际金融、文化创意、服装设计、旅游休闲等高附加值产业纷纷进驻，极大加快了城市产业转型升级步伐。这不仅大幅提升了该地区的发展动力和活力，也为实现首尔江南江北两岸发展均衡打下了良好基础。

（三）尊重历史，延承文脉

首尔市不仅恢复了清溪川接近自然的生态环境、驱动了经济发展，也传承和

① 王军，王淑燕，李海燕，等.韩国清溪川的生态化整治对中国治理河道的启示[J].中国发展，2009，9(3).

延续了城市的文脉。每个城市都有自己的特色和让自己骄傲的历史，清溪川横穿首尔中心城区，历史上是连接首尔城市南北两岸的重要河道，是记录朝鲜王朝时代百姓生活的代表性都市文化遗迹。在首尔600余年的历史中，清溪川干流上曾建有广通桥、长通桥、水标桥等9座桥梁[①]。历史上每年的一定时期，人们都会以清溪川上的桥为中心，举行踏跷、花灯等活动。这些桥梁正是首尔历史与文化的重要载体，是物质外衣下的文脉符号。

为了重新恢复古都汉城的历史文化同一性，将清溪川建成代表汉城文化的旅游地，让首尔这座城市在快速发展的进程中增添更加鲜活的动力和国际竞争力，桥梁的建设被列为清溪川修复工程的重要内容。桥梁设计中提出了三个标准：选择可最大限度疏通流水障碍的桥梁形式；清溪川桥梁的定位是文化与艺术相会的空间；建设成地方标志性建筑，使其成为具有造型美和艺术性的桥梁。通过努力，相关方面在清溪川上复原了广通古桥和水标桥，新建了16座行车桥、4座步行专用桥，又以长通桥、永渡桥等古桥名字命名这些新建的桥，并重现了水标桥踏跷、花灯展示等传统文化活动。广通桥是西部商务区与中部商业区的分界点，也是一座具有悠久历史的古桥。坐落在上游的现代化楼群中，她不但不显得突兀，反而作为一个历史的接力点和激励点，时刻提醒着韩国人民回顾过去、面对现在、构想未来[②]。下游的存置桥则是首尔工业化的纪念碑，为了纪念曾经被覆盖的清溪川，在拆除旧高架桥时有意留下三个高架桥墩并使其成为新的桥脚的一部分，保持了首尔城市记忆的连贯性。

清溪川重建工程充分利用河道两岸的立墙进行文化展示，有介绍古代清溪川水系的“首善全图”，有描述历史王朝出行活动的长卷图，还有具有现代派艺术风格的文化墙。身处清溪川河道两边的小路能令市民追忆几乎被遗忘的首尔城市原貌，体会历史与现实的时空感，增强对首尔城市精神的文化认同。

（四）鼓励和支持公众参与

清溪川重建的推进方式也同样值得借鉴。通常在进行以河流再生为中心的城市更新时，需要有一个制定城市整体基本构想、重新定位河流功能的过程。在首尔的清溪川事例中，事先就做好了周密的研究和计划，再通过市长竞选充分听取民意，积极协调争取市民的共识，在这样的基础上实施重建工程，从而在短时

---

① 郭军.韩国首尔构建人水和谐的清溪川重建工程[J].中国三峡建设，2007(4).

② 严明.东亚艺术与城市文明[J].甘肃社会科学，2007(3).

间内达成了再生目标。

清溪川重建工程的核心目的是改善民生，提高城市的经济发展水平，建设和谐社会。在工程建设期间不仅给居民和商业经营带来诸多不便，完工以后的商业布局也可能发生改变，因而涉及沿河流域千家万户的切身利益。清溪川复原工程虽然得到了80%首尔市民的支持，但最初还是遭到了在路边维持生计的商人们的反对。为了有效地化解社会矛盾和冲突，在项目的策划阶段就建立了公众参与机制，广泛征求沿河流域居民和专家的意见，给予沿河流域居民充分的知情权、参与权和建议权[①]。清溪川的复原工程虽然经济投入共花费了3 867亿韩元，只相当于建设一座汉江桥的费用，但最耗费时间和精力的工作是与清溪道路周边商人的交涉。各个区域的18位负责人在充分理解商人立场的基础上，坚持不懈地进行协商、探寻解决方案，经过前后4200回交涉才最终达成了迁移商店等一致见解。政府还主动邀请专家组织、企业团体、百姓市民等社会各界力量参与，成立了复兴改造研究团体、市民委员会等区域性合作体系，形成了完整的决策团队，确保决策的科学性和工程推进的顺利。这些民间机构成为市民、商团和政府通过协商相互交换意见的正式对话平台，被认为是可以有效协商补偿问题、导出协议案、事后运营管理等事关共同利益的实质性机构，充分协调、兼顾利害关切方的利益，保障了项目的高效、科学实施。

清溪川的维护管理由首尔特别设施管理公团负责。除进行设施管理和采取防洪措施之外，公团也作为市民主办各项活动的服务窗口，从创造文化的角度出发再生清溪川。位于清溪川下游河畔的公团大楼旁边还建有一座展示清溪川过去、现在和未来的主题博物馆——“清溪川文化馆”。此外，河岸上还活跃着一批市民志愿者，他们通过事先注册接受一定的训练，肩负着河岸的安全警备和清扫工作[②]。

尽管清溪川重建工程被认为是现代河流改造复兴的典范，但由于种种原因，也存在一些问题和不足。首先是生态恢复不彻底。重建后的清溪川水面宽度较窄，水深也只有30～40厘米，部分河段河床底部与两侧由于铺设防渗层，影响了生物的生存；河水流速很慢，导致水体自净能力有限，长远来看河川生态系统

① 王军，王淑燕，李海燕，等.韩国清溪川的生态化整治对中国治理河道的启示[J].中国发展，2009，9(3).

② 吉川胜秀，伊藤一正.城市与河流——全球从河流再生开始的城市再生[M].汤显强，吴遐，陈飞勇，等译.北京：中国环境科学出版社，2011.

功能并不稳定；其次是日常维护成本较高。由于清溪川80%的水均由汉江抽取而来，需要经常性的人工维护，因此开支较高[①]；第三是历史文化资源发掘不够。清溪川地区有着六百多年的历史，大量的历史文物遗迹残留在河道周围，全面彻底的挖掘整理需要一定时间，然而政府要求在两年多的时间内完工，使得改造工程中对历史文化的再现和继承不够充分。

① 冷红，袁青.韩国首尔清溪川复兴改造[J].国际城市规划，2007(8).

第九章　新加坡河滨水空间的复兴

第一节　新加坡河滨河地区发展历程

“新加坡”一词来源于梵文中的新加坡拉(Singa Pura)，意为狮子城。新加坡位于马来半岛南端，国土面积约700平方公里，其中20%为人工填海造地。尽管严重缺乏自然资源，新加坡还是凭借其优越的地理位置和开放型的经济模式逐渐发展成为全球经济、社会和技术网络中的关键节点。进入21世纪以来，新加坡对自身的战略定位进行调整，期望将新加坡建成一个“特色全球城市(distinctive global city)”，以保持对全球资本、人才以及游客具有吸引力[①]。在“特色全球城市”中心目标的引导下，新加坡希望既能有像伦敦、纽约一样优秀的城市设计，同时也希望能保留亚洲城市的一些独有特质。为此，新加坡将滨水地区的改造作为保持本土文化、提升城市活力的重要途径[②]。

新加坡河是新加坡的主要河流之一，全长约11公里，宽30～70米，流经新加坡的中央商务区、文化及市政中心、以传统商住民居构成的娱乐中心后，向南倾入滨海湾。自从英国殖民者于1819年在新加坡河口登陆以来，河的两岸就逐渐发展成新加坡的商贸中心。在新加坡经济快速发展的过程中，20世纪70年代的新加坡河曾经污染严重。随着全球化进程的加快和新加坡经济结构的转型，新加坡对新加坡河进行了治理并对其滨河区域进行了改造和重新开发，并因

---

① Urban redevelopment authority annual report 2004 [R]. Singapore: Urban Redevelopment Authority, 2005.

② 张祚，李江风，陈昆仑，等.“特色全球城市”目标下的新加坡河滨水空间再生与启示[J].世界地理研究，2013(12).

其在改进居住环境方面的贡献获得2000年联合国人居署颁发的“迪拜国际范例奖”,成为国际认可的成功范例。

一、航运兴盛激发两岸发展

在成为英属殖民地以前,新加坡是以马来人、印尼人为主的典型东南亚小渔村。这一阶段大部分的河道都被捕鱼者的舢板船占据,往来于新加坡海峡与马六甲海峡的海盗有时也避风于此①。1819年,新加坡成为英国的殖民地,来自英国的斯坦福·来福士爵士(Sir Stanford Raffles)将殖民政府大楼建于新加坡河北岸,并在南岸修建护岸。1822年,按照来福士的意图,由杰克逊进行了新加坡的整体规划,新加坡河作为连接南部滨海湾与城市中心的主要河流,开始承担起新加坡主要的对外运输航线功能,河道两岸逐渐发展成商贸中心,大量货仓、工厂与商铺拔地而起。1840年左右新加坡跃升为亚洲重要的航运港口城市,新加坡河作为内河入海口,同时承担起内外航运的功能,陆续建起驳船码头(Boat Quay)、克拉码头(Clarke Quay)和罗伯逊码头(Roberson Quay)等3大主要码头。设立在河口的商港吸引了远近的商船,到19世纪末新加坡河已承载了全国大部分的船运业务,两岸集中了航运停泊、货物储存和交易等商业活动,成为重要的贸易和行政区域。不夸张地说,新加坡就是沿着新加坡河发展起来的。

二、工业兴起降低水岸品质

伴随科技的发展和交通方式的革新,新加坡河的航运功能逐渐衰退,沿河而生的交通商贸产业日趋没落。从20世纪60年代起,新加坡逐渐进入以工业为主的经济发展阶段。在工业化发展和城市扩张的过程中,新加坡河两岸的家畜和禽类养殖户、餐饮排档将大量污水和废弃物直接向河流排放。到20世纪70年代,新加坡河和它的支流被沿岸的工厂、农场、没有下水道的居民区严重污染,几乎成了开放的下水道和垃圾场,水生生物濒临绝迹。新加坡虽然地处多雨的热带地区,但地形平坦,土地缺乏良好的保水能力,长期以来水资源严重匮乏,新加坡河的污染无疑令其生存环境和空间品质受到极大的威胁。由于长期的过度使用,这条承载着重要的生活和经济功能的黄金水道逐渐衰退成一条垃圾遍地、

① CHANG T C , HUANG S. Recreating place, replacing memory: creative destruction at the Singapore River[J]. Asia Pacific Viewpoint, 2010(3).

臭气扑鼻、蚊蝇肆虐的污水沟，船只稀少、仓库废弃、建筑老旧破败，曾经无比繁华的新加坡河两岸很快沦为城市中心的贫民窟。

三、职能更新重振滨水中心

20世纪70年代后，新加坡政府将新加坡河的治理与改善作为一项重要工作，在多次规划中都有不同程度的控制和谋划，河道更新工程项目也从早期的治理水污染到中后期的发展道路、交通、景观、商业和观光旅游，贯穿了“1971”“1981”“1991”三大概念规划以及面向21世纪的“2001规划”，历时30年，成为新加坡城市整体更新重要的组成部分[①]。

1977年，新加坡时任总理李光耀向国民提出将已经污浊不堪的新加坡河转变为历史文化商业区域的愿景，成为改变新加坡河命运的历史时刻。具体而言，该愿景是希望通过政府和私人开发商的合作，用10年时间治理河道污染，维修和翻新已有100多年历史的河堤，不但确保河堤的功能性更提升其景观价值，最终恢复新加坡河的清洁和繁荣[②]。主要的工程包括河床修复、河水净化、河岸维护、基础设施更新、周边道路及商业娱乐设施建设等。新加坡河的污染主要来自周边约2.1万户非法居住者、养猪养鸡户、家庭手工业者、摊贩、批发从业者等的非法排放和乱扔行为；此外，造船厂排出涂装废屑、驳船排放生活污水、在河岸停泊的船只阻碍水流等行为也是导致水体污染的原因。要治理这些污染源就必须使摊贩、非法居住者等迁离这一地区，为此政府在建造住宅和公共设施的同时也建设了装有现代设备的工厂，将生产中会产生污水的排档迁移到装有屋内净化设备的场所，并严格禁止在流域内养猪、养鸡。经过初级生产部、建屋发展局（Housing Development Board）、城市重建局（Urban Redevelopment Authority，以下简称URA）、新加坡港口部门和公园署等各部门的共同努力，河道治理比预期提前两年完成了既定任务：疏浚了河流垃圾和底泥、完善了所有上下水道使污水不再流入河流；美化了河边环境、将过去脏乱的河岸改造为沙滩，使河岸成为垂钓、玩耍的场所，并引进游船使市民和游客尽情享受水景。随着生态环境的好转，滨河区域空间的复兴取得了坚实的基础。

---

① 林峰.纵观新加坡河综合更新工程[J].合肥工业大学学报（自然科学版），2009(12).

② 张祚，李江风，陈昆仑，等.“特色全球城市”目标下的新加坡河滨水空间再生与启示[J].世界地理研究，2013(12).

由于其历史渊源和区位优势，新加坡河在城市中心区占据着相当重要的地位。通过迁移居住者和从业者达到了河流净化的目的，但同时也让人不禁忧虑水岸地带会因此失去往日生气。于是，以建设富有人气的水岸环境为目标，河岸土地的再开发被提上了议事日程。在上一轮工业优先的城市扩张中，许多老旧建筑从中心区逐渐消失，土地得到大规模开发，但新加坡河两岸仍有少量仓储、商贸等功能建筑得以保存。1980 年，新加坡颁布了中心区控制性详细规划，新加坡河周边区域被确立为主要的商业商务聚集区①，再次吹响了沿岸空间发展的号角。随着新加坡河水洁净工程在 1985 年提前完成，URA 接过了重振中心区的接力棒，制定和颁布了新一轮的概念规划，明确了对新加坡河滨河 96 公顷区域进行改造的计划。这是一个将购物区、中华街等各具特色的区域通过沿河廊道串接起来、总耗资高达 1 亿美元的构想，不仅包括护岸、下水道、变电站等基础设施建设，也包括散步道、桥、地下通道等市民、游客活动用的各类设施，大多数政府部门参与其中。通过这次改造使得之前随着河运行业日益衰落的滨河码头区域变成充满活力、受民众欢迎的场所，供人们工作、生活和娱乐②。

1990 年代，随着经济资本与社会治理经验的积累，新加坡政府开始重新认识城市的本土特征，如何建设具有认同感和独特吸引力的现代化城市，成为政府再次深刻思考的问题③。1991 年颁布的“概念规划”进一步强调了新加坡河滨河区域连接乌节路商圈的重要作用及其商业价值。1992 年 URA 颁布了一份新加坡滨河区域开发的指导性规划草案，确定河岸两侧 6 公里长的步行道作为区域开放空间，并明确交通连接等方面的开发细节。随后，URA 在 1994 年针对新加坡河滨河区域综合改造颁布了更加详细的实施性规划，为整个滨河区域的规划、公共设施的建设、历史建筑的保护和修缮提供了依据，旨在通过综合的整治、保护、再利用，让历史与现代融合，打造理想的滨水景观④。随着新加坡河两岸滨水步道完全贯通、传统商铺修复更新，滨河区域吸引了大量人群，市民和游客既可以漫步河岸、在滨河的咖啡茶座休闲聊天，也可以乘船游览回忆往昔。除了河

① 杨春侠，吕承哲，乔映荷.从新加坡河区域设计反思上海浦江滨水区开发[J].住宅科技，2018(12).

② 张祚，李江风，陈昆仑，等.“特色全球城市”目标下的新加坡河滨水空间再生与启示[J].世界地理研究，2013(12).

③ 王才强，沙永杰，魏娟娟.新加坡的城市规划与发展[J].上海城市规划，2012(3).

④ 张祚，李江风，陈昆仑，等.“特色全球城市”目标下的新加坡河滨水空间再生与启示[J].世界地理研究，2013(12).

边的自然风景，沿岸还散布着各类文化建筑、商业建筑及广场节点，大大增强了区域的产业活力与公共活动吸引力，并使新加坡河沿岸的风景逐渐成为游客对"新加坡"国家的第一印象[①]。至此，新加坡成功地实现了以河流为媒介进行城市更新，成为将城市建设与河流再生相结合的亚洲优秀样本。

第二节 新加坡河更新策略

一、功能置换与混合使用注入经济活力

URA指出，为新加坡河两岸地区注入经济活力是改造更新的主要目标之一。为了实现这个目标，需要引入不同于航运、工业等的城市新功能，发展新的产业形态。整个新加坡河滨河区域的改造主要包括三个部分：驳船码头、克拉码头和罗伯逊码头。在拆除所有的棚户建筑和质量较差的工业建筑、将所剩无几的工业和仓储等功能搬迁到新的工业园区后，依据不同的地理位置、建筑形态以及历史功能，三个码头区分别被赋予酒店和居住、节日市场、餐饮休闲等三种不同的功能实现分区发展，在空间上则以新加坡河河道为轴线进行串联和整合[②]。罗伯逊码头曾经聚集着船舶修理厂、大米加工厂等作坊和企业，在更新中被改造为高档住宅和餐厅，并建起新加坡专业剧团和新加坡泰勒版画研究院等艺术场所；由于新加坡河在克拉码头区域的河面宽度较窄、亲水性好，码头上留有50余间建筑质量较好的仓库可以改造为大型餐馆、品牌商品以及俱乐部等商业、娱乐场所，URA将克拉码头定位为充满活力的"嘉年华村"；最下游的驳船码头北岸曾是殖民政府所在地，南岸是低矮的仓库和商店。在改造更新中大型公共建筑成为酒店、办公楼和艺术之家，曾经的橡胶、大米仓库则被改造为各国风情餐厅和酒吧，游客们可以悠闲地坐在河边，一边欣赏对岸的历史建筑以及远处来福士金融区摩天大楼形成的天际线一边用餐。

URA利用城市设计对新加坡河滨水区域进行不同的功能定位和相应的容

① 王海松，史丽丽."面向河道"的更新设计——新加坡河沿河地区城市更新解读[J].华中建筑，2007(11).

② 孙永生.旧城旅游化地段改造研究——以新加坡河滨河地区为例[J].华中建筑，2012(2).

量配比，通过容积率的限制来控制各个区域不同用途土地的开发强度，商业功能开发的容积率控制在1.68至4.2之间，居住功能开发的容积率控制在2.8左右[①]。在改造和更新过程中，根据不同需要划分出开放空间、绿地、保护区域和预留地，一些具有较高历史和文化价值的传统建筑被保留下来以强化历史记忆和地方特征。一些传统店屋、仓库等历史建筑通过内部功能置换被改造成商店、餐厅、酒吧、旅馆、高档住宅、音乐厅、艺术家工作室等，一些未开发的空地也被规划为停车场、公园、露天餐饮和展览馆等以适应商业和旅游发展的需要。

此外，URA鼓励通过多样化的文化、商业以及空间混合使用（mixed-use）来发展经济。除了市政厅周边片区主要汇集了行政办公功能、来福士坊周边街区容纳了城市中心大多数的金融和商务办公空间外，其他片区和街区均呈现功能多样、空间混合的特征，具有很高的人气和活力。新加坡河滨河区域借鉴了乌节路的成功经验，将区域功能按照80%做商用（约95万平方米）、20%做居住（2 600户/7 800人）的比例划分[②]。例如克拉克码头片区的总体功能定位为娱乐休闲区，分布着诸多休闲餐饮和娱乐业态，但仍有少量居民在此居住。虽然以游客为主要消费群体，但也不乏本地居民在此进行活动；驳船码头片区的定位为商业办公，靠近水岸的空间主要用于休闲餐饮，靠近城市内部则多为办公。为了在不同时段和不同地区吸引不同人群驻留，在规划和环境设计上也采取了必要措施，如保证河道两侧15米宽的连续人行步道、在滨水建筑的首层设置人行道顶棚、形成面向河道的"退台"式滨河空间界面等。

二、面向河道创建"公共活动走廊"

1990年发布的新加坡河区域规划中明确规定了沿新加坡河两岸必须贯通宽度为15米的公共步行空间，使连续的滨水开放空间成为新加坡河区域的重要组成部分，以便形成"一条能反映新加坡文化传统及地域特色的公共活动走廊"[③]。在城市设计中将主要活动空间沿河道分布，并对于区域范围内开发地块的建筑高度、密度和退界进行控制，形成空间连续、风貌协调的廊道。这条廊道

---

① 张祚，李江风，陈昆仑，等."特色全球城市"目标下的新加坡河滨水空间再生与启示[J].世界地理研究，2013(12).

② 孙永生.旧城旅游化地段改造研究——以新加坡河滨河地区为例[J].华中建筑，2012（2）.

③ 杨春侠，吕承哲，乔映荷.从新加坡河区域设计反思上海浦江滨水区开发[J].住宅科技，2018(12).

不仅串联了克拉克码头和游船码头，也辐射和联动了新加坡河周边更远的博物馆区、牛车水区和如切区等历史街区，在增强滨水空间可达性的同时还保证了公共空间的融通与历史风貌的连续[①]。

为了方便人们从各处汇聚到水滨，进一步提高沿岸的活力，两岸传统的街区空间尺度被较好地延续下来。更新后多数沿河街区都小于 150 米×150 米，这不仅提高了行人到达河边的方便性与可能性，也有利于增加沿河区域的公共活动强度。两岸建筑的底层均为连续的商铺或休闲餐饮空间，形成多个连续的活力聚集点，沿河伸展开来，并结合滨水公共空间适当设置休息设施，便于路人驻足停留。同时，在垂直河流的方向也设置了不少步行空间，与滨河绿道织成绵密的网络，既创造了多条腹地观水的视廊，也为沿河区域提供了良好的渗透性和可达性。从空间形态来看，沿河商业的界面往往略长于两侧通向河岸的街区界面，这使得作为商业街的沿河界面能聚拢及留住“人气”并有效地提升自身的经济效益[②]。在一些沿河步行区域还恢复了传统的人力车服务，为游客体验新加坡的历史文化提供了更多视角。另外，原有的航运码头也被保留下来作为水上交通和水上观光的服务场所，在为市民和游客提供方便的同时增加人气。

新加坡河沿岸的公共活动与开放空间的景观设计非常注重文化性与丰富性，强调空间氛围的形成以刺激自发性活动和社会性活动，这从室外家具（如街道灯具、座椅、滨河护栏、遮阳雨棚等）、铺装、花坛及各类艺术小品上可见一斑。最负盛名的是名为“河的子民”的“河畔足迹雕塑系列”，栩栩如生地再现了旧时新加坡河畔的鲜活场景，为人们提供了一种可以更直观地了解新加坡历史的极好方式。在加文纳桥左侧是“第一代”，五名裸体的男孩正兴奋地从桥上准备跃入水中，将如今新加坡再也难觅的一景永恒地定格于此；“繁忙的商业中心”展示了早期河畔常见的交易情景，如贸易商品从丝绸、棉花和香料转变为橡胶、锡与椰干；“从钱币商人到金融家”则反映了新加坡金融业的起步与发展[③]。不同于很多含义晦涩的雕塑作品，“河畔足迹雕塑系列”的每一组雕塑都展示了新加坡早期沿岸居民、工人简单纯朴的生活方式，通过一个个具体而生动的形象轻易地

---

① 孙翔，汪浩.特征规划指引下的新加坡历史街区保护策略[J].国外城市规划，2004(6).

② 王海松，史丽丽.“面向河道”的更新设计——新加坡河沿河地区城市更新解读[J].华中建筑，2007(11).

③ 滨海湾金沙.“河的子民”雕塑群[EB/OL].https://zh.marinabaysands.com/singapore-visitors-guide/culture/people-of-the-river-statue-series.html.

让观众理解、体会新加坡人民与这条河流悠长的历史和深厚的感情。新加坡河沿岸地区通过建筑沿河布置并以“退台”方式限制高度，营造出一个围合的滨水空间，加上多样的景观和丰富的活动，成为公共活动理想的聚合场所。

三、慢行优先提高环境舒适度

在新加坡河滨水区的改造更新中，车行和人行交通系统既紧密结合又有效分离，建立在机动交通保障下的慢行优先大大提高了两岸步行活动的便捷度与综合吸引力。根据“行人近河”的原则，车行线路被布置在滨河地区的外围并形成环路，通过快速道路系统与城市其他地区相联系，而在沿河两岸形成完全步行化的公共活动空间，为人们创造安全舒适的体验环境①。尽管机动车不能驶入最核心的滨河区域，但公交站点都设置在步行空间周边的环形机动车道上，实现了内外部交通系统便捷有效的衔接换乘。另外，除了陆上交通，新加坡河原有的航运功能被转换成为水上线路，通过水上巴士将沿河各旅游吸引物和 3 个码头区串联起来，丰富了人们出行和旅游的体验。

新加坡河滨水空间的慢行交通体系主要包括三类空间，首先是两岸连续的滨河步道。步道以硬质铺地为主，局部有亲水平台和小型广场，绿化多为树列、花圃等作为活动区域的缓冲。河畔林荫道串联起沿岸各个文化景点，其所提供的露天餐座和小吃亭等餐饮及活动空间不仅形成丰富多变的滨河景观，也在创造良好步行环境的同时促进了公共活动。由于气候的原因，沿新加坡河的商铺通常会设置门廊和骑楼以方便经营。从断面来看，新加坡河—餐饮区—人行步道—商业、娱乐和办公等四个层次用纵深较大的开放空间来吸收、消化和支撑滨水空间的巨大人流量，并且对于建筑空间有着严格的控制，以保证滨水公共空间的舒适度和对岸的视觉效应②。其次是街坊内部密集的步行街。新加坡河两岸的滨河步道通过多条架设在河道上的步行桥取得联系，再加上周边传统街区发达的支路系统，形成了高密度、人性化的步行网络，提高了城市公共空间的渗透性和可达性。驳船码头片区的步行街沿河形成月牙形分布，克拉克码头片区的步行街形成十字形空间轴线，两者的共同点在于高密度小尺度建筑和骑楼界面，

---

① 杨春侠，吕承哲，乔映荷.从新加坡河区域设计反思上海浦江滨水区开发[J].住宅科技，2018(12).

② 王文丽，吴必虎.城市滨河商业空间开发建设经验：以新加坡河克拉码头为例[J].城市发展研究，2015，(5).

创造出怡人的场所感。第三类是连接滨河两岸的步行桥，以人行和非机动车等慢行交通为主要设计考量，车道较窄或不设车道，有纯步行桥和允许少量机动车通过的桥梁两种形式[①]。桥的频繁设置大大加强了新加坡河两岸的联系，使得河道区域成为一个整体的场所空间。桥的设计充分考虑到步行人流过河的便捷性：步行桥均从河岸边缘起坡，坡度平缓，便于自行车从桥上行驶；车行桥均在两侧设步行道，且都有便捷的上桥通道通往河岸步行道；此外，为了不阻隔沿河步道的贯通，沿河步道在与车行桥相会处都设有下沉通道，沿河岸步行人流可从车行桥下方便地通过。从形态上看，桥身设计都力图轻盈，大多平缓且贴近水面，以避免对沿河步行者造成心理上的阻隔感[②]。

四、新旧并置的风貌凸显地域特征

大部分游客渴望体验目的地的历史文化，同时又不愿意放弃当代舒适的生活方式。因此，城市更新既要延续传统的空间特质，也要结合发展重新开发，满足当代的使用需求。正是将保护与利用两手抓，使新加坡河两岸滨水空间成为舒适、宜人的旅游目的地。被完整保存的历史街区同临近的城市中心现代高层建筑区产生的巨大反差，构成新加坡独特的城市形象，通过传统与现代的对比彰显当地的历史信息和时代进步。这种新旧并置的丰富景观使市民和游客能够在步行几分钟的距离之内同时感受到新加坡金融中心的繁华与滨河码头的悠长历史和深厚文化。

新加坡河滨河空间新旧并置的景观主要来自老建筑的现代使用、新老建筑和谐共存两个方面。在新加坡河滨河区域的更新改造中，许多老建筑得到了再利用而焕发新生，并与现代建筑和谐辉映。更新工程对于具有纪念意义的历史建筑通常是保持原有建筑风格以延续历史，同时适当改造以适应新的功能。例如新古典主义建筑风格的浮尔顿大厦曾是新加坡邮政总局和海运进出口部（后改名贸易及工业部）等其他政府部门的办事处，在 2001 年的改造中保留了原有外观而内部更新成为有 400 间客房和 5 间餐厅的五星级酒店；旧禧街警察局及营房建于 1934 年，建筑外观极富特色，有 927 扇彩虹般绚丽夺目的窗户，1～4

---

① 张天洁，李泽.世界性与本土性：新加坡克拉码头的复兴[J].新建筑，2014(3).

② 王海松，史丽丽."面向河道"的更新设计——新加坡河沿河地区城市更新解读[J].华中建筑，2007(11).

层窗户色彩强度相同，5～6层颜色逐渐加深，令悬臂式露台更为突出，曾是新加坡最大的政府建筑。2000年成为新闻、通讯及艺术部的办公楼，内部主庭院也由警察训练场地改造为中庭，可举办大型视觉艺术展览和表演艺术活动。在各大码头，沿河低矮的货栈、仓库和大量排屋被改造成餐厅、旅馆等，背后是新建的现代化办公楼，不同时代的建筑被赋予了统一的观感，共同构成和谐的滨水立面。作为新加坡的本土建筑，排屋是一种适应了本地环境和生活习惯而形成的建筑样式。在新加坡河区域的许多新建项目中，仍然保持了排屋的组织模式和建筑特色：单元性极强，前后进深形成高度不同的退台，并有统一的骑楼样式。不同的是，为了保证居住功能的私密性，由原先的前店后住变为下店上住，以更好地适应现代居民的生活习惯①。

新加坡河沿岸更新的宗旨是成为"反映新加坡文化传统及地域特色的公共活动走廊"，口号之一为"庆典之河：拥抱并庆祝城市丰富的文化多样性与文化遗产"(Celebration River：embracing and celebrating the rich cultural diversity and heritage of the city.)，体现了城市发展的理念。随着更新工程的逐步深入，生态的恢复以及交通、环境的改善促进了土地利用价值的明显提升，推动了商业、零售、旅游及休闲等产业的整体发展，每年吸引着来自世界各地的近千万观光客，为当地政府创造了巨额财政收入。如今的沿河地区不仅是市区最重要的旅游景点和文化中心，同时还成功地吸引了大量的海外投资，从20世纪60年代一条贫民窟中的污水渠变成了集旅游、休闲、商业为一体的公共活动空间。

第三节　经验与启示

一、完善连续的规划体系

新加坡于20世纪50年代中期在英国的帮助下建立了以总体规划为核心的现代规划体系，20世纪60年代又引进了西欧结构规划的思想，逐渐建立起现行概念规划(concept plan)和总体规划(master plan)相结合的二级规划体系，其

① 方榕.新加坡的历史街道保护策略：以Chinatown历史街区为例[J].规划师，2011，27(9).

中“概念规划”近似我国的城市总体规划，确定长期规划目标、明确未来土地策略；“总体规划”则近似我国的控规，根据概念规划的宏观架构和策略为各地区做详细规划。到目前，新加坡共形成了1971、1991、2001、2013等四版概念规划，各版规划均在之前版本的基础上，针对各阶段实际情况从战略的高度提出宏观的发展目标和方向、具有指导意义的发展框架和可操作的实施发展策略，既保持着延续性，又体现出时代性[①]。

新加坡的城市设计始终是在城市概念规划、总体规划、区域控规和专项控规等不同层面规划的指导下进行，也融入每个层面的规划中。与此同时，城市设计的思想原则和工作方法也有机地融入概念规划、总体规划等宏观层面的规划层次中，协助表述规划意图、确定空间结构、塑造特色风貌，从而有效地提升城市品质。在最初的概念规划中就渗透着城市设计关注公共空间和场所建构的思想方法，1971版概念规划决定建设环形城市结构，指出“必须把这个岛屿看作是一个包含着开放空间的城市综合体”[②]，并要求对城市中心的开放空间不能仅仅采用法定控制，还要进一步制定详细的城市设计；2001版概念规划则更加重视地域文脉和风貌特色的塑造，并提出情感保留区等一系列行动[③]。

新加坡的城市设计通常在城市、区划（功能区）、片区（如新加坡河区域）、亚区（街区）等4个层级上进行。为了创造更加紧凑高效的城市结构，最大限度地发挥土地的价值，从整座城市、功能区、片区及至街区，新加坡的城市规划体系体现出高度的连续性和协同性，如同一张细密的网络，覆盖到每一条街道，并由分散的激发点带动起整张网络的活力[④]。细致的层级划分不仅能够保证每一项规划和设计足够深入和适用，更能保留区域内部的个性化特征，为城市设计的多样性提供了良好的土壤[⑤]。片区间协调不同区域的协同关系，区域内以城市设计体系的整合为主，进而共同构成城市结构的连续性。例如新加坡河片区与城市其他片区间通过功能、空间、交通等多个城市设计体系建立了良好的协同关系，

---

① 魏钢.一张蓝图如何绘到底：新加坡概念规划发展脉络[EB/OL]. http://www.sohu.com/a/214185185_654535.

② 魏钢.一张蓝图如何绘到底：新加坡概念规划发展脉络[EB/OL]. http://www.sohu.com/a/214185185_654535.

③ 杨春侠，吕承哲，乔映荷.从新加坡河区域设计反思上海浦江滨水区开发[J].住宅科技，2018(12).

④ 杨春侠，吕承哲，乔映荷.从新加坡河区域设计反思上海浦江滨水区开发[J].住宅科技，2018(12).

⑤ 陈楠，陈可石，方丹青.中心区的混合功能与城市尺度构建关系：新加坡滨海湾区模式的启示[J].国际城市规划，2017(5).

增强了不同城市区域之间的连续性，在这种连续性的保障下，新加坡河滨水区的可达性得到了很大的提高；在新加坡河片区内，城市设计以滨水空间为重点，致力于提高整个区域的活力与品质：一方面以水为纽带梳理片区的城市结构，整合城市体系；另一方面则利用滨水历史街区发扬区域本土特征，力求在新加坡河两岸形成串连一体且独具特色的城市空间①。

二、全球化与本土化的平衡

随着全球经济文化交流越来越密切，亚洲城市在建设和发展的过程中难免会效仿西方的先进案例。对于新加坡的年青一代来说，前往滨河区域更多是受国际化娱乐新体验和潮流商品的吸引，但国外的游客却更希望能在同样的区域寻找到与众不同的本土气息。因此，尽管新加坡河滨水区在更新中增添了销售潮流商品的品牌商店等大量国际化元素和世界性景观，但也注重对历史建筑、码头等本地实物和传统习俗、活动等进行保留。

在进行国际化城市建设的过程中，新加坡政府很快意识到城市吸引力的重点在于本土性。只有挖掘并发扬属于新加坡本土的城市固有特征，才能创造出与众不同的城市，在全球一体化的潮流中也才具有稳定的竞争力②。因此，URA在2001年提出“特征规划(Identity Plan)”的概念，并将其作为概念规划和开发性规划的指导思想。特征规划主要是指提取城市不同区域的特征元素——包含城市遗产以及场所精神，针对不同区域采取相应的设计策略和控制，并在城市未来的发展中始终贯彻一致，以唤醒本土居民的地区认同感，并带给外地来客独特的印象③。在“特色全球城市”的目标驱动下，新加坡必须做到既能“保留本土化特色”，又能“体现全球化”。

从一开始，新加坡河滨水空间的更新不仅注重历史建筑的保护和再利用，也不忘通过文化和艺术活动来传承地方文脉。自1987年起，新加坡每年农历新年都会在国民服役广场，也就是新加坡河畔的滨海湾浮动舞台举办“春到河畔”的庆祝活动。这一热闹的节庆活动富有独特中华文化气息，从悬挂大红灯笼到令人垂涎欲滴的美食、文艺演出、游园活动、烟花表演等，“春到河畔”可谓是一场感

① 杨春侠，吕承哲，乔映荷.从新加坡河区域设计反思上海浦江滨水区开发[J].住宅科技，2018(12).

② 杨春侠，吕承哲，乔映荷.从新加坡河区域设计反思上海浦江滨水区开发[J].住宅科技，2018(12).

③ 孙翔，汪浩，特征规划指引下的新加坡历史街区保护策略[J].国外城市规划，2004(6).

官盛宴。为了让更多人了解新加坡，特别是新加坡河的历史与现在，从 2008 年开始，新加坡旅游局每年专门以新加坡河为主题，举行为期一个多星期的新加坡河节（River Festival），节目包括艺术文化表演与河景游览。节日期间，河的两岸比往日更加绚丽多彩，游船多了彩灯，每日不同的表演团体，或音乐，或舞蹈，或杂技，或歌唱，让人们更加享受河的美丽以及河区中的美食与娱乐。在驳船码头上演的舞台剧《河之恋》将当年新加坡河畔的繁华景象和美丽的爱情故事娓娓道来，演员们精致的服装、细腻的妆容、精心的表演把人们带到遥远的过去，沉醉在时空交错的感觉里。2018 年河节的主要安排还有 LAH Bazaar 市集、游戏秀、AR 挑战等。“特色全球城市”的建设目标贯穿在滨河区的规划、设计、管理等各个环节中，保证了新加坡河滨河区既保留了本土文化以迎合外来游客又尽显全球化特色满足本地人。反过来，新加坡河滨河空间再生的成功也推动了新加坡成为“特色全球城市”的实现。

三、多主体跨部门的协调合作

新加坡河河道更新工程前后历时 30 年，跨越了 2 个世纪，需要巨额的资金投入。为了保障长期的治理改造持续顺利开展，新加坡政府利用自身拥有全国 90%土地的优势，主要通过向民间出借使用权的方式募集到足够的资金。1993 年政府开始公开拍卖新加坡河滨河改造区域的第一宗土地，1993 年至 2000 年间，公共部门和私人部门都参与到政府土地拍卖过程中，分别获得新加坡河滨河区域各地块的使用权并各自发挥优势；或对历史建筑进行保存，或按照商业用途重新开发，更或兼而有之[①]。由于遗留下来的建筑所属权的复杂性，改造工程有时也采取政府主导控制结合私人开发的复合模式，整个区域的改造工程在 URA 的控制和引导下展开。URA 主要负责区域的规划、公共设施的建设、历史建筑的保护和修缮工程，对于所属权为私有的土地，政府鼓励私人开发和重建，并通过引入商业行为将新加坡河区域发展成为新加坡的市民活动中心[②]。

新加坡河滨水空间的复兴首先离不开政府当局立足长远的战略目光，前瞻性地制订《概念规划》并规范化执行，充分利用有限的国土资源既保证国内旅游

---

① 杨春侠，吕承哲，乔映荷.从新加坡河区域设计反思上海浦江滨水区开发[J].住宅科技，2018(12).
② 邓艳.基于历史文脉的滨水旧工业区改造和利用——新加坡河区域的更新策略研究[J].现代城市研究，2008(8).

和消费产业持续和稳定增长，也有效地恢复了自然生态环境，使国民的生存环境得以改善；其次是国家开发局（Ministry of National Development）领导下的URA、住宅开发局、国立公园局等多个部门积极协作，通过协调好各方职责和利益、有效地调动各种资源和参与者的积极性[①]。新加坡滨河区域的开发涉及众多职能部门，相关职能部门之间不但自身职责明确并且相互密切配合。除了城市重建局外，新加坡环境部和隶属国家发展部的公园与娱乐署、公共事务署、土地办公室等部门机构都通过不同渠道积极推动与私人开发商以及普通民众的协作[②]。在政府拍卖新加坡河滨河区域土地时，公共部门和私人开发商都会立足自己的优势参与进来；新加坡旅游局也会为私人商业部门提供金融支持、为促销活动提供政策建议和协调服务，并借此增强私人企业对政府职能部门的依赖。通过这种以政府为主、私人开发为辅的开发模式，成功使新加坡滨河区域在短时间内完成了高品质的城市更新建设，规划目标得以顺利实现。

除了拍卖土地，URA 更是在更新的各个环节指导及促进公共部门和私人企业的合作与协同。这不仅体现在宏观的规划和政策制定，也包括一些工程细节，比如 URA 会同国立公园局指导滨河步行道上的植物种植，协同新加坡旅游局出台设计导则来规定河岸沿线灯光布置的尺寸、明度、亮度、颜色，以及灯柱上的标识等。来保证整合滨河区域景观的协调性和统一性。另外一个典型的合作例子是新加坡旅游局和新加坡遗产局合作在公共区域设置的艺术设施，为了让行人在 6 公里长的河岸线上找到不同的体验，适当安置户外雕塑达到了良好的效果。多年以来，当游客途经河岸的“小猫”“跳入河中的孩子”这些雕塑时，无不会心一笑[③]。经过政府和私人开发商 20 年的通力合作，新加坡河滨河区域逐渐升级为昼夜充满活力的“24 小时滨水生活方式”的空间载体，成为新加坡最重要的旅游目的地和城市休闲中心之一，也被新加坡旅游局列为全新加坡最值得推荐的 11 处主题旅游区之一，实现了全面复兴。

---

① 张祚，李江风，陈昆仑，等.“特色全球城市”目标下的新加坡河滨水空间再生与启示[J].世界地理研究，2013(12).

② 王文丽，吴必虎.城市滨河商业空间开发建设经验——以新加坡河克拉码头为例[J].城市发展研究，2015(5).

③ 张祚，李江风，陈昆仑，等.“特色全球城市”目标下的新加坡河滨水空间再生与启示[J].世界地理研究，2013(12).

第十章　杭州城市河道的有机更新

杭州是浙江省省会、长三角特大城市，自秦朝设县治以来已有2200多年的历史。杭州的水域品类包括了江、河、湖、海、溪，即钱塘江、大运河、西湖、杭州湾、西溪，“五水共导”，城市因水而生、因水而立、因水而兴、因水而名、因水而强。繁密的水网和川泽不仅使杭州充满了灵气，也见证了杭州城市的历史变迁，承载着城市发展的记忆。特别是南宋时期临安城内河网密布，城市生活与城内水系河道紧密联系，经济处于高度繁荣时期，北宋词人柳永在《望海潮》中赞誉：“东南形胜，三吴都会，钱塘自古繁华。”当时城内河道有四条：大河（盐桥河）、小河（市河）、西河、茅山河，城西部有西湖，东侧有城河。其中盐桥河为主要运输河道，沿河两岸多闹市。城外有多条河流，与大运河相连。这些纵横相交的河、湖构成了发达的水运网络，使街坊与集市沿河聚集发展并形成独特的城市格局，对杭州经济社会发展起到了重要作用。

尽管千百年来杭州的河道变迁巨大，但是现今的市区依然河网密布，西湖、拱墅、江干、上城、下城、滨江、余杭、萧山等八个中心城区共有1 100多条河道，总长度约3 500公里，是名副其实的“江南水乡”。除了西湖、钱塘江和运河外，主城区内东西向平均每500米就有一条河道，绕城公路以内1公里以上的河道就有291条，长度约900公里，这在全国省会城市中是独一无二的。“三面云山一面城”“乱峰围绕水平铺”，是杭州市区山、水、城融为一体的真实写照。

水系贯穿于杭州城市发展的历史，承载了丰富的文化内涵，对经济、文化、生态、交通、军事、城市形态等方面均产生了重要影响，河道治理也历来是政府工作的重点。自1983年起，为提高区域防洪能力以及改善水环境质量，杭州市开展了较为全面的河道整治建设工程。从时间上看,杭州市区的河道整治在近几十年间经历了以农田灌溉和区域防洪为主的初级开发阶段、以污染治理和水质改善为主的专项整治阶段后,开始逐渐向平衡生态效益、经济效益和社会效益的综合整治与城市有机更新转变,并取得了明显的成效。

第一节　新中国成立以来杭州河道治理的历程

一、以服务农村为主的郊区水利建设(1949—1982 年)

新中国成立以来,历届政府十分重视水利及河道的整治工作。在 20 世纪 50 年代,杭州市曾先后对余杭塘河、中河、东河、贴沙河等河道及西湖进行了疏浚,并砌石驳坎;1953 年又开挖了新开河,市区河道状况大有改观。随着城乡经济和社会持续发展,全市对江河供水、航运、防洪和旅游等功能的需求不断增加。20 世纪 70 年代起,根据水利分片综合治理规划要求,首次开始了杭州历史上有规模的河道整治工程建设。20 世纪 80 年代后,开始对运河、中河、东河进行大规模整治,其中 1983 年至 1988 年历时 5 年,实施京杭运河钱塘江沟通工程,新开河道 6.97 公里,可通航 300 吨级的船舶,并沟通江河,使运河航线与萧、绍、甬内河航线直接相通,拓展航线 400 余公里。

但此后一段时间,由于经济发展、人口增加、城区面积扩大和人们对河道的作用认识不足,不少河道或被填埋或改暗渠,市区河道(除运河外)自 80 年代后逐步失去了原有的灌溉、通航等功能。这一阶段市区河道治理的根本目标是以服务城郊农村农业为主的水利建设,并非是改变城区河道的水质或周边的绿化环境。由于城市化的迅速发展,杭州市区的有些河道逐渐失去了灌溉、通航等功能,大量河道被填埋、淤积、断头,部分河床干涸、周边垃圾成堆污水横流;同时不少河道被裁弯取直,自然生态护岸被硬质驳坎代替。当水环境遭到破坏后很快产生了不良后果,一是河道泄洪滞涝能力下降,其作为城市"绿色海绵"的功能消失,使城市内涝问题日益严重;二是河道交通航运功能弱化,影响滨水经济的发展，且无法为陆路交通分流，加重了市区交通拥堵[1]；三是总体水量不足，河道水流不畅，水质问题日益突出，饮水安全遭受严重威胁。除贴沙河水质为III至IV类，古新河在西湖放水时水质较好外，其他河道水质均低于国家地面水V类标准。

二、以水环境整治为重点的河道治理阶段（1983—2000年）

和许多城市一样，工业化和城市化给杭州市区河道水环境造成了重大影响。早在20世纪50年代，中河、东河等城区主要河道就开始遭到污染；60年代污染趋势加重，以后每况愈下，至70年代末，杭州市区河道的鱼虾绝迹，垃圾遍布、河水黑臭；20世纪八九十年代，在杭州“工业兴市”过程中，印染、化工、钢铁等行业蓬勃发展，沿河的工业企业、居民点、违章建筑产生的污水垃圾大量排入河道，造成河道发黑发臭，使市区多数河道水质变为劣V类；从80年代开始，水体严重污染的现象由市中心区扩散到城郊接合部，由市区扩大到郊区城镇、集镇，由工业、商业区域发展到农、畜牧区域，总体呈蔓延全市的趋势。河道淤浅、水体黑臭，两岸环境极差，内河水污染十分严重。水质恶化使河道作为传统城市发展的黄金地带和生态景观轴线的地位消失，滨河生产生活的环境被破坏，旅游功能减弱，沿河土地价值下降，滨水经济发展停滞，沿河居民要求整治的呼声很高[2]。

1983年杭州市启动了针对中、东河的大规模整治工程；1996年杭州市八届人大第六次会议通过了《关于加快杭州市区河道综合整治的决议》，市委、市政府投入大量人力、物力、财力，开展了以河道整治为重点的水环境治理工作[3]。在1996至2002的7年间，杭州市累计投入20多亿元，完成了贴沙河、新开河、中河、东河、官河、沿山河（西溪路—保俶路）、余杭塘河、古新河、西溪河、南应加河等10条总长约80公里的市区河道综合整治工程建设，疏浚河床淤泥逾100万立方米，并完成西部、东部河道配水、官河引水等工程。在这一阶段的治理中，以改善水体质量为重点，并增加了水利功能治理和景观建设的水环境综合整治目标，主要进行拆迁、清淤、截污、绿化等工作，河道线型按照规划线型确定，对现状河道进行了截弯取直；河道断面大多采用硬质材料的直立式驳坎或二级复式重

① 魏俊，袁旻，陈奋飞.杭州市区河道综合治理的成效与经验[J].浙江水利科技，2015(3).

② 魏俊，袁旻，陈奋飞.杭州市区河道综合治理的成效与经验[J].浙江水利科技，2015(3).

③ 张醒声.杭州市城市河道建设与管理立法研究[D].杭州：浙江大学，2012.

力驳坎断面，驳岸多采用重力式挡墙和块石混凝土材质；通过拆迁减少污染源，在河道两岸建设公园绿地；由引配水增加水源，稀释污染物浓度。

在这一阶段，河道整治的动力源于改善水质、更新城市面貌，主要针对城市大型内河，与城市功能和经济发展关系不大。通过与旧城改造的结合，搬迁了周边棚户区居民，改善了沿河基础设施，并通过铺设污水管网阻止污水直排河道，较好地发挥了河道的泄洪排水和城市景观功能。由于政府资金有限，开始探索与房地产开发商合作，利用沿河地块的房地产开发资金进行河道整治。开发商为了节约成本，在河道建设上往往直接忽略了亲水性和生态服务功能，只考虑防洪排涝功能，使得高大笔直的硬质挡墙和平面化、直线化的河道形态成为这一阶段城市河道整治的主要特征。由于忽略了河流的生态功能和历史文化价值，这一时期的河道治理仍存在水岸开发规划滞后、水流循环不畅、水质环境远未达标、水文化缺乏发掘、水景观单一呆板等问题，也导致了城市水质型缺水、形象不佳、投资环境恶劣等后果。河道治理后仅仅是沿岸漂亮了，河水依旧浑浊不堪，城市居民反而感觉河道疏远了，这也在一定程度上限制了城市的持续发展[①]。

三、结合城市有机更新的“河道综合整治”(2001 年至今)

2001 年杭州进行了行政区划调整，市区面积从 683 平方公里扩展到 3 068 平方公里，延续千年、以西湖为核心“三面云山一面城”的城市形态格局被完全突破[②]。在实现城市空间形态历史性转变的过程中，杭州市提出从“五水共存”到“五水共导”的城市空间形态发展战略，即是借助“五水”共同引导新的城市空间形态。为实现构筑大都市、建设新天堂的战略目标，2002 年杭州市第九次党代会确定了包括“京杭大运河(杭州段)和市区河道综合整治与开发”在内的新世纪杭州城市建设“十大工程”[③]，杭州的河道治理由此翻开了新篇章。

时任杭州市委书记王国平指出，京杭大运河(杭州段)综合整治与开发工程不能对运河推倒重来，而必须引入“城市有机更新”理念，坚持以“河道有机更新”带整治、带保护、带改造、带建设、带开发、带管理，带动“城市有机更新”，使之成

---

① 苏凡.中国城市河道整治及其资金平衡研究[D].杭州：浙江大学，2016.

② 徐雷，楼杰.五水共导·品质杭州——杭州“市区河道综合整治和保护开发工程”的理论解读[J].中外建筑，2009(11).

③ 即交通西进、钱江新城、市区道路建设两年大会战、运河及市区河道综合整治与开发、市区西部保护与发展、江东和临平工业区、良渚遗址保护与开发、地铁一号线、大学城、商业特色街区等。

为杭州推进“城市有机更新”的主载体、主抓手。要围绕“综合整治、保护开发”，高起点搞好规划。综合整治，就是要坚持截污、清淤、驳塴、绿化、配水、保护、造景、管理营运“八位一体”；保护开发，就是要在保护第一的前提下，加快开发建设步伐，增强运河的生态、文化、旅游、休闲、商贸、居住“六大功能”。运河其他一些功能，如工业、水利以及老城区境内 21 公里段的航运功能要弱化，排污功能要坚决淘汰。运河两岸景观的规划设计要坚持 4 个原则，一是应保尽保，二是修旧如旧，三是似曾相识，四是和而不同[①]。

城景交融是杭州城市形态最具特色的特征。其中的景，就是镶嵌、环绕在城区周围的自然山体和五水与城区交融并存的格局；密集的城市河道与城市生活交织在一起，不仅是构成城市景观特征同时又赋予城市生活生态品质的关键要素，更是杭州这座典型的江南水域城市形态结构的重要骨骼。2007 年以来，市区河道综保工程以城市有机更新为理念，创建“六带”模式，在特殊河段同步进行历史文化挖掘、保护与开发和其他配套公用与管理设施的建设。围绕“流畅、水清、岸绿、景美、宜居、繁荣”目标，坚持“统一领导、统一规划、统一标准、分级筹资、分级建设、分级管理”原则，依据“水生态、水文化、水景观、水旅游、水开发、水安全、水交通”的评价标准，将绕城公路范围内 291 条总长 900 公里的市区河道分为 4 个整治等级，对不同整治等级、整治标准的河道采取不同的综合整治措施[②]。

杭州市除钱塘江外，市区河道可分为五大水系，即运河水系、上塘河水系、下沙片水系、上泗片水系和江南水系，综合整治在各水系之间及同一水系的不同河道之间建起闸门和船闸实现了互相沟通。全市以和睦港水系、上塘河、杭钢河、西塘河、中东河综合整治为重点，综合运用“截污、治污、疏浚、治岸、调水”等治理手段，市、区联手，集中力量逐年推进，取得明显成效。截至 2013 年底，累计整治绕城公路内河道 222 条(段)，总长约 480 公里，贯通沿河慢行系统约 590 多公里，新增、改造绿化面积约 929 万平方米，新建截污管道 111.8 公里，清淤 956.3 万立方米，总投资约 111 亿元。

同时，各区因地制宜探索和建设了一批水质改善型、滨河景观型、生态环境型的样板河段。除了通过运河综合保护工程整治的余杭塘河、胜利河、上塘河，

---

① 王国平.城市怎么办：第 6 卷[M].北京：人民出版社，2010.

② 蔡秀飞，陈功星.河道综合整治促低碳城市建设——以杭州为例[J].经济研究导刊，2012(8).

2010年启动的中东河综保工程也使杭州“水乡城市”的特色进一步彰显，提升了老城区的文化景观价值，改善了生态环境，提高了居民的生活品质。千百年来，老杭州的风貌就是“市河、窄巷、店面、墙门、人家”。中东河综合整治与保护开发工程对恢复市河景观、找回记忆中的老杭州具有重要历史意义。在工程实施过程中，坚持以人为本、保护第一、生态优先、文化为要、品质至上，把房屋拆迁量和树木迁移量降到最低限度，把给市民出行和沿岸单位带来的不便降到最低限度，把建设整治的成本降到最低限度；利用多种技术集成手段改善了水质，提升了沿河居民的生活感受；结合运河申遗等工作，深入挖掘杭州河道的历史文化内涵，打造了南宋御街等体现浓郁杭州风情的历史街区，将闪光的历史碎片串联成线，依托水体形成了“遗产小道”；通过积极的功能置换，结构性的调整了河滨区域的业态，为振兴地方经济、改善居民就业环境作出了贡献；根据河道密布城市的特点，努力沟通沿河的慢性步行系统，有力的补充了城市交通的形式，成为城市居民和游客喜闻乐见的低碳交通首选；凿路为河沟通水系，抬高桥面建设码头和亲水平台，全力打造富有杭州市特点的都市水上旅游和水上交通体系，为观察和阅读杭州提供了一个全新的视角，事实也证明水上旅游正在日益焕发出巨大的吸引力；在保护已有绿化的基础上，在有限空间中努力新增绿地，优化植物配置，保护和提高沿河生物多样性，将独立的生态斑块利用河道串联成生态廊道，缓解城市热岛效应，提升城市的碳汇能力；根据沿河空间位置、特质等进行有针对性的梳理，在河道与城市空间之间重新建立起积极联系，使昔日濒临废弃的河道重新成为时尚的、富有吸引力的都市生活空间。

第二节　京杭运河杭州城区段综合整治

进入20世纪90年代后，杭州市开始对运河杭州城区段进行大规模的整治，拆除了一些旧房，搬走了部分工厂、单位、市场等，截断了大部分流入运河的污水并将其纳入排污干管，开辟了绿地，拓宽了道路，新建了商业、旅游、文化设施，局部地段建设了绿化带。1993年，杭州批准成立运河截污处理工程建设指挥部，以改善运河水质为目的、截污处理为根本措施，新建扩建沿线10座污水提升泵站、扩建四堡污水处理厂，同时承担以管带路、以路带桥的运河综合整治工程。

经过八年实施，运河截污工程于2001年6月全面建成并开通运行，使得运河水环境质量恶化的趋势得到根本扭转，初步改善了运河沿岸经济社会发展环境。

为了更快地改善运河及其沿岸综合环境质量，2003年4月，杭州市成立了运河（杭州段）综合整治与保护开发的专门机构，承担起运河（杭州段）的综合整治与保护开发的任务。2003年7月，市委九届五次全会又提出了坚持"河、岸、绿、路、景、房"六位一体，提升和强化"文化、旅游、生态、休闲、商贸、居住"六大功能，控制和弱化工业、航运、水利功能，坚决淘汰排污功能，使运河成为水清可游、景美可赏、岸绿可憩、文润可品的"绿色生态带和旅游景观带"的运河综合整治与保护开发目标。2004年8月，运河杭州段桥梁整治工程全面展开。2004年底，《京杭运河杭州段沿河地区控制性详规》出台，从此，运河沿岸的土地性质以法律条文规定下来，为运河沿岸综合整治提供了科学依据。

杭州市从2004年起在过去整治的基础上开始实施运河（杭州主城区段）综合整治与保护开发一期工程。在随后的3年里，杭州市围绕运河周边产业经济增长、道路交通、配套文化、生态建设、环境景观、旅游休闲六大方面，通过路网工程、绿化景观工程、文化旅游工程、灯光夜景工程、安置工程等5大工程，打造了一条全新的运河（杭州段）。而重点建设的"一馆"（中国运河博物馆）、"两带"（贯通左右两岸游步道、修复建设20多处景观）、"两场"（西湖文化广场和运河文化广场）、"三园"（3大公园）、"六埠"（6个水上巴士码头）、"十五桥"（15座横跨运河桥梁），也成为具有深厚文化内涵的杭州旅游、休闲精品。

2006年11月，杭州再接再厉启动了运河二期综合整治工程，包括文化旅游、路网河道、绿化景观、灯光夜景、安居工程等五大工程。其中文化旅游工程重点实施小河直街历史文化街区、桥西历史文化街区、富义仓遗址保护、LOFT文化公园，修缮了洋关、桑庐等历史文化建筑，并新增游船开拓运河旅游市场。从此，运河主城区段严格限制超载、污染大的货运船只通行，"让航于客"。路网河道工程包括续建江干区、拱墅区沿运河两岸交通网络和运河支流的整治，具体项目是巨州路、小河路、赵伍路、轻纺路及轻纺路运河桥、车站南路、严家弄路、运河东路，完成长征桥、康家桥、余杭塘河桥、严家弄桥整治，完成红旗河、小河、后横港、连通河、姚家河整治。绿化景观工程完成了小河公园、石祥公园，贯通拱墅区桥西余杭塘河至石祥路绿化带，完成富义仓遗址公园、江干京江桥东绿化带等。随着运河整治二期工程的实施，运河已真正成为杭州的市井之河、市民之河，杭州人能够在运河边上安居乐业，能够亲近运河、浏览运河、品味运河。京杭运河杭州城区段综合整治不仅为沿岸老百姓解难造福，也实现了运河申遗的目标、为杭州打造了西湖之外的世界级旅游产品。

一、京杭运河杭州城区段主要问题

杭州位于京杭大运河的最南端，是大运河的起讫点，因其优越的地理位置而闻名于世。大运河是杭州的生发之河、开放之河、繁荣之河、风韵之河。流淌了一千四百多年的大运河，奠定了城市格局、拓展了城市地域、繁荣了城市经济、丰富了城市文化，见证着杭州的成长与变迁。京杭大运河不仅是哺育杭州成长的母亲河、维系城市兴衰的生命河，更是杭州一个响亮的城市品牌、一张珍贵的世界名片。新中国成立以来，由于受到以工业生产为主导的城市发展模式、交通条件的制约以及对古运河历史价值认识的局限，京杭大运河杭州段的功能定位于服务工业生产和货物集散，并在沿岸形成了较为明显的带状形态工业区。随着工人数量的增多，工人居住区与工业区混杂，大量的工业污废水和生活垃圾直排运河，使运河沿线地区逐渐成为功能落后、环境恶劣的地区。尽管新中国成立后杭州市历届市委、市政府十分重视对运河的保护利用，进入新世纪的京杭大运河(杭州段)依然面临着运输功能减弱、用地功能混杂、生态功能退化、文化功能衰落、商贸旅游功能减退等诸多保护与开发的困境①。

(一) 运河水质较差

由于工业化初期对环境保护的忽视，使得运河两岸颓败衰落，成了城市的心腹大患。虽经多年整治，运河水质有了明显改善，运河杭州城区段干流主要污染指标浓度平均值有所下降，但运河水质仍属劣 V 类。一方面，由于运河水系来水少、地势低，造成运河水环境承载能力先天不足；另一方面，运河被作为杭州市区其他河流、地表径流和各类雨污水的主要收纳水体，拱墅、江干、下城等区域大量生活废水未经过处理经支流进入运河干流。尽管杭州 2000 年曾对运河进行了疏浚，但随着污染物排放和地表径流的影响，河道底泥又重新淤积，严重影响水质。另外，工农业生产、水产养殖和畜禽养殖等产生的污染源使运河的污染情况依然突出。

---

① 王国平.城市怎么办：第 6 卷[M].北京：人民出版社，2010.

（二）两岸用地功能布局混杂

运河杭州城区段沿岸自北而南用地功能分布呈现不同的特征，在城市中心地段，旧城改造的力度较大，运河两岸已基本形成了新的功能布局，集中了现代化的商贸、金融、居住用地。但拱墅区段集居住、商贸、工业、交通等功能综合发展，尚有大量的破旧民居和废弃工厂、仓库等，沿岸绿化较少。运河向东出艮山门进入江干区地段，两岸用地从农村转变而来的时间较短，呈现城乡接合部特征。江干区段艮山西路以东多为村镇与交通用地，还有大量农田；艮山西路以西则用地混杂，沿岸绿化较少。运河沿河地带用地存在的问题是随着运河功能变迁、运河在城市发展中地位下降而逐步积累起来的，同时由于缺乏前瞻性规划，近十几年来的开发活动也留下了不少的遗憾。

（三）设施陈旧，城市变迁导致功能地位下降

运河流经之处既有历史悠久的老城区，又有新近扩展的城乡接合部，区段间用地状况差异大。由于长期的用地功能演变和多阶段的建设改造，又没有总体的开发规划加以引导，运河两岸的用地功能繁复杂乱，居住地块和工业、码头、仓储等产业类地块穿插分布，功能分区不明晰，多时代、低价值的建筑共存。沿河地带多数段落存在建筑陈旧和基础设施不足、人口密度高、城市面貌差、企业和仓储以及民居逐渐废弃等问题。由于沿线城市功能布局分散，集聚度低、中心不明确，沿河地带传统功能衰退、现代功能尚未形成，发展缺乏活力，逐渐沦为衰落的老城区。

（四）岸线公共性差

运河沿线的企业、运输和仓储用地、居住小区多为逼近岸线分布，或者直接占用岸线，以至运河沿岸很少有开敞空间，公众难以接近运河水面。因此，运河的公共拥有性和视觉通透性差，运河在市民心目中的印象和地位低落。

（五）开发建设缺乏统一规划

近年来沿河地带的许多区块已经实施了改造，还有大量的用地区块正在加紧改建。但由于整体规划的滞后，这些改造和开发缺乏整体方案的指导，相互间缺乏足够的分工协调，某些方面存在局部化、个别化的色彩，不利于运河整体形象的树立和功能布局方案的贯彻实施。

综上所述，运河杭州城区段的现状与杭州市持续高速的经济增长不协调，与杭州市经济结构的迅速转型不协调，与人们对生活质量改善的迫切要求不协调，

与其自身在杭州市“水系三品牌”中应有地位不协调，与杭州市的城市性质定位不协调，与运河全线的开发及杭州城区段内局部地区对运河的开发不协调。

二、综合整治的目标与定位

（一）整治的原则与目标

在京杭大运河杭州段综合整治中坚持“保护第一”“功能置换”“以人为本”三大开发原则，实现“城河一体、‘三水’共融”“以线带面、以河兴城”“城河共兴、与时俱增”“政策优惠、市场运作”四大开发理念，使运河达到发挥生态功能、提升文化功能、开发旅游功能、注重休闲功能、强化商贸功能、优化居住功能、科学利用水利功能的目的。按照杭州市委、市政府 16 字方针（截污、驳坎、清淤、绿化、配水、保护、造景、管理），以五大工程（水体河道整治工程、路网建设工程、景观整治工程、夜景灯光工程、文化商贸旅游工程、安居工程）为支撑，实现六大目标：调整产业结构，提升运河两岸经济价值；完善道路交通系统，整合两岸交通资源；致力水环境整治与水质改善，提升环境资源价值；打造沿线景观亮点，增强城市竞争力；保护和挖掘历史遗存，延续历史文脉；开发旅游休闲资源，打造国际旅游产品。

（二）功能定位

正如全国历史文化名城专家委员会副主任、中国文物学会会长、国家文物局古建筑专家组组长罗哲文所说：“运河的整治，首先要‘治水’。除了保护水质，重要的是要淡化交通功能，强化旅游、休闲功能，突出历史文脉的保护展示功能，同时，要治理河岸的景观，包括建筑景观、自然景观等，展示不同时代风范和文化演进历程；其次，发掘并强化培育个性特色，培育‘核心竞争力’；第三，要力求创新，与地方文化优势相结合。”

因此，运河整治要以环境整治和基础设施建设为先行，优化升级地块功能，通过沿线道路、桥梁、公建、绿化、景点等基础设施建设，提高运河沿线环境品味。着力打造运河的六大功能：①发挥运河的生态功能。在运河沿线自然条件比较好的区块，建造大型的以植被为主的公园，同时保护运河边的“湿地”“空置地”，甚至农田，净化运河污水，改善城市人口密集地区的生态条件；②提升运河的文化功能。挖掘千百年来运河沿岸的宗教文化、茶艺文化、饮食文化、桑蚕丝绸文化、地方戏曲、民间曲艺、古典园林、藏书楼阁、桥梁古塔等，使之在综合整治与保护开发中得到发扬光大；③开发运河的旅游功能。对旅游码头、游线安排、旅游景点、休憩空间等旅游服务空间进行科学合理的安排；④注重运河的休闲功能。充分考虑运河周边居住着 40 万居民，沿河地带将成为市民新的休闲区；⑤强化运河的商贸功能。充分发挥已建成的武林广场商业中心、正在建设中的西湖文化广场，以及初具规模的卖鱼桥信义坊城市次中心等商贸集聚作用的同时，有选择地将沿河的古旧建筑改造成商业步行街区，或恢复一些历史商贸遗迹，可以更好地烘托商贸氛围；⑥优化运河的居住功能。结合运河周边及沿岸不同区域的规划建设，对建成的住宅提出整治改造的要求，对一些与规划严重不符并确实影响景观的住宅，即使是新建的，也应下决心拆除；对报批的居住项目可对其色彩、造型及其他方面予以限制，同时对运河边一些废弃的厂房和一些具有保存价值的传统住宅进行再开发、改造，形成富有江南特色的街坊。

三、综合整治方案

（一）建设运河二通道

建设运河二通道，弱化运河现有的货运功能，为彻底解决船舶航运噪声对两岸百姓生活的影响和建设成为旅游河、休闲河创造条件。按照运河城区段改造规划，搬迁北星桥以内码头，逐步弱化运河城区段的航运功能，增强其文化、生态、旅游、商贸、居住功能，使之成为中国的“塞纳河”，让“黄金水道”真正发挥“黄金效应”。京杭运河二通道南起杭州八堡，向北经过余杭、海宁、桐乡至德清五龙桥，全长约 40 公里，按照三级航道标准（1 000 吨级）建设。

（二）整治桥梁

运河桥梁整治充分尊重“运河的过去——拱墅段、运河的现在——下城段、运河的未来——江干段”的内涵和特质，体现桥本身的结构美和形态美，与周边环境及建筑相协调，以一桥一景、日景夜景交相辉映的原则，营造运河桥梁游览、观景、休憩的氛围。同时，将增加单桥的车道，提升交通功能。整治的桥梁均位于杭州市中心，既是地面交通的要道，也是运河航道的通航要道。将运河桥梁整治与运河申遗相结合，以中式桥为主，体现朴素、简约、精致；将桥梁整治与文化挖掘相结合，桥梁整治以文化挖掘为依据，文化重现以桥梁整治为载体；将桥梁整治与桥梁的养护相结合，以延长桥梁的使用寿命，一举两得；将桥梁整治与以人为本相结合，使市民能在运河桥上行，桥下休闲、观光；将桥梁整治与周边环境相结合，使桥与周边环境融为一体，以此优化运河整体环境。

（三）治理水系

治理运河水体、提升水质是沿河地带开发与复兴的前提。为使运河水变清，必须禁止沿岸的工厂和居住区将工业废水和生活污水排入运河，逐步将这些工厂搬迁至工业园区。同时对运河进行疏浚，挖出淤泥。加大河道综合整治的力度，特别是与运河相连的城区河道，保证流入运河的水质达标；加快引水入城工程建设，满足运河的配水要求，建设新塘河取水泵房、北部引配水工程等环境用水工程，增加引水量，使整个运河水系流动起来。

（四）分区段整治和建设规划

加强运河杭州城区段整治和保护，结合行政区管辖范围，按照三个区段的各自特色，确定建设与规划思路：

江干区段——利用运河与钱塘江交汇的景观资源与临近新城市中心（钱江新城）的优越区位，建设大型公园，以表现运河文化的未来发展为主题，发展休闲、娱乐、旅游与居住，展示城市未来的建筑和风貌；

下城区段——以武林广场为核心，以都市商务、商贸、娱乐、休闲为主，形成运河沿线最繁华、人气最旺的都市风光区，展示现代城市商贸中心、文化中心的新姿。主要包括运河福居地带、打铁关地区、绿洲花园地带、中山花园地带、西湖文化广场地带、朝晖地区等。其中，贴沙河与运河的沟通处将建设一个城市公园，打铁关地区在改造中以加强绿地的亲水性和开放性为主；

拱墅区段——利用该区众多的历史遗存，复兴传统的湖野八景，发展文化、旅游、休闲、居住，展示具有古运河传统风貌的旅游文化长廊。包括杭汽发地区、叶青兜地区、卖鱼桥地区、娑婆桥地区等。

京杭运河拱墅区段两岸地处杭州市中心的北部，北靠拱宸桥，南接卖鱼桥，距武林广场 4 公里，通过京杭运河往南与钱塘江沟通，往北直达余杭、湖州、苏州。区内有省级文保单位香积寺石塔、历史街区小河直街、历史遗存富义仓等。整治中，拱墅区北部的运河旅游公建区块以开发旅游公园、游乐设施等为主，中部的运河休闲活动区以开发为旅游服务的茶馆、酒吧、咖啡店、饭馆等为主，成为今后运河水上游的主要景点。

根据已有条件，规划对拱宸桥桥东和桥西分别从绿化、空间布局和城市设计等方面做了不同的设计，使运河两岸风光不同。比如，桥西的古街区反映了清末民初地方城市建设的风貌特色，自然环境特色保存着近代工业发展过程中的生产厂房、生产工具及航运机械，还保存了饮食、礼仪、民俗、伦理等社会文化载体。同时建设一些亲水平台，或亭、堤、栏杆等建筑小品，形成多处绿色开敞空间，使居民真正享受到良好的水环境。

四、运河综保工程的意义

进入21世纪，随着改革开放后社会的快速发展和经济实力不断增强，人们对自然环境和文化遗产的态度逐渐改变，对生活的理解和要求也进入了新的阶段。面对千年运河的现状与问题，如何实施运河综合整治与综合保护，延续千年运河的历史文脉，挖掘和弘扬运河文化内涵，展示运河历史风貌；如何改变运河目前这种落后、肮脏的环境面貌，恢复运河的生态功能，改善运河生态环境；如何通过打响杭州"运河牌"，培育和强化城市特色功能，提升整个城市品位；如何改善运河居民的生活环境，提高市民生活品质；如何通过运河治理，实现运河经济、环境、社会效益的同步提升，增强城市综合竞争力，已是摆在市委、市政府和全体市民面前的"难解之题"和"必解之题"[①]。从2003年2月杭州市十届人大第3次会议通过《关于实施引水入城工程加快城区河道整治的决议》开始，城区河道进入突出水景观塑造的河道整治与更新阶段，开始重视河流的生态景观需求、河流与经济社会的反哺共生关系[②]，真正意义的河道有机更新理念开始萌发。政府对运河发展的规划也由服务于"传统航运经济"的单一功能，拓展到服务于旅游、文化、创意、休闲、社区等多元功能，并以此作为城市发展的催化剂[③]。

不同于之前目标单一的河道环境治理，在京杭大运河（杭州段）的综合保护中，重点强调了把握三个方面的关系：把握好保护、治理、开发三者之间的关系，保护运河是治理运河、开发运河的前提；把握好节点、廊线、城市的关系；把握好历史、现代、未来的关系。运河综保的基本思路是：围绕还河于民、申报世界文化遗产、打造世界级旅游产品"三大目标"，按照截污、清淤、驳勘、绿化、配水、保护、造景、管理的要求，通过实施水体治理、路网建设、景观整治、文化旅游、民居建设"五大工程"，全面提升运河生态功能，力争将京杭大运河（杭州段）打造成为具有

---

① 王国平.城市怎么办：第6卷[M].北京：人民出版社，2010.

② 魏俊，袁旻，陈奋飞.杭州市区河道综合治理的成效与经验[J].浙江水利科技，2015(3).

③ 王静.运河与沿线城市商业发展探析——以扬州、苏州和杭州为例[J].城市，2013(7).

时代特征、杭州特点、运河特色的景观河、文化河、生态河，成为展示杭州昨天、今天和明天的世纪“新地标”，成为传统文化与现代文化交融的东方“塞纳河”①。

从这个思路出发，杭州提出了坚持“保护第一、生态优先、以人为本、拓展旅游、系统综合、品质至上、有机更新”的河道“综合整治”基本理念。京杭大运河(杭州段)综合整治与保护开发，重点在于形成“统一领导、市区联动，政府主导、市场运作，科学规划、分步实施，综合整治、保护开发”的运作机制，坚持截污、清淤、驳墈、配水、绿化、保护、造景、管理“八位一体”，精心编制规划、创新运作体制、多元筹措资金、改善自然生态、修复人文生态、再现旅游景观、改善居住条件、完善交通网络、落实长效管理、深化运河研究，倾力打造具有时代特征、杭州特色、运河特点的景观河、生态河、文化河②。

得益于前瞻的理念和有力的措施，通过 10 年努力，运河综保的三大目标基本实现。在运河综合整治与保护开发中坚持“以人为本”，以市民为本、以中外游客为本，把“还河于民、为民解难、造福于民”作为运河综合保护的根本出发点和落脚点。运河及其两岸的每一方水域、每一寸绿地、每一处景观，都是公共资源。通过对沿岸住宅、单位进行就地整治或整体搬迁，恢复运河的生态功能，改善运河的生态环境，创造宜人的滨河环境，全线打通运河两岸绿色走廊，并成为市民健康生活的长廊、中外游客观光旅游的长廊，让生活在运河边的老百姓喜欢住在运河边，以河为家，以河为荣，全面提升市民居住环境，让市民群众能亲近运河、游览运河、品味运河，享受运河综合保护的成果。京杭大运河(杭州段)综合整治与保护开发工程成为让人民理解、让人民参与、让人民受益、让人民满意的民心工程。

2014 年 6 月 22 日，大运河被列入《世界文化遗产名录》，杭州成功跻身“双世遗”城市。京杭大运河凝聚着古代中国的政治、经济、文化、水利、科学、教育等多个领域的庞大信息，是一条历史之河、文化之河。千百年来，在京杭大运河(杭州段)沿岸汇聚了丰富多彩的茶艺文化、饮食文化、桑蚕丝绸文化、地方戏曲、民间曲艺，积淀了古典园林、藏书楼阁、桥梁古塔，形成了运河沿线著名的“湖墅八景”等人文景观，是保护中国古代丰富文化的历史长廊、“博物馆”和“百科全书”。在京杭大运河(杭州段)综合整治与保护开发中，高度重视运河遗产的真实性、完

① 王国平.城市怎么办：第 6 卷[M].北京：人民出版社，2010.

② 王国平.城市怎么办：第 6 卷[M].北京：人民出版社，2010.

整性、连续性和可识别性，用发展、创新的理念，按照自然景观、物质文化和非物质文化“三位一体”的要求来审视运河保护、治理、开发的内容，为运河申遗成功奠定了坚实基础。

大运河于杭州，就如同塞纳河于巴黎、泰晤士河于伦敦、黄浦江于上海一样，能让人们通过品味运河，来认识城市、感悟城市[①]。因此，京杭大运河(杭州段)综合整治与保护开发对运河两岸近 40 公里进行整体规划，恢复旅游景观，完善服务设施，打响杭州的“运河牌”，形成“因河生景”“以河生辉”“借河生财”的良性发展格局，推动由“旅游城市”向“城市旅游”的历史性跨越。通过综合保护，沿河慢行交通系统全线贯通，以运河为中心的三条水上黄金旅游线精彩亮相，一幅马可·波罗笔下的“大河通大船、小河通小船”的胜景重返“人间天堂”，一个与西湖、西溪相媲美的世界级旅游产品雏形初现，使杭州这座历史文化名城和国际旅游城市更加名副其实。2014 年，运河·塘栖古镇景区被批准为国家 4A 级旅游景区；以“千古运河还看今朝”为主题的首届中国大运河庙会上，拱宸桥桥西历史街区、桥东运河文化广场、大兜路历史街区三大主会场与西湖文化广场、塘栖古镇两大分会场在 4 天里共接待市民和游客 89.9 万人次。

运河综保带来的变化不仅仅是沿线区域，还将影响到整个城北和城东的面貌，甚至带动整个老城区的全面整治。运河的整治保护强化了杭州的历史个性，同时优化了城市生态环境，也提升了城市生活质量。通过运河整治，提高了运河两岸经济环境的竞争能力，也进而提升了杭州的经济环境综合能力。

第三节 中东河综合整治

一、中东河综保的目的与意义

被杭州人习惯称为“中东河”的中河与东河平行贯穿市区南北，是杭州历史最悠久、底蕴最深厚、特色最鲜明的市河。中河诞生于唐代，东河开凿于五代，最初不仅互相连通，而且北接京杭大运河，南达钱塘江，成为穿越杭州城南北的水

① 王国平.城市怎么办：第 6 卷[M].北京：人民出版社，2010.

上通道，几度繁华。尽管东河南段在南宋因修建德寿宫而被掩埋，中河、东河仍是杭州主城区水系的主要组成部分，是居民最密集、文化最深厚的河流。新中国成立后，杭州城市建设一日千里，中东河沿岸建起了不少工厂，一些支流被填埋变成了道路或者楼房，随意排放倾倒的工业污水和生活垃圾，使中东河变成了臭水沟[①]。中东河综保工程的目的就在于以提升水质为核心目标、以河道形态整理、生态恢复、产业调整、地块复兴为重点内容，面向21世纪的杭州城市发展需要，全面提升市区河道的品质与生态、文化、环境、经济、社会价值，真正做到还河于民，让新老杭州市民可以共享城市发展成果，真正实现倚河而居，倚河而业。

二、工程内容

（一）截污疏浚、改善水质

20世纪90年代初，杭州市城市河道水质严重恶化，河道淤塞、河面垃圾遍布现象普遍，许多河道水体甚至出现黑臭现象。以中东河为例，中、东河沿线的环境日益复杂，两条河也由“生活之河”沦为“排污渠道”，沿河污水管道建于30年前，受损和沉降严重，难以正常运行；勉强运行的污水管道不时发生破损和渗漏，大量污水流入河道；两岸地块雨污混接严重，截污纳管不彻底，周边的餐馆、小修理店、居民区等均将未经处理的生产生活污水直排入河，使中、东河的水质日益恶化；再加上两条河道的排水、污水处理设施不完善，河道水体流动缓慢，河内淤积严重，河道逐渐失去自净功能。据检测，中东河水质常年为劣Ⅴ类，基本成为两条臭河。

2007年开始的第4轮河道综保工程完成了44条河道的综合整治工程建设，使市区河网水质及河道周边环境得到了一定程度的改善。中东河在实现岸绿、景美、水畅的同时河道水质明显改观。从2010年底开始，杭州市环保局建立了沿程跟踪监测机制，共设置了4个监测断面位，持续监测的结果显示中东河水质较好且比较稳定。中河双向泵房至斗富三桥断面水质符合Ⅲ类，定类项目为氨氮和总磷；东河段的坝子桥断面水质符合Ⅳ类，定类项目为氨氮，略超出Ⅲ类水质的标准。主要水环境治理措施是：

---

① 刘亚轩.杭州中东河历史变迁研究[J].河南牧业经济学院学报，2016(4).

1. **加大截污纳管力度,从源头上杜绝外界污水**

河道周边有污水管网时采用沿河截污与地块截污纳管改造结合,将排入河道的污水全部纳入污水管道;外围农村地区且无条件截污纳管时设置临时污水处理设施,污水处理达标后排入河道。2010 年全市开始全面推进截污纳管项目,重点结合中东河整治、南宋皇城遗址保护、运河综保工程及半山地区环境整治等大项目实施,有效改善了河道水质。对于已整治河道,管理中全面排查污染源,同时建立排水口档案及监管制度,全面掌握河道沿线排污动态,结合连片成网的要求推进沿线截污纳管工作,不断提升河道截污率,全面控制河道点源污染,有效减少城市河道的污水负荷。此外全面排查市政管网,及时封堵、截除违规接入雨水管网中的各类污水管,疏通淤塞管网,翻修破损管线。

2. **加强清淤疏浚工作,逐步恢复河流的正常功能**

针对杭州市多数城市河道水体流动性偏小,底泥沉积速度较快的情况,实行定期清淤。2008 年实施了中河、东河、古新河、莲花港等河道的清淤工程,清淤量总计 15.5 万立方米,河道水质出现不同程度改善。在市区河道综合整治中,先后对中河、东河、古新河、贴沙河、西溪河、莲花港等 46 条河道开展了清淤,清疏底泥 52 万立方米,并完成了 198 条未整治河道的垃圾清理工作,有效地改善了河道水环境。

中东河综合整治通过清除淤泥、截污纳管、引配水、生物防治(布置生物栅、高效净水膜、浮岛式湿地)等手段,多措施并举多管齐下,有效改善了河道水质。在开展水质和生态环境监测的同时积极开展生态修复,探索试点水生动植物群落构建工程,在配置一系列具有水质净化功能的水生植物的同时适度放养鱼类、贝类,力争通过对水生动植物群落的建立科学合理地修复水体生态系统,最终达到改善河道维持水环境的目的。

3. **合理调控引配水,促进水体生态环境良性发展**

统筹安排和完善引配水工程,首先采用“西水东引、山水入城”,结合杭州城市发展对水上旅游的要求,用足、用好、用活钱塘江、苕溪水资源,通过科学合理引配水,使支河、小河水都流动起来,从而有效提高水体的自净能力。其次,平衡动态处理三堡、珊瑚沙、小砾山等大中型引水工程与河道交通航运、枯水期可取水量及防汛排涝的关系,在确保安全前提下,合理增加钱塘江引水量,加大城市河道配水量,激活杭州城区水系,全面增加河道的水体自净能力和环境容量。第三，按照“最大引水、最优配水”要求，优化市区河道配水方案，杭州市编制了《市区河道配水详细规划》，组织开展城市河网现状和水质调查，初步建立了城市河道配水调控体系，通过实施珊瑚沙引水入城工程调配水，西部“四港四河”摘掉了劣Ⅴ类水质帽子，部分河道(段)水体提升到Ⅳ类以上标准，通过实施西环河设临时泵站配水，水体提升至Ⅴ类水体，运河的水质也有一定好转。

（二）生态恢复与岸线整理

城市水环境生态修复离不开河道的整治和重建。河道是一个复杂的生态系统，主要由栖息在河床水体（水生物区）、水交换区（两栖区）和受水影响的河岸区内的众多生物群落所组成。中东河综保工程在规划设计、改造治理的过程中遵循生态化的原则，遵循河流的原有自然地貌、生态环境、植物组合，针对河道所在的不同区段和特征进行多样化的改造和保护，合理修复水生动植物群落结构，使得整治后的河道能够与原有独特的自然形式相适应、相平衡、相和谐；同时在综保过程中有选择地采用了自然式河岸代替混凝土和石砌挡土墙的硬质河岸，推广生态驳岸，生态种植，生态河滨。一方面可以充分保证河岸与河流水体之间的水分交换和调节，一方面也具有一定的抗洪强度。

1. 河道水体生态的修复

生态修复技术主要是通过创造适宜多种生物生息繁衍的环境，重建并恢复水生生态系统，恢复水体生物多样性，并充分利用生态系统的循环再生、自我修复等特点，实现水生态系统的良性循环。水生动植物作为水体生态系统中不可或缺的部分，因此合理修复水生动植物群落结构是改善城市河道水环境的有效措施之一。水生植物主要包括水生维管束植物、水生藓类和高等藻类，其中应用较多的是水生维管束植物。水生植物不仅可以观叶、赏花，还能欣赏映照在水中的倒影。以适生的、具观赏价值的水生植物为材料，科学合理地配置水体并营造景观，充分发挥水生植物的姿韵、线条、色彩等自然美，力求再现自然水景，最终达到自身的景观稳定。水生植物不仅具有较高的观赏价值，还能吸收水体中的养分物质，对富营养化水体起到净化作用，让人们真正享受到“碧波荡漾、鱼鸟成群”的自然美景。大量研究证明，水生植物可吸收、富集水中的营养物质及其他元素，可增加水体中的氧气含量，或有抑制有害藻类繁殖的能力，遏止底泥营养盐向水中的再释放，利于水体的生物的平衡。

2. 岸线整理

生态驳岸是在保证驳岸结构稳定和满足生态平衡要求的基础上，营造一个环境优美、空气清新、人人向往的舒适宜人环境。水体生态驳岸的设计兼顾了自然发展和人类需要的共同需求，使人类和自然真正达到和谐、统一。驳岸的生态设计是运用自然本身的能力来处理人与自然的关系，同时用自然的结构和形式来顺应自然的进程。如此可以将水岸与河道在生态上联系起来，实现物质、养分、能量的交流；为生物提供栖息地；驳岸上植物根系可固着土壤，枝叶可截留雨水，过滤地表径流，抵抗流水冲刷，从而起到保护堤岸、增加堤岸结构的稳定性、净化水质、涵养水源的作用，而且随着时间的推移，这些作用会不断加强；以自然的外貌出现，容易与环境取得协调，造价较低，也不需要长期的维护管理。

为体现河道自然形态，在河道控制线范围内，河道线型遵循自然弯曲的原则，尽量保留河道自然弯曲线型，不减少现有水面，保留沿河的大树以及成片绿化。河道两侧绿化带也可以不是两条平行线，绿化带具有一定的蓄水功能（局部可被淹没）。

护岸采用自然生态、造价经济、施工简便且不会引起现状大面积绿化迁移的形式，有利于水生、湿生植物及鱼类生存与繁衍，并满足景观设计的要求。针对不同的河段，中东河综保工程选择采用了不同类型的驳岸做法。在坡度陡、空间受限的河段，多采用石砌挡土墙、干砌块石（包括卵石堆砌）等硬质河岸，起到良好的防洪与维护河道的作用；在坡度缓或腹地大的河段，考虑保持原有的自然状态，多采用松木桩（包括树根桩）、植生袋、石笼、自然原型等护岸形式。再配合些植物的种植，如种植柳树、水杨、白杨、芦苇以及菖蒲等具有喜水特性的植物，利用其生长舒展的发达根系来稳定堤岸，以达到增强抗洪、护堤、稳定河岸的目的；对于较陡的坡岸或冲蚀较严重的地段，不仅种植植被，还采用天然石材、木材护底，以增强堤岸抗洪能力。

（三）挖掘和保护历史文化

阡陌纵横的河道伴随着杭州的兴衰更替，也记录着这座城市走过的点滴痕迹。在中外的历史上，滨河区作为各种生产生活、社会活动集中的地方，往往也是城市文脉发展的起点。因此，河流不仅具有生态、经济等显性功能，更对城市文化的形成与体现具有深层的塑造作用。历经千百年的时代更迭、岁月沧桑，中东河蕴含的历史气息厚重渊远，用历史之河来形容中东河最是恰当不过。综保工程着力挖掘历史文化，保护和呈现历史碎片，将中东河打造成充满杭州人文底蕴的历史之河、特色之河、文化之河，这也是结合中东河综保等工程恢复和塑造城市文化景观、打造城市可识别性的重要内容。中东河综保工程对于历史文化的挖掘工作主要体现在以下几个方面：

1. 凿路为河恢复水系的历史格局

河坊街的凿路成河是杭州河道整治的新突破。800 年前，中河和东河互通，护城泄洪航运交通，两岸商铺毗邻，成为商贾往来和市民休憩的场所。自南宋新建德寿宫，掩埋了东河南段，从此两条河道不再互通，东河南端断流，中河和东河仅靠管道相通。以中东河综保工程为契机，杭州在河坊街挖路成河将中东河再次连通，恢复了两河环通的水系格局，再现南宋以前临安城的水系勾连。沟通后的中东河不仅在 800 年后再次相遇，而且从战略性上让河道环通闹市、最大限度打通西湖旅游和运河旅游的水上交通，为旅游开发、配合南宋皇城遗址公园规划、创造具有杭州城市特色的休闲文娱活动创造了条件。

沟通段河道总长度约 291 米，总宽 25 米，其中河道宽 9.5 米，两边各有 6.5 米宽的机动车非机动车混合道，沿河两侧各有一对河埠头和若干亲水平台。河岸线的围栏设计利用了南宋临安城的城墙意象，桥系布局也尊重了历史胜景旧况，充满了杭州不同于其他水乡的江南皇城气度。河道水面和两边的河坊街路面有约 2 米的高差，如果是坐装饰得古色古香的电瓶船，从运河至中河，在沟通段的河埠头停靠一下，可以拾级而上到古朴繁华的河坊街历史风貌区路面逛逛，或者站立船头远望周边运河申遗重要组成部分五柳巷历史街区和直吉祥巷的白墙黛瓦，感受杭州江南诗意的栖居气氛；如果安坐船内，则可以欣赏沟通段侧壁上的八块讲述五水共导故事的浮雕，它用历史画卷的形式，把由水而强的理念与鱼、水、云、卷草等元素结合，寓意中东河历史性的汇通。

2. 恢复和打造步步历史的文化遗产之河

中东河综保工程的保护与开发不但贯通了河道水系、游步道，还本着“尊重历史、挖掘文化、营造环境、追求特色”的原则，捡拾历史碎片，珠串成链。一方面，重拾桥梁文化，展现活的“桥梁博物馆”。中东河上有桥 45 座，民国以前的有 23 座，是杭州目前保存桥梁最多的河道。通过对古桥修旧如旧和老桥梁进行装饰外，又新建、改造了 6 座桥梁，目前，中东河上桥梁有 51 座，通过形态各异的桥梁，讲述时间与历史的故事，构成了河上一道道亮丽的风景线。另一方面，中东河包含了南宋皇城遗址文化、老杭州街巷文化、商业文化、市井文化、漕运文化，中东河综保工程将各种文化类型中代表性最高的文化点进行了再提炼，使之与景观“镶嵌共生”。共生的意义包含两类，其一是将文化点镶嵌在城市环境中，如南宋皇城遗址保护以八大主题公园之一的凤山水城门遗址公园为代表，老杭州街巷文化以东河沿岸的斗富一桥、二桥、三桥之间的老杭城生活缩影为代表等；其二是在具体的景观设计中摈弃“复古”的文化代表方式，将历史文化元素提炼镶嵌到现代的景观功能中，使历史文化与景观功能共生。

3. **保护和更新历史建筑**

五柳巷历史地段位于杭州市老城区东南，北靠西湖大道、南至东河坊街、东依建国南路、西达城头巷，距离杭州城站火车站直线距离不到 500 米，地理位置十分优越。五柳巷历史地段是《杭州市历史文化名城保护规划》中确定拟保护的历史文化街区之一，重点保护区面积约 10 公顷，街区内总建筑面积约 5 万平方米，是杭州市具有一定规模和传统风貌、保存较为完整的历史地段之一。五柳巷所处的位置为杭州古城的重要地段，旧时为达官贵人居住之处，后成平民栖息之地，居者多为小手工业者和商贩。街区东依东河，宋代东河一带是当时杭州主要的蔬菜产地及交易地，此区域已相当繁华。根据文献记载，围绕五柳巷和东河、斗富三桥、城头巷分布有大量的历史遗迹。

五柳巷不仅是东河上一处充满杭州韵味、保存整体历史信息的重要地段，也是南宋皇城遗址公园的重要组成部分、运河申遗的重要内容。五柳巷虽然建筑已经简陋破旧，但却是杭城目前为数不多能真实反映杭州市清末和民国初年的平民居住文化、生活生产劳动文化的重要历史街区。用现代眼光看来，五柳巷街区的历史建筑存在着功能老化、房屋破旧、隐患较多的问题，许多住宅配套设施不全，特别是缺少厨、卫功能，房屋结构和功能布局也难以满足现代生活需要；由于常年失修，构件腐蚀风化、白蚁为害、火灾隐患，加之内部“七十二家房客”现象、户主频频更换、不恰当的装修、改建、搭建行为等，造成五柳巷历史建筑沦为危房，并随时可能消失。

在市区两级联动机制下，综保工程首先对五柳巷历史街区沿河房屋进行了立面整治，结合“历史建筑修缮”在“修旧如旧”的基础上将历史建筑作为重点品质工程、街区文化的展示点，如三味庵 8 号，在修建过程中采用近似庵堂的建筑外貌效果，成为一处亮点景观；工程结合“危改”，对于缺少厨、卫设施的住宅按照

“能拼则拼”(在原房屋建筑空间允许的情况下,通过外拼等方式增加新的厨房、卫生间;原房屋条件不允许的则采用安装室内成套卫生间)的实施原则,基本实现“一户一厨、一卫”,使 200 余户居民受益,生活品质得到提高;工程结合强、弱电“上改下”,对街区的用电安全、视觉净化和交通流畅起到很好的效果;结合“生态城区”,完成斗富一桥到西湖大道段道路沥青铺设,改建斗富二桥、斗富三桥 2 个公厕、斗富三桥 1 个垃圾房,根治了五柳巷沿河居民长期面临的路不平、卫生脏乱差等问题,进一步完善了街巷的服务功能。

中东河综保工程从城市有机更新的角度出发,首先强调对五柳巷整体风貌的保护,尊重历史建筑与河道的关系,尊重现有居民的生活传统与习惯,尊重历史建筑风貌;其次以改造提升居民生活品质,通过卫生洁具添加改造、立面整治、公共服务设施改造等,营造了富有水乡古味的现代居住生活,恢复了社区的活力;最后,通过增加亲水平台、沿河慢行步道、水码头等,密切了沿岸居民生活与河道的关系,使历史变得鲜活。至 2010 年,五柳巷历史街区整治、复建房屋完工,杭州传统地方特色居住文化得以成功保留和延续,当游客乘坐画舫经过东河时,粉墙黛瓦的江南水乡韵味扑面而来。

(四) 优化公共设施

中东河综保工程全面提升了沿线公共设施的品质与服务,主要表现一方面是结合河道交通功能布局码头、免费自行车租用点、亲水平台与广场等,不仅提高了沿河居民的交通效率,而且为居民提供了更多休闲娱乐健身的场所;另一方面,在全面挖掘周围大型公共设施如公交车站等对于沿河地块的服务潜力的同时,按照现代城市规划要求增加无障碍设计、亭台廊道、路灯座椅、布告栏、雨棚与遮阳棚、电话亭、公共厕所、报刊亭、公共绿化等与居民生活相关的生活服务设施。

通过在河道沿线增加巴士码头、亲水平台、游船停靠点、河埠头等,使河道的亲水性、旅游功能进一步发挥,努力朝打造世界级旅游产品目标迈进。2010 年国庆,中东河开通漕舫船,共有 20 艘船投入运营,市民可以选择在新建的 14 个码头随处上船。每艘能坐七八人,4 公里左右行程坐船仅要 45 分钟左右。岸上贯通且宽敞的游步道,漫步或骑车两相适宜。这些配套设施将中东河与运河、市区河道织成联系紧密的旅游、出行、休闲的生活网络,成为实现“还河于民”和“倚水而居”的有效载体。综保工程实施后中东河如同两条丝带,将公园、居住区、学校、公共设施、历史文化资源串联起来，也为人们提供了接近自然的通道。综保工程在实施时高度人性化设计，各交叉路口均补充了无障碍设施，同时根据周边居民群众需求完善健身设施、亭廊座椅、文化小品、果壳箱、商店和标识标牌系统等。如今越来越多的人开始在中东河畔停留，这里俨然成为延续历史文脉、沉淀记忆和寄托精神的场所。

（五）建设沿河慢行系统

改革开放以来，我国进入了私家车、公共交通和慢行交通等多种出行方式并存的阶段。随着私家车快速普及，行车难、停车难、尾气噪声污染、道路安全等问题变得十分突出。为了顺应杭州交通发展转型的实际，充分利用丰富的河流资源和滨水环境的优势，杭州市在河道整治与保护的基础上，先后编制了《杭州水系景观生态规划研究》《杭州市市区河道景观体系规划》《杭州市河道交通航运规划》《杭州城市河道旅游规划》《杭州城市河道土地利用规划》等规划，逐步建设起安全、便捷、绿色、舒适、健康、独立的滨水绿色慢行交通体系，满足城市通勤和休闲需求。

滨水绿色慢行交通系统具有连贯畅通无阻碍、水景街景花园交汇相融的高品质景观等特点，还具有多元化的功能价值特征。从通勤交通角度分析，它为人们提供一个安全、便捷、美观、舒适、健康的慢行交通环境，使人们出行避免机动车尾气污染，赏景健身，体会到旅游休闲的魅力，分流交通缓解道路交通压力，提升城市交通品质；从休闲角度分析，为市民游客提供一个游览景区的经由地，更是吸引人们留恋体验杭州城市品质魅力的目的地，提升城市休闲品质；从旅游角度分析，可以增加城市河网水系的可游览性，强化独特的杭州江南水乡城市风貌，提升城市的旅游品质。杭州作为水乡城市、旅游城市、休闲之都，滨水休闲旅游是杭州发展旅游业的重要资源。2007 年至 2010 年间，经过市区两级共同努力，河道综保工程慢行系统建设取得了明显的阶段性成效，贯通沿河慢行系统约 394 公里，新增、改造和提升绿化面积约 563.6 万平方米。中东河两岸的慢行绿道也融入全市 500 余公里的慢行系统中，共同成为低碳交通重要的组成部分，促进杭州休闲旅游业发展，推动城市生活品质的提升。

（六）完善更新绿化景观

作为城市绿地系统的重要组成部分，河岸绿地建设传统的出发点是为了改善河流环境，防污防尘，其主要功能是生态建设和环境保护。但在中东河综保工程中,还全面考虑到绿化景观在现代城市发展中的多样化作用。因此,中东河沿岸绿化景观设计意在通过挖掘和发展河道自身特有的生态价值、文化价值、美学价值和游憩价值,加强河道与城市功能空间的融合,由单纯的防护绿地向包括生态维护、景观游憩、人文展示在内的复合式廊道功能转换。在设计中遵循人文原则、人本原则、生态原则,因地制宜,有效布局,通过对自然景观、人工景观以及历史文化碎片等进行整理,建设出一个以绿色廊道为外貌、以乡土文化为内涵、以市民游憩为功能的市区河道网络系统,真正实现"流畅、水清、岸绿、景美、宜居、繁荣"的城市滨水环境,使杭州重现江南水乡风貌。

以东河绿化带为例,其两岸植以高大乔木,如水杉、枫杨、香樟等,又种植了黄杨、月季、木槿、桂花、海桐、夹竹桃等灌木,充分考虑到层次性和季节性,乔木、灌木、草坪相结合,落叶与常绿树种互相搭配、成片成林,首先在生态功能上满足了防护的设计目的;其次,采用了分段种植的方法,避免了河道景观的单调和乏味性。在较宽广的地域又开辟了小游园,如在凤起路至体育场路段的小游园内种植高大的杂交马褂木,形成了独特的河道景观。市民可以走上河埠头亲水,也可以躺在草地上享受碧水蓝天,更可以自由自在地漫步在景色宜人的沿河两岸。

(七)开发水上旅游

滨海、倚江、襟湖、衔"溪"、带河,构成了杭州特有的江南水乡城市风貌。迈入21世纪以来,杭州实施了西湖和西溪、运河和河道综合保护工程,实施了"城市东扩、旅游西进,沿江开发、跨江发展"战略,这一系列重大工程都是围绕做好水的文章而展开的。2008年"十一"顺利推出运河—余杭塘河—西溪湿地、运河—钱塘江、运河—胜利河—上塘河三条以运河为中心的水上黄金旅游线,与此同时推出了"杭州的贡多拉"——"杭州漕舫"系列产品,一个"五水贯通"的世界级旅游产品已初露端倪。

随着中东河综保工程的实施,"大河通大船、小河通小船"的场景也重现杭州。2010年国庆节水上巴士7号线开通,乘客可以从南宋皇城脚下的五柳巷出发沿水路到达市中心的杭州丝绸市场。7号线的小船只能供8人乘坐,行驶的东河几乎与建国南路、建国中路并行,中间只有数步之遥,却呈现出截然不同的景象。建国路上车水马龙、热闹非凡,而东河两岸垂柳拂岸、绿树成荫,掩映着粉墙黛瓦的旧时人家。当游客乘着漕舫小船缓缓穿行于古桥之间,会发现桥下空间刻有许多浮雕,东河主要反映市井民俗文化,中河侧重书画、陶瓷艺术等南宋文化，令人恍如穿过了时光隧道，回到了古代诗词里面描绘的天堂杭州。

三、管理体制与措施

管理体制是确保城市有机更新工作能够长期、长效、优质、高效、科学推进的根本保障，依靠多年来工程实践和城市建设的经验摸索，杭州市初步建立起一套确保河道更新工作顺利科学开展的管理制度与方法，这也是城市有机更新理论在杭州落实的一个重要成果体现。

杭州围绕实现城市管理现代化，确定了"从严、民本、依法、长效、标化、品质、精细"的管理目标。市级层面建立城市管理行政执法局、市政府城市管理办公室和市政、公用、环卫、河道、固体废弃物处置监管、数字化城市管理、截污纳管等7个中心，区级层面建立城市管理办公室，街道办事处设城管科，社区设立社区城市管理联系站，形成了市、区、街道、社区"两级政府、三级管理、四级服务"城市管理网络，实现了管养分离、管干分离，重心下移、属地管理。同时围绕解决有人管事、有钱办事、有章理事"三有"问题，建立健全城市管理"七大机制"，即城市管理目标考核机制、城市管理协调机制、长效管理机制、投入保障机制、市政环卫市场竞争机制、"以奖代拨"激励机制、危机管理处置机制。具有杭州特色的城市有机更新管理体制主要包含以下三个特点：

（一）建立健全组织机构

杭州市政府在设立市区河道综合整治与保护开发工程领导小组及其办公室的基础上，专门成立了副局级事业单位——杭州市市区河道整治建设中心，落实机构、人员，统一对绕城公路内市区河道进行组织协调和监督考核。各相关城区也分别建立了专门的市区河道整治机构，市区两级全力推进市区河道更新。市委领导高度重视河道更新工作；各城区、管委会组建专门班子，全力推进市区河道更新；各职能部门给予大力支持，特事特办，手续照办，开辟绿色通道，缩短工作流程。领导小组办公室坚持每半月召开一次现场工作例会，并形成了"三报"制度，即各区、管委会等实施主体每周向领导小组办公室上报一次工程进度、计划及动态简报，领导小组办公室定期对"三报"及工作落实情况进行通报，加强了沟通，落实责任。

（二）严谨规划与地方性条规的保障

市区河道综保工程涉及部门较多，为进一步规范管理、依法治河，须对杭州市城市河道进行规划、建设、保护、管理、监督“五位一体”管理。杭州市人大在对杭州市市区河道整治工作评议报告中明确了立法的要求。随着《杭州市区河道综合整治与保护开发工程实施方案》的实施，河道整治标准、实施计划、工程考核奖励办法、资金拨付办法、土地利用政策等配套政策也相继出台明确。为指导新一轮河道综保建设，2007 年在编制完成《杭州市城区水系综合整治与保护开发规划》《市区河道综保工程整治标准》的基础上，又编制了《河道交通航运规划（含水上旅游）》《河道景观体系规划》《河道沿线土地利用规划》《河道引配水规划》《河道长效管理规划》等五个专项规划。对市区河道整治的公交旅游线路布局、景观（含绿化、亮灯、历史文化挖掘与展示）体系、沿河慢行系统等各方面进行了专项规划。2011 年，《杭州市城区河道综保工程设计导则纲要》《杭州市城市河道保护与管理条例》相继出台，为城市河道依法管理提供了更多的法规政策保障。

（三）鼓励引导公众参与

公众参与是在市民需求多样化、利益集团多元化的情况下采取的一种协调对策，它强调公众（市民）对城市更新计划和实施、管理过程的参与，使相关工作的决策更趋于科学合理、更符合多数群众的利益。杭州在城市有机更新的管理实践中积极探索了民间求题、领导挂帅、恳谈听证、网络互动、媒体引导、上下联动、公众参与、下访接访、代表委员监督等多种形式的公众民主参与新做法：通过公开展示设计方案、定时召开民主促民生恳谈会、积极与媒体联动，及时向沿线居民和广大市民通报工程情况，向人大、政协代表、专家学者、沿线街道、社区主任、书记、市民代表征求意见，建立起定期沟通渠道和良好的合作氛围，使得充分发挥党政主导力、市民主体力、媒体引导力的“三位一体”城市管理民主参与机制成为杭州市河道更新有力的“助推器”。

河道整治建设中心和项目专家一致认为，居民的意见来源于最真实的生活需要，能为整治更新的方案制定提供很多有益的参考。因此，在多次居民意见调查中，工程管理和施工方、规划与设计专家组都派出了代表全程参与，及时与居民沟通、回答居民关心的问题，同时将居民的意见和建议纳入项目设计和施工中逐条分析采纳，并将三方沟通结果以会议纪要等形式列入工程文件中。三方良性的互动从根本上保证了中东河综保工作从一开始就是真正的惠民工程、民心工程，也从根源上最大限度减少了因交流不畅导致的误会和不和谐；不同利益主体间充分且有效的沟通使得工程的推进变得科学和顺利。中东河综保工程期间,12345 市长热线未收到一例市民关于工程的投诉,这也创造了杭州城市建设史上的记录。

第四节 杭州城市河道空间有机更新的实际成效

杭州"市区河道综合整治和保护开发工程"的实施为"五水共导"的形成打下坚实的基础,使杭州告别单一的"西湖文化",而融江、河、湖、海、溪于一身。通过"五水共导",并整合自然丘陵山体的资源,杭州打造出大都市城市形态的整体景观特色,推进同城联动发展,形成了特色鲜明的组团式生态型的城市形态。市区河道综合整治与保护开发工程是杭州市委、市政府为建设生态市、发展循环经济、构建和谐社会、打造"生活品质之城"做出的重要决策,对全面改善人居环境、提升城市品位起到十分重要的作用。在实施江东、临江两大开发区建设、跨江发展战略、西溪综保、运河综保工程的基础上,通过实施市区河道综保工程,真正实现"五水贯通",打造"流畅、水清、岸绿、景美、宜居、繁荣"的新杭城,使杭州真正成为"因水而生、因水而立、因水而兴、因水而名、因水而美、因水而强"的亲水型宜居城市。

运河综保、中东河综保等工程在理论上继承和发扬了城市有机更新的内涵,并且结合河道整治工作的特殊情况,提出了基于活态城市历史文化景观的"共生"理念,秉持系统最优、动态平衡的原则,努力促进"生态、功能、产业、设施、空间、文化"六态的共生发展,坚持宜居、宜游、宜文、宜业相统一,形成杭州城市河道的全面振兴。"宜居",就是要保持原住民"倚河而居"的生活形态;"宜游",就是要串珠成链推出旅游产品;"宜文",就是要保护沿河的历史文化遗产;"宜业",就是要依托河道大力发展现代服务业、文化创意产业[①]。随着杭州城市河道有机更新的持续开展,城市水环境不断改善、"五水共导"的城市特色逐渐彰显;构筑起水上交通网络,缓解了交通"两难";实现了老百姓"倚河而居"的世纪之梦,

① 王国平.城市怎么办:第 12 卷[M].北京:人民出版社,2013.

共建共享“生活品质之城”[①]。

一、完善城市空间结构

城市空间结构是指一定时期内城市各种构成要素和功能组织在城市地域上的体现[②]，河流水系对城市空间结构形成、发展与演化起重要推动作用。杭州的水域品类包括了江、河、湖、海、溪，在其多年的建城历史上一直是一个依水而居、与水共存的城市。杭州城市的雏形出现于五代十国时期吴越建都杭州，城市形态的成型则由隋代大运河的贯通而开始。自五代十国吴越起，杭州城市依湖而筑、赖西湖之水得以生存，东、南受制于钱塘江，西部受制于西湖群山和西溪湿地，始终在江湖和山体的制约之下发展；自京杭运河开通的隋朝至元朝，京杭运河是推动杭州城市发展壮大的主要因素，城市延续了“三面云山一面城”的城市形态，新兴区域则沿运河带状布局；元代以后，西湖经历代经营和名人颂扬，风景名胜逐渐著称于世，杭州城市因此也因湖而声名鹊起，成为东南名城。民国元年，杭州以拆除城垣引入铁路交通为标志，开始了现代城市发展的进程，沿西湖的湖滨地带因其景观优势和历史的积淀，遂成为现代城市功能的聚集区，并随着城市经济的快速增长城市规模快速扩大[③]。新中国成立以来，以西湖为核心、沿运河城区段向东西方向延展的范围成为城市发展最快的区域，在“三面云山一面城”的历史格局之下，逐渐形成了“扇形团状”的空间形态，这也是20世纪末杭州城市行政区划调整前城市形态最基本的特征。由于这一时期的钱塘江、杭州湾海域和西溪湿地都还处于城市的边缘，因此在“五水”当中主要是西湖、京杭运河杭州段和城市内的大小河道影响着杭州城市形态的形成和演变，其中西湖的影响又是最大的[④]。2001年杭州、余杭、萧山三地合并形成新的杭州行政区划，市区面积从合并前的683平方公里的扩大到3 068平方公里，延续千百年的“三面云山一面城”的城市形态格局被完全突破，杭州逐渐形成了“一主三副、双心双轴、六大组团、六条生态带”为结构特征的全新城市空间格局。在这样的空间形

---

① 徐雷，楼杰.五水共导·品质杭州——杭州“市区河道综合整治和保护开发工程”的理论解读[J].中外建筑，2009(11).

② 邢忠，陈诚.河流水系与城市空间结构[J].城市发展研究，2007(1).

③ 徐雷，楼杰.五水共导·品质杭州——杭州“市区河道综合整治和保护开发工程”的理论解读[J].中外建筑，2009(11).

④ 楼杰.杭州“市区河道综合整治和保护开发工程”的理论解读[D].杭州：浙江大学，2010.

态格局之下，城市形态与水系的关系也随之发生了重大变化。

首先，随着三地合并的实现，杭州原本受到城市空间束缚、日渐消亡的"五水共存"和江南水域城市特色由于有了更大空间范围的水系支撑，获得了重大的复兴机遇。尽管依然保持着"三面云山一面城"的历史风貌，但西湖及其周边的城市空间不再是也不可能是城市形态的主要影响者，而更多的是发挥彰显杭州历史文化名城的作用；相应的，杭州现代化大都市的空间形态将更多受到运河城区段、钱塘江和东部出海口的作用。于是，杭州提出了"跨越西湖时代，走向钱塘江时代"的口号，通过"城市东扩、旅游西进，沿江开发、跨江发展"的城市发展新战略，实现杭州城市形态从"三面云山一面城"的西湖时代到"一江春水向东流"的钱塘江时代历史性转变[①]。在这个过程中，就必须借助城市河道有机更新和充分利用 市区河道综合整治工程，有效修复和保护城市河道水系的有机结构、强化和彰显水域环境的特点以塑造江南水域生态品质为特色的城市风貌，才能使杭州从"五水共存"跨越到"五水共导"的城市发展新阶段。

其次，城市河道有机更新以及沿河地带的全面开发，有助于城市功能的完善和空间秩序的建立，使经济强市和文化名城两大目标在更高的起点上和谐地结合在一起。面向 21 世纪的杭州城市空间是沿湖、沿江为主的时代，沿湖地区和沿江地带将形成现代化的城市空间。虽然通过前几轮的河道整治工程，滨河区的环境有了很大的改善，但是相比之下，现在河道水系流经的城市地区以及古老的老城区，沿河用地功能仍然老化，部分城乡交错的结合部城市功能和景观面貌杂乱[②]。因此，杭州的河道有机更新和市区河道综合整治成为杭州旧城改造、城市空间创新的重要依托，是杭州城市在沿湖、沿江、沿河地带共创辉煌，形成依托"五水"、特色互补的现代化优美都市空间和功能布局必不可少的手段。

二、优化城市功能布局

虽然前几轮的河道整治工程已经取得了很大的成就，但是部分河道区段仍存在一定的问题。比如杭州部分老城区河道沿岸绿化较少，且汇集了居住、商贸、工业、交通等功能，还有大量破旧民居和废弃工厂、仓库；部分城乡接合部区

---

① 陈建军，郑甲苏.历史文脉断裂地段的空间植入与缝合——以法国的实践为例[J].中国名城，2011(10).

② 楼杰.杭州"市区河道综合整治和保护开发工程"的理论解读[D].杭州：浙江大学，2010.

域河道两岸多为村镇与交通用地，由于从农村转变而来的时间短，还残存大量农田。这些问题主要是随着城市河道功能变迁、在城市发展中地位下降而逐步积累起来的，也与特定发展阶段下城市对河流作用理解的偏差有关。随着杭州城市发展由西湖时代向钱塘江时代迈进、城市空间不断扩张，跨江发展与拥江发展已经成为未来杭州城市空间布局的重要战略。因此，越来越多的沿河两岸滨水空间亟须调整土地利用性质、优化用地功能布局，以适应城市新发展阶段的要求[①]。

近年来，杭州经济发展正处于由注重数量扩张转向注重质量和效益提高的关键时期，产业结构的调整和城市功能的更新是这一时期面临的重要任务，而结构调整和功能更新必然引起城市空间的重组[②]。城市滨河区作为城市功能大系统的一个重要组成部分，其更新的目标应建立在城市整体功能和结构综合协调的基础上，由过去单纯的物质环境的改善，转向对完善城市功能布局、增强城市发展能力、实现城市现代化、提高城市生活质量的更广泛和更综合目标的关注[③]。国内外大量滨水地带的开发与再开发充分说明，近水空间是城市功能布局的首选地带。对于水网密布、河汊纵横的杭州来说，沿河地带必将成为各城区城市功能和布局的主要空间依托。城市河道具有经济功能、文化功能和生态功能，在城市有机更新中，河道水系的功能定位不仅要考虑历史沿革，更要以全局性、结构性的城市功能为依据。借助河道有机更新和市区河道综合整治工程，杭州对河道水系沿岸用地功能进行了重新规划和整合，充分发挥河道水系的城市新功能，唤醒古老运河的深厚历史底蕴并使其与西湖、钱塘江一起引导城市形态，树立起了“建经济强市，创文化名城”的现代化崭新都市形象。

通过河道有机更新，使杭州城区河道水系自北向南集中了现代化的商贸、金融、居住用地，形成了新的功能布局（见表 10－1），例如包括东河中河社区环线，上塘河、备塘河等的都市游憩廊道，余杭塘河环线、西塘河环线、南门江环线等的乡土文化廊道，以及沿山河河网、和睦港等的生态维护廊道。以钱塘江为依托的钱江新城，是杭州从“西湖时代”迈向“钱塘江时代”的重要工程，也将是杭州未来的行政中心、会展中心、金融贸易中心。

---

① 杨建军.运河地带在杭州城市空间中的功能和形象规划探索[J].经济地理，2002(4).

② 杨建军，徐国良.杭州运河沿河地带城市再开发规划研究[J].城市规划，2001(2).

③ 叶琴英.杭州拱墅区段运河周边用地工业遗产保护与再利用研究[D].杭州：浙江大学，2008.

表 10-1　杭州部分主城区河道水系功能定位

区域	功能
拱墅区	利用该区众多的历史遗存，复兴传统的湖墅八景、小河和桥西历史保护街区，发展文化、旅游、休闲、居住，展示具有老城区传统风貌的旅游文化走廊
下城区	以武林广场为核心，以都市商务、商贸、娱乐、休闲为主形成河道沿线最繁华、人气最旺的都市风光区，展示现代城市商贸中心、文化中心的新姿
江干区	利用河道水系和钱塘江交汇的景观资源与临近新城市中心钱江新城的优越区位，建设大型公园，以运河文化的发展为主线，发展休闲、娱乐、旅游与居住，展示城市的建筑和风貌
余杭区	余杭郊区段以生态农业为主，作为城市生态保护区，展示自然农业生态风光；塘栖镇运河段以江南水镇为特色，保护塘栖镇历史文化，沿河发展观光旅游、度假居住，重振江南水乡声誉

城市中心区的大运河两岸也被赋予了新的城市功能，成为一条生态河、景观河，成为旅游与商贸、传统与现代完全融合、与国际风景旅游城市相称的标志性地带，向世界展示着“旅游胜地”新形象、“人间天堂”新风采。京杭运河杭州段航道全长 39 公里，原本担负着浙北地区煤炭、矿建材料、非金属矿石等大宗物资的运输任务。但运河货运对杭州市区的运河水质以及船运噪音对杭城环境影响较大。此外，由于等级偏低，运河城区段一直是制约运河运输的瓶颈。通过杭州运河整治打通运河二通道，突破这一“瓶颈”，完善交通网络，着力构建便捷畅通的运河交通网，改善运河的航运功能，增强运河的可进入性，形成了以运河为中心线同时凭借周边河道向整个浙北区域辐射的水网，构成了浙北水上交通网络，对浙江的经济与社会发展起到了重要的作用①。另一方面，考虑到运河整治改造，使运河沿岸成为杭州城市主要生活居住区，改变了居住偏于城西的状况，并且在一定程度上缓解了目前以城西居住，造成东西向交通的巨大压力。此外，通过运河沿线交通道路网络的改造，完善道路交通系统，整合两岸交通资源，进而完善整个杭州城市道路交通网络②。

---

① 邵文鸿.京杭运河杭州城区段综合整治问题研究[D].杭州：浙江大学，2006.

② 邵文鸿.京杭运河杭州城区段综合整治问题研究[D].杭州：浙江大学，2006.

三、延续和丰富城市文化

在城市历史中，河流区域往往是城市发展的起点，也是各种文化、商业活动集中的地方，因此城市的文化和历史痕迹往往与河流有关。这使得在城市水环境形成的时间跨度中，河流不仅具有了生态、功能上的表层作用，更具有了对城市文化、历史的延续和体现的深层作用。由水产生的文化意识和思想境界在城市整个水环境体系中形成特有的精神气质，与水有关的文化传说、活动及文学艺术丰富了城市的文化内涵。许多历史的变迁与遗迹都可以在城市的水环境中找到印迹，水的永恒性为城市文脉的延续提供了可能，一座拥有优美水环境的城市，或多或少都含有水文化的特色，而独特的水文化又增添了城市的个性和无穷的魅力，成为城市发展的生命力①。杭州城市河道有机更新与市区河道整治工程将河道水系与周边环境的整治、历史文化内涵的挖掘联系起来，构建水和城市、水和人类的和谐关系，再现真正的江南水乡，极大地丰富了杭州历史文化名城的内涵。

（一）保护历史古迹

历史地段蕴藏着人们的思想意识、行为规范、价值观念和审美情趣等，是宝贵的文化遗产和文明印迹。近百年来，由于自然变迁、人为破坏和保护不力，杭州滨河一带的历史文化遗存损毁严重，如果再不加以保护，这些“文化之河”就有“文化断流”的危险。河道有机更新和综合整治工程就是对历史文化遗存的及时抢救。在城市河道有机更新的过程中，牢固树立了保护历史文化遗产就是保护生产力、保护历史文化遗产是最大的政绩、保护历史文化遗产人人有责、保护与发展“鱼”与“熊掌”可以兼得的理念，坚持保护第一、应保尽保②。通过将保护的理念深深地植入领导和百姓的心中，河道有机更新将现存的历史文化遗存无一例外地保护下来，把已损毁的重要文化景观修旧如旧地修复起来，捡起历史的碎片、文明的碎片，展示了杭州深厚的文化底蕴与丰富的水文化内涵，延续了城市的文脉。

在“应保尽保”的理念下，河道有机更新重点保护了不同时代、不同用途的历史遗存，如小河直街历史街区、拱宸桥、桥西历史街区、广济桥、“天下粮仓”富义

---

① 李光梓.城市滨水空间的改造与更新[D].成都：四川师范大学，2009.

② 王国平.保护运河 申报世遗[J].杭州通讯，2006(6).

仓、桑庐、大兜路历史街区以及大河造船厂、长征化工厂、杭一棉等，这其中不仅有各种古代文物、古建筑，还有大量近现代工业遗产。在有机更新中，对历史地段的保护维修、整治和修复做到了“整旧如故”、以存其真，文物古迹和历史建筑的保护将使其“延年益寿”。同时，严格按照修复人文生态、延续城市文脉、再现沿河历史文化资源要求，在沿河两岸成功开发建设了多个展现杭州深厚历史和水文化底蕴的各类设施和文化节点[①]。此外，在充分尊重历史环境、保护历史文化的前提下，还对一些历史文化遗存进行合理的开发和利用。例如荣获2007年建设部人居环境范例奖的小河直街历史街区即是秉承“保存历史的真实性、凸现风貌的完整性、体现生活的延续性、显现人文自然的融合性”的保护原则，分“原模原样型”“原汁原味型”“似曾相识型”三种模式进行活态保护(见表10-2)[②]。

表10-2 活态保护的三种模式

保护模式	内容
原模原样型	选择极具代表性的结构尚为完好的房屋，将其原封不动地保留下来，对其中受损的构件进行加固及调换，并对其室内的卫生、隔音隔热、通风等设施进行适当改善
原汁原味型	对现存结构不再完好的房屋进行地坪抬高处理，解决防洪排涝问题。这种保护方式是先将其外观用图像资料和精确测绘记录下来，再进行落架施工，老房子拆除时对构件全部编号保存，经鉴定尚能利用的部分按原址复原，修复后可基本恢复原貌，同时改善室内环境
似曾相识型	将保护区内很多新中国成立后修建的砖混结构的房屋全部拆除，继而恢复清末民初的风格

小河直街历史文化街区位于杭州运河、小河、余杭塘河三水交汇口，是京杭大运河在杭州境内的7个遗产点之一。它起源于唐宋时期杭州城外的草市，至元代成为交通枢纽，清代发展成为商业街和水陆码头。现存的街区建筑多建于清代至民国时期，是一条集中反映清末民国初期城市平民居住生活文化、生产劳动文化和运河航运文化的重要历史文化街区，是运河市井文化的缩影和杭州城

① 邵文鸿.京杭运河杭州城区段综合整治问题研究[D].杭州：浙江大学，2006.
② 楼杰.杭州“市区河道综合整治和保护开发工程”的理论解读[D].杭州：浙江大学，2010.

因水而兴、因水发展一个硕果仅存的样本。杭州小河民居作为清末民初所建的典型水乡民居，即一河两街格局，面街一楼为商铺，二楼为居所，是下店上宅的典型。经历了漫长的年代，当时欣欣向荣的情景已经不复存在，小河直街的损坏却日益严重起来。小河直街历史文化街区保护工程是一个历史建筑保护和危旧房改善相结合的工程。目标定位为历史建筑保护的样板、危旧房改造的示范、运河申遗的亮点。工程中采取部分就近异地安置、部分原地回迁、部分货币安置的解决办法。短短2个多月时间285户居民全部迁出，约60%的居民选择在保护工程结束后回迁。为了处理好历史文化遗存保护与改善的关系问题，工程本着"重点保护、合理保留、局部改造、普遍改善"的保护方针，根据不同建筑历史文化价值和保存状况的差异，采取原模原样型、原汁原味型、似曾相识型三种不同的保护修复策略，并为每户家庭配置了厨卫、自来水等各类市政设施。工程中拆除了各类严重影响历史风貌的建筑物，清除原来不协调的厕所、垃圾站、广告牌、招牌、路灯、座椅等设施，并按照历史风貌进行统一设计、重新配置设施。小河直街历史文化街区的保护产生了良好的社会和文化效应，不仅保留了历史文化遗产，而且还保留了一半以上的原住民，有效延续了运河居民传统的民风民俗和生活方式。

（二）还原河流文化

京杭大运河是与长城齐名的中国古代劳动人民创造的伟大工程，有着悠久的历史和深厚的文化积淀，是历史赋予杭州的一笔巨大的财富。与西湖一样，京杭大运河也是杭州悠久文明的见证。杭州的运河文化既有北方的粗犷雄健，又散发着江南水乡的吴越风韵，运河沿岸地区的兴衰演变也是杭州城市历史文脉形成的重要因素。如果说西湖文化体现了精致、和谐、典雅的特色，那么运河文化就具有开放、兼容、庶俗的特征①。唐时杭州倚借通江达海的大运河与广州、扬州并列为中国三大通商口岸；南宋时期江南"漕运"达到鼎盛，手工业商业空前繁华，杭州城市人口达124万，跻身当时世界十大城市之列；明清、民国时期运河两岸官办粮仓集聚，被誉为"天下粮仓"②。一千年来，大运河静静地孕育了无数宝贵的民间艺术和人文精神，如茶楼曲艺、百戏杂剧等运河戏曲文化，陡门春涨、白荡烟村、半道春红、西山晚翠、花圃闻莺、江桥暮雨、夹城夜月、皋亭积雪等自然

---

① 王国平.保护运河 申报世遗[J].杭州通讯，2006(6).

② 王国平.确立京杭大运河保护新理念[J].江南论坛，2006(7).

河人文景观。运河沿岸各类街巷商铺、特色民居、寺庙道观、教堂楼所、地方会馆、皇家园林、官商庭院、名人遗迹，以及码头、闸坝及其附属建筑等各类设施，拥有数百年历史的拱宸桥、广济桥等古迹，共同构成了独具特色的建筑群落和人文胜地，展现出绚丽多姿的地域风貌①。

随着历史的变迁，大运河千百年来也发生了巨大的变化，河道漫长、人为的毁旧建新等现象时有发生，沿岸的历史文脉已模糊不清。2007年杭州市以"还河于民、申报世界遗产、打造世界级旅游产品"为目标开展河道有机更新，参照"保护第一、生态优先、拓展旅游、以人为本、综合整治"的理念，对运河一带的历史文化遗存进行了全方位调查，基本摸清了"家底"，形成一份厚实详尽、图文并茂的《运河(杭州段)历史文化遗存实录》②。在此基础上，按照"真实性、完整性、延续性、可识别性"原则和"修旧如旧、似曾相识"理念，结合实施运河综合保护一期工程，完成了拱宸桥、高家花园等一批重要历史文化遗存的保护修缮，并将有计划、有步骤地推进小河直街、桥西街区、塘栖古镇、珠儿潭、大浒路、大兜路、清代杭州海关、通益公纱厂旧址、同福泰官酱园、国家丝绸仓库、香积寺石塔、富义仓、郭璞井、广济桥、乾隆御碑等历史建筑、历史街区和文化遗址的保护、修缮和恢复③。

在江南水域城市中，便捷的港埠交通不仅方便了城市的日常运转，同时也加速了多元文化的碰撞融合，借由水的包容性和开放性形成城市"兼收并蓄"的多元化结构和独特文化。因此，在城市河道等滨水空间的更新改造中，必须处理好城市历史文化继承与延续的问题，使更新后的环境保有文化内涵与地方特色，为城市的整体环境增色。中东河综保工程非常重视对历史文化的挖掘、保存，在更新中从中河的历史地位出发将其定位为弘扬南宋文化，并从历史遗迹和历史文化两方面实施。中河的历史遗迹主要包括太庙、德寿宫、南宋御街以及古凤山门四个节点，历史文化则涵盖了典籍、绘画、官窑、钱币和服饰等方面；东河则更注重打造市井文化，围绕各个节点公园和历史保护街区，充分展示百姓的真实生活场景。借由数十座桥梁、浮雕、景墙、地雕，约12公里长的中东河沿线被打造成一条杭州最长的历史文化艺术长廊。工程中还在河坊街中河高架至建国南路段

---

① 邵文鸿.京杭运河杭州城区段综合整治问题研究[D].杭州：浙江大学，2006.

② 楼杰.杭州"市区河道综合整治和保护开发工程"的理论解读[D].杭州：浙江大学，2010.

③ 王国平.保护运河 申报世遗[J].杭州通讯，2006(6).

开挖一条290米长的河道，从中河上新宫桥南面开始绕过新宫桥，向东一直到斗富一桥与东河交汇，恢复了800年前临安城的水系勾连，重现了杭州源远流长的河道文化。

四、整合城市水域资源

钱塘江、京杭运河杭州段、西湖、杭州湾海域和西溪湿地及其错综复杂的河道水系，这"五水"是杭州城市独具特色的形象要素，既含自然山水环境和景观形象，又具文化性格象征[①]。西湖以山水形胜、人文史迹见长，钱塘江以波澜壮阔、怒潮汹涌闻名，河道水系则是古老文明、历史变迁的见证。"五水"价值独具，优势互补，是杭州闻名世界的强有力动因。通过城市河道有机更新与市区河道综合整治工程的改造，城市中密如织网的河道水系把古老的运河、秀丽的西湖与雄壮的钱塘江连接起来，把老城区与新的行政区域连接起来，对完善城市结构与形态，进而打造经济强市、文化大市具有重要意义，实现了"五水共导"下的城市形态演变[②]。

同时，杭州以河道更新为契机努力改善城市生态环境和河道水体质量，对沿岸滨水区域进行整治和再开发。杭州位于钱塘江流域的下游，随着人口的增多、工业的兴起，杭嘉湖地区的水质每况愈下，再加上还有本市生活污水直接排入河道等多方面污染因素，近郊及中心城区的河道水体质量基本都在Ⅴ类以下。根据相关资料表明，在河道有机更新前杭州市中心区域的中河、东河、贴沙河、运河等主要河道水质，Ⅲ类以上不到五分之一，Ⅵ类占五分之一，Ⅴ类占五分之二，劣Ⅴ类五分之一。实施有机更新以后，城区河道水质普遍好转，尽管中心城区河道的水质总体上仍有部分劣于Ⅴ类，但全城总体河道水质改善明显，特别是几条主要河道面貌普遍改观。河道水体质量的明显改善与沿河绿化带的建设为修复滨水生态系统，创造适宜生活、独具魅力的滨水开放空间，构建杭州可持续发展的生态人居环境等打下了坚实的基础，从而使杭州城市的生态功能更趋突出，进一步增强了杭州城市在21世纪的竞争力[③]。通过城市河道有机更新和市区河道综合整治工程，在河道沿岸形成了一条条贯穿杭州市主城区的绿色走廊，彻底改

① 楼杰.杭州"市区河道综合整治和保护开发工程"的理论解读[D].杭州：浙江大学，2010.
② 楼杰.杭州"市区河道综合整治和保护开发工程"的理论解读[D].杭州：浙江大学，2010.
③ 楼杰.杭州"市区河道综合整治和保护开发工程"的理论解读[D].杭州：浙江大学，2010.

善了滨水生态系统功能及沿岸的生态环境，为城市发挥出“生态轴脉”的作用。

五、改善人居环境品质

城景交融是杭州城市形态最具特色的特征。其中的景就是镶嵌、环绕在城区周围的自然山体和五水与城区交融并存的格局。密集的城市河道与城市生活交织在一起，不仅是构成城市景观特征同时又是赋予城市生活生态品质的关键要素，更是杭州这座典型的江南水域城市形态结构的重要骨骼。如果说湿地是城市的绿肺，那么在城市中蜿蜒的河道水系可以说是一条条绿色的血脉。城市河道有机更新和市区河道综合整治工程充分利用滨河地带难得的自然生态条件和景观特色资源，借河道为基础，建立起遍布杭州、长达几十公里的城市绿色走廊和滨河景观线[①]。沿着这些“绿色动脉”，结合沿河各居住小区建立开放式、半开放式的绿地和广场，构筑起一个大型的生态廊道系统和连续的公共空间体系，为广大市民和游客提供了充足的休闲健身和修身养性场所。

经过清淤、截污纳管、护岸、绿化等措施，沿河地带成为河水清澈、环境优美、空间开阔、生机盎然、文化气氛浓厚和极具观赏价值的城市空间。难能可贵的是，城市河道的有机更新还带动了周边环境的整治，与历史文化内涵的挖掘保护联系了起来，真正构建了水和城市、水和人类的和谐关系，再现了江南水乡胜景[②]。例如在中河南段的有机更新中，对沿线 6 座明清时期的古桥（南星古桥、小诸桥、洋泮桥、化仙桥、海月桥、水澄桥）进行了保护性修缮，撰写了碑文，还增加了夜景灯光效果。

良好的生态环境是城市经济社会可持续发展的基础，也是任何一个现代化城市的必备条件。对于一个以现代化国际风景旅游城市和国家历史文化名城为性质的城市而言，生态环境质量更是城市发展的生命线[③]。通过河道有机更新，杭州营造了沿河两岸宜人的生态环境、居住环境、创业环境，进一步优化了城市的生活质量与生活环境，促使杭州在城市创业机会、城市开放程度、城市文化的保护与发展以及住宅建设水平向更高的目标迈进，真正使杭州成为休闲旅游的天堂、生活居住的天堂和求知创业的天堂。

---

① 邵文鸿.京杭运河杭州城区段综合整治问题研究[D].杭州：浙江大学，2006.

② 楼杰.杭州“市区河道综合整治和保护开发工程”的理论解读[D].杭州：浙江大学，2010.

③ 邵文鸿.京杭运河杭州城区段综合整治问题研究[D].杭州：浙江大学，2006.

六、促进产业升级、经济发展

杭州有江、河、湖、溪，又临海，是一座名副其实“五水共导”的城市。杭州对西湖、西溪、运河、市区河道实施综合保护，不是简单地就西湖论西湖、就西溪论西溪、就运河论运河，而是着眼于打通水系，变“五水共导”为“五水贯通”，把西湖、西溪、运河、钱塘江、市区河道沿岸的美景串珠成链，利用江南水乡生态城市风貌的无形资产，为旅游业、休闲业、娱乐业、商业的发展带来机遇。运河综保和河道综保工程实现了“江、河、湖、溪、海”等水资源的协同开发，将长期以西湖为中心的旅游格局升级为“五水联游”，真正发挥了杭州这座“水”旅游城市的根本优势，带动了经济产业结构的调整和升级，成为杭州城市发展的新动力。

旅游业历来都是杭州经济发展的重要支柱之一，经过几十年的发展，西湖的保护开发已经达到了较高的水平。京杭大运河是举世闻名的文化遗产，是发展变化的历史空间，作为曾极为繁荣的沟通中国南北方的大动脉，她不仅是河流，也是沿河城市记忆的宝贵载体[①]。京杭大运河杭州城区段不仅是杭州标志性、经典性的名胜古迹和历史遗存，也是弥足珍贵的文化旅游资源。对大运河旅游的合理开发将使杭州的旅游休闲呈现多中心的格局，有效带动周边区域和相关产业的发展。为此，杭州市针对性地启动了大运河的有机更新，通过对沿岸历史文化遗存及历史风貌的大力挖掘和尽力保护，为市民创造了舒适的居住环境与休闲游憩空间，也为外地游客提供了感受、体验运河文化的旅游产品，达成了“主客共享”的多赢目标。近年来，杭州围绕运河旅游全力打造“运河水狂欢”和世界运河城市博览会两大运河节庆产品，并定期举办马可波罗泼水节、国际龙舟友谊赛、世界运河旅游论坛等活动。更新后的大运河已成为一条生态河、景观河，使得传统与现代、旅游和商贸完全融合，进一步丰富了杭州的国际风景旅游城市内涵，增强了杭州对于国内外游客特别是欧美等西方游客的吸引力，助力杭州实现“东方休闲之都”“世界旅游城市”的发展目标。旅游业被誉为现代服务业的龙头，杭州旅游业的发展带动了交通运输、住宿餐饮、娱乐商贸、新闻传媒、银行保险、邮政通信等多个相关产业的发展[②]。这也是大运河有机更新带动区域产业结构升级、促进经济社会持续发展的具体体现。

---

① 邵文鸿.京杭运河杭州城区段综合整治问题研究[D].杭州：浙江大学，2006.

② 邵文鸿.京杭运河杭州城区段综合整治问题研究[D].杭州：浙江大学，2006.

大运河的有机更新一方面促成了沿线工业企业的外迁及技术改造、调整和整合了区域产业发展空间，另一方面通过创建良好的沿河景观、开发利用大运河的历史文脉资产提升了运河周边的土地价值，刺激了沿岸楼宇经济、商业经济的发展，形成了杭州经济新增长点。大运河沿线通过有机更新置换出来的产业空间已逐步发展成游憩商务聚集区，为杭州市营造高级生产要素所需要的创新机制及生态空间环境创造了条件。有机更新打造了国内外旅游者观光、休闲、购物的集中区块，为大运河滨水地区赋予了新的活力。随着商业、娱乐业、休闲业的蓬勃发展，就业岗位不断增加，也为生活型城市的杭州提供了产业升级和城市发展的结合点，推动着城市现代化的和谐演进。在有机更新的过程中，杭州加大了运河及其周边环境整治的力度，充分利用大自然和历史赐予杭州的运河滨水资源，构建大运河杭州城区段“天蓝、水碧、绿色、清静”的环境形象，极大地提升了运河周边的土地价值。在更新启动前，由于两岸环境氛围差强人意，房地产开发商对大运河沿岸的住宅、写字楼等项目开发兴趣不高，房地产业的发展相比杭州城西缓慢滞后不少。随着有机更新的逐步推进，大运河边的滨水景观环境和基础设施条件得到很大改善，沿岸的开发建设引起了房地产商和广大市民的高度关注；结合用地调整和规划实施，运河两岸房地产开发迎来高潮，住在运河边已成为一种骄傲。考虑到杭州城区段大运河两岸有 40 多平方公里的用地规模，其房地产开发必将带动整个杭州市房地产业更进一步发展，进而推动杭州经济发展。

餐饮作为服务业的重要组成部分，因市场大、增长快、影响广、吸纳就业能力强等特点而广受重视，也是输出资本、品牌和文化的重要载体。国家统计局数据显示，2002 年我国餐饮业营业额为 5 090 亿元，2006 年我国餐饮业营业额首次突破 1 万亿元，2011 年我国餐饮业营业额达到 2 万亿元。餐饮业连续 10 年以两位数增长，是我国 GDP 增速的一倍。餐饮行业的快速发展，对发展经济、提高人民生活水平、实现就业、提升我国美食文化地位等具有重要作用。在大运河有机更新中，拱墅区将胜利河畔临河而建的民居仿南宋建筑风格打造与河道整治结合起来，重点打出“亲水牌”，强调胜利河美食街的南宋民居特色、水街特色和旅游休闲特色，将胜利河美食街打造成杭城美食夜市的示范街区。美食街南面主要以胜利河环楼及水街的餐饮商家为依托，同时结合街区两侧的路吧及古水街独特的亮灯、牌坊等设施，形成一条繁华的商业街、文化街。此街由著名国画大师潘天寿的嫡亲外孙朱仁民先生设计，于2009年12月底开街，随着数十家知名餐馆的入驻人气日渐旺盛。目前，胜利河美食街已经成为融江南水乡特色与现代商业气息于一身，集餐饮、旅游、休闲、购物等多种功能为一体的特色街区，整体提升了周边区块的综合功能。胜利河从昔日的“龙须沟”蜕变成为今日繁华的美食街，正是产业调整与滨河地块有机复兴的成功案例。

第五节　杭州城市河道有机更新的经验

一、有机更新结合自然本底

河流是城市中自然因素最丰富、自然过程最为密集的地区，同时又是受到人类和城市活动干扰最剧烈的区域之一。河道水系与滨水绿地构成了城市重要的生态廊道和生态缓冲空间，在城市生态系统的物质循环和能量流动过程中发挥了不可替代的作用。作为典型的生态交错带，城市河道也是生物多样性最丰富的区域，富有地域性的景观特色，对于城市环境保护和生态建设具有重要意义。一旦受到过度的干扰和破坏，河流的生态功能将退化，降低城市获得的自然生态服务，甚至威胁城市的生态安全。因此，城市的生态安全格局必须保护城市河道并将其作为重要的“生态基础设施”，使其在维持自身的生态稳定的同时为城市的生态安全提供支撑，实现城市河道与整个城市的生态共生。

杭州市通过加强城市生态建设，保护河道水域、湿地和两栖区，综合运用生态手段恢复和提升河道空间的生态效能，确保河流生态系统功能的正常运转。针对平原地区河道水流不畅的情况，杭州市专门编制了《杭州市区河道畅流工程规划》，梳理水系脉络，恢复水系的自然格局。通过最大限度消除断头河，沟通河道，使市区河道联网成片，互联互通，不仅提高了河网调洪蓄涝的能力，也有利于改善河道水体水动力条件，保障水质①。水滨空气环流过程、河流水文及地貌过程、水滨生物过程是发生在滨河地区最基本和最重要的三种自然过程，也是对城市等人类聚居环境质量影响最大的三种自然作用力②。在有机更新中认识到各

① 魏俊，袁旻，陈奋飞.杭州市区河道综合治理的成效与经验[J].浙江水利科技，2015(3).

② 孙鹏，王志芳.遵从自然过程的城市河流和滨水区景观设计[J].城市规划，2000(9).

种自然过程都具有自我调节功能，设计的目的在于恢复或促进自然过程的自动稳定，而非随心所欲的人工控制。因此，依存河道自然形式，尊重河道水系自然过程，适应于河流生态系统中的能流、物流和物种迁移，将驳岸形式由单一的重力式改为多形态式，河道临水面多采用自然堆石等更贴近自然的材料，增加了护岸的生态性。在此基础上采取引配水、截污、清淤、生态修复等措施，积极推广生态护岸、人工湿地、水生植物群落恢复、生物浮岛、曝气增氧等先进适用技术，逐步形成一整套从河岸到水面、从水面到水层、从水层到沉积物层的生态治理技术方案①，全方位多角度改善水质。

另一方面，河道作为都市里难能可贵的优质生态环境，在“钢筋水泥丛林”中引入了大量怡人的自然元素，串联起城市中众多大小不一的生态斑块与碎片，形成“自然—人工镶嵌”的格局，促进了城市生态建设，提高都市生态功能，这对于降低城市热岛效应、提高城市低碳性能具有重大的战略意义。

二、有机更新延续城市文化

一个城市的文化是地域特征与历史传统的集合，也是一个城市独特性和魅力的根源。水陆交汇的滨水区往往是城市最先发展的地区，在城市滨水地区漫长的形成过程中，河流不仅直观的发挥了生态、功能上的作用，而更是具有对城市文化历史的产生、形成、延续和体现的深层影响。作为城市中历史场景的主要发生地之一，河道沿线沉淀着丰富的历史文化内涵，它既折射出一个城市的传统文化、人文精神，孕育了周边建筑的地域风格，也促成了城市空间的结构和形态，甚至其带状系统价值的演变也在一定程度上映射出整个城市的变迁过程②。江南和水域城市凭借水的包容性与开放性形成了城市“兼收并蓄”的独特结构与文化精神，便捷的港埠交通不仅方便了城市的日常运转，也加速了多元文化的碰撞融合。

因此，在城市文化的培育和建设上必须保留城市水文化的历史精华与闪光点，让都市留下来时的足迹。同时要通过创造引入新的城市文化，与历史文化形成良性的呼应与互动，城市过去、现在、未来的文化串联交织，使水域空间成为记载城市历史的活的篇章，体现河道对于城市的文化价值。滨水地区往往是地方

---

① 殷彦波.连续八年开展城市河道生态治理成效显著[J].杭州(周刊)，2017(3).

② 楼杰.杭州“市区河道综合整治和保护开发工程”的理论解读[D].杭州：浙江大学，2010.

水文化遗产的长廊，其本身就是一件古老的文物——两岸古老的街巷建筑、名人史迹、风俗掌故、神话传说等，构成了一个庞大的河道历史文化群落，成为城市文化历史宝库中不可或缺的组成部分①。如今，河道两侧的古街古巷、民宅公建、文物古迹、民风民俗一天天老去，而新的城市建筑、城市家具和文化类型不断出现，如何使其和谐共生，在整理、发掘、保护河道历史文化的同时包容各种类型的文化，是现在众多历史文化名城需要着力思考与解决的问题。要充分挖掘河道的景观文化价值，使沿线成为活态、开放、共享的历史博物馆，在展示城市历史的同时也在记录城市的现在、嘱托未来。同时，河流文化的延续与发展将体现所在城市的唯一性，助力形成新的、独到的城市文化。通过保护历史痕迹并对特殊河段充分挖掘历史文化和乡土文化进行保护性开发，并强调以人为本、将河道有机更新与人们的文化情节取得内在同构，将使城市滨河空间充满邻里感、乡土感和归属感。

三、有机更新激发城市活力

在人类发展的不同阶段，城市河道承担着不同的职能：从农耕文明的灌溉、航运到工业文明的排污、发电，再到后工业时代的游憩、商务，人类对城市河道的利用方式和强度一直在持续的演变。随着人类社会进入城市的时代，且城市的功能由生产向生活进化，城市河道的职能也将愈发丰富，其重心将聚焦于生活。

城市河道功能随着城市功能变迁而不断演变，体现的是与城市职能演变的有机融合和功能共生②。随着城市的发展，城市的产业结构不断优化，传统生产功能逐步外迁，居住、商务、文化、娱乐等功能成为城市发展的支柱。因此，应把握城市功能升级和产业结构调整的契机，通过土地利用调整、产业空间置换等手段，赋予河道更加综合的现代都市功能。要充分利用城区河道穿越了较多主要城市地段的有利条件，发挥河道自然、人文环境优势，满足人们亲水的心理需求，从生活和消费型城市需求出发，提供景观、游憩、文化创意、慢行系统等一系列动静结合的活动场所，并与城市其他功能区实现功能性互惠型共生，有效融合到城市大的功能系统中。在流经的不同地段，要考虑周边城区的功能需求、体现不同

① 李亮.从京杭大运河的现代复兴看水文化遗产的保护与开发——以杭州段运河为例[J].黄冈职业技术学院学报，2011(12).

② 肖立胜.历史文化名城护城河域保护与更新规划研究[D].武汉：华中科技大学，2010.

的功能重点，使城市空间、沿河产业、景观风貌、社会结构等紧紧地联系在一起，形成完整的城市功能和空间序列。无论是泄洪防涝、气候调节、生态景观，还是旅游交通、休闲娱乐、文化教育，适宜的功能定位有利于将城市河道作为城市的有机组成融入城市生活中，从而使自然生态系统与人工生态系统和谐统一、增添城市活力。

附　录　近几十年世界范围内河流更新的概况[①]

分类	流域名	特征	展望
中国事例	北京的转河	· 过去北京的交通运输工具以运河的船只为主，如今已转变为以公路为主的陆路交通 · 曾经的运河被填埋，水畔景观从城市消失。为迎接奥林匹克运动会，北京以城市环境及景观再生为目标，大规模地开展河流和运河再生工程，朝着国际化大都市的方向转型 · 在具有代表性的转河（高粱河），拆除曾因填河造地而修建的公路，并且重新修整河床，修建公园和绿地，以及河岸道路，设立船只停泊场。重新开发周边地区 · 因为土地国有，再生可以在短期内由政府领导快速施行。这种城市的河流再生，不只是在转河，其他的北京河流和运河也正在大规模进行	· 作为国际城市不仅再生环境和景观，还以北京历史和文化为基础，向市民开放过去皇帝曾经使用的运河，凸显了水对城市的重大意义 · 在北京，正开始逐步恢复水上交通，这成为亚洲地区急速推行从河流再生开始的城市再生的代表事例 · 和首尔的清溪川事例一起，作为重新构建河流和道路关系，推动城市再生的代表事例，而受到全世界的关注

① 部分内容引自：吉川胜秀，伊藤一正.城市与河流——全球从河流再生开始的城市再生[M].汤显强，吴遐，陈飞勇，等译.北京：中国环境科学出版社，2011.

（续表）

分类	流域名	特征	展望
中国事例	上海的黄浦江、苏州河	·上海是具备成为亚洲最大城市潜力的现代化大都市 ·上海以黄浦江的支流苏州河为中心发展，之后又在担当了内陆船运通道的黄浦江河畔发展起来 ·较短时间内，在老城区对岸以黄浦江为界开发了浦东新区。随着经济的发展，地下水的过度开采造成地面不断下沉。黄浦江岸为预防洪水尤其是潮灾建设了混凝土堤坝 ·与混凝土堤坝一起建设的沿河道路，成为上海市民和游客眺望黄浦江和对岸浦东新区上海东方明珠电视塔、高层建筑等的广场，非常繁华	·作为上海发源地的苏州河，在上海市政府的领导下，市民积极参与一起净化水质，把生态环境的修复纳入计划，整治河畔公园、河岸道路，迅速开展河畔地区的再开发、河流的再生和从河流再生开始的城市再生 ·成为在土地国有的中国，以行政为主大规模、短时间开展的河流再生以及从河流再生开始城市再生的范例 ·逐步成为亚洲甚至世界大城市的上海，河流的再生和从河流再生开始的城市再生正在短时间内大规模推进
	高雄的爱河	·台湾第二大城市高雄曾是工业城市。在第一次世界大战后的城市建设中，铺设了宽广的林荫大道，构建了城市的框架 ·作为高雄城市象征的爱河，随着城市扩大，与其他河流一样被严重污染，20 世纪 70 年代成为一条死河 ·之后，改善爱河水质问题成为最重要的课题，高雄市于是逐步完善了净化水质的排水系统 ·在高雄政府出台的措施中，不仅要改善河流水质，还把爱河定位为高雄的核心——水和绿的城市空间	·以政府为主导，以河流为中心进行城市建设和城市再生，在为市民广泛利用的同时，也活跃了旅游经济，成为亚洲具有代表性的事例 ·与新加坡的事例一起，作为亚洲城市规划相关的河流再生以及从河流再生开始的城市再生的典型事例而备受世界关注

（续表）

分类	流域名	特征	展望
中国事例	高雄的爱河	·河畔绿地、公园、河岸步行街的整治，以及河流船运的复兴，令爱河成为城市的核心，也令爱河周边地区成为城市最具魅力的高级地区 ·爱河和河畔铺设的自行车道等，与城市的林荫大道和市内观光设施紧密相连	
	杭州的京杭运河段、中东河等	·实施系统治理，实现水质改善、水生态优化。开展初期雨水治理、截污纳管、生态清淤，增加引配水、推广应用生态修复技术 ·保护历史遗迹，挖掘传承历史文脉，采用保护、传承与挖掘三种模式，保护展现中东河周边丰富的历史文化积淀 ·改造城市生态保护带，建设公共开放空间。针对中东河现状绿化带缺乏连贯性、景观配套设施缺失，进行了绿化提升和景观配套设施建设，形成了14.8千米的城市生态保护带和复合景观廊道 ·贯通沿河慢行系统，打造水上巴士和水上旅游 ·通过以京杭运河、中东河河道有机更新实践，杭州“水乡城市”特色进一步彰显，提升了老城区的城市文化景观价值，改善了生态环境，提高了居民的生活品质	·结合城市河道的特点，在城市有机更新理论基础上建立了河道有机更新的理论体系。即按照“六态共生”“水系成网”的原则，“动态平衡”“系统最优”的方法，实现从“填河挖路”到“凿路开河”的理念跨越，凸显“水乡城市”的格局与风貌 ·中东河有机更新实践，坚持规划、设计、建设、管理、保护、发展“六位一体”系统综合整治的同时，大量运用初期雨水治理、复合生态修复技术两种方法手段，在全国具有首创性 ·新老杭州市民依河而居、依河而业、依河而游的梦想逐渐成为现实

（续表）

分类	流域名	特征	展望
欧美事例	波士顿的查尔斯河和波士顿湾	·19世纪末，波士顿开始了对因产业革命和城市化而受到污染的查尔斯河及后湾地区的再生 ·在查尔斯河的后湾地区修建林荫大道，整治连接城市中心的波士顿公园和后湾湿地公园，在查尔斯河畔设置河畔公园和河岸亲水小路，河流再生和城市再建同时进行 ·波士顿的河流再生。从河流开始，以政府为中心，民间开发者、市民为一体，按城市规划进行水和绿色整治。经过一番设计之后，实施了一体化的城市整治和再生 ·拆除分割市中心和波士顿湾水域的高速公路，开放河岸空间	·波士顿的河岸，不仅形成了独特的城市风格，还通过城市形成和城市再生推动了经济发展 ·河流和港湾的水边区域都可供市民和观光客利用，包括发展船运、利用水面空间。像这样的河岸再生和城市再生计划，在其他的城市也可以实行
	曼彻斯特的默西河及运河	·默西河及运河是英国产业发展的根基，因各种排水而被污染，在社会的不断发展中逐渐淡出人们的视线 ·20世纪80年代起，政府、私营企业、市民及市民团体开始持续性地开展被污染水系的再生和经济复苏活动 ·将“让所有区域都成为生物生息地”作为净化河流和运河水质的目标。不制定无法适应时代变化的固定目标，不论是政府、市民，还是流域内的私营企业都联合起来，持续性地实施既有魅力又有经济价值，并且与河岸生态环境相结合的再生活动	·在曼彻斯特的默西河及运河，对过去曾被污染、无法使用的内地港湾地区进行了再开发。面向水面修建高级住宅区及商业设施，博物馆等文化设施（索尔福德码头地区），带来经济价值。这些地区也成为曼彻斯特最高级、最有魅力的地区 ·默西河口的利物浦，融入其悠久历史的同时，还把河畔的港湾设施转化为观光设施，开展全新的城市河畔再生工程

（续表）

分类	流域名	特征	展望
欧美事例	曼彻斯特的默西河及运河	·参加活动的每个组织都在自己的能力许可范围内，营造河岸魅力概念，并且相互影响，最后形成可以创造出最好成果的计划	·默西河流域战略是政府、私营企业、市民及市民团体联手开展水系再生，将水边的城市再生作为中心推动经济复苏的成功实例，可供其他国家参考
	得克萨斯的圣安东尼奥河	·20世纪初为提高洪水的流速，把蛇形河道规划改造成直线形，并在上游修建水坝 ·河道截弯取直之后多余出来的空间没有进行填埋，而是作为城市空间进行合理利用，这一点成为这条河流治理工程中最大的特色 ·把河道直线化之后剩下的不足2公里的蛇形河床在城市里保留下来。作为市民可利用的空间。花费了几年时间，政府和市民在这里修建了河流亲水小路，进行绿化，发展船运。这里成为世界上少有的繁荣的滨水城市，是城市的观光中心和窗口 ·这短距离的河流区间，与周围的阿拉莫教堂，会议场等历史古迹连为一体，每年大概有1000万的观光客到访 ·市民将目光投向河流，与创造繁荣的城市联系在一起。圣安东尼奥河是一.个可以在有水有绿的空间里信步而行的地方，是再生河流、再生城市的成功事例，也用事实证明了政府和市民携手以及持续性开展的重要性 ·是体现以河流为中心的城市建设间接繁荣城市，使河流成为优质观光资源的典范	·圣安东尼奥河为处理洪水灾害问题，在地下修建排水通道，预防水害发生 ·在已经被利用的蛇形河床基础上，开挖一条新的水路。这条水路和河岸的亲水小路周边修建了聚集游客的高楼，还增加了会场等设施 ·出色的设想和当地人们的热忱，可为各地的河流再生和城市再生提供借鉴

（续表）

分类	流域名	特征	展望
欧美事例	伦敦泰晤士河及运河	•拥有泰晤士河的伦敦，工业革命后发展成为世界上最先进的大城市 •伦敦在世界上第一个修建了从河流取水的自来水管道，并首先铺设了将受到污染的河流污水导向下游排放的下水管道，以确保水质安全 •城市规划方面，伦敦也走在世界前列，形成把大型城市公园作为心脏和把林荫大道作为骨架的城市结构 •向市民开放伦敦市中心的威斯敏斯特地区，以及在毗邻的泰晤士河畔修建公园 •伦敦受多佛尔海峡潮灾危害极大。下游格林尼治附近为预防潮灾危害而修建了水闸（被称为泰晤士河壁垒）。因此河岸没有堤防，这使城市和河流的联系更加紧密 •工业革命后，泰晤士河成为内陆船运的动脉。今日水上观光的繁盛离不开把城市和河流连接在一起的船运	•泰晤士河畔，根据城市规划，禁止在河流附近建设高层建筑，因此开辟了河流和河畔空间，让河流成为城市轴心。像这样的城市再生规划，可供人们参考 •20世纪下叶开始，曾经支撑船运的港口码头地区被再开发，成为伦敦的副城市中心，周边的港湾设施、住宅、饭店等商业设施也被开发，实现了河畔再生。因为这一点，伦敦作为与河流融合的城市，魅力倍增 •在伦敦市内，运河与旅游、娱乐活动融为一体，运河还设有人行道，便于散步 •帕丁顿车站附近，正在进行新运河的水边城市再生建设，该项工程也可供参考
	巴黎塞纳河及运河	•塞纳河是支撑巴黎城市生活的河流。有时成为巴黎市民的水源，有时又成为巴黎的城市排水通道。随着工业化、城市化的进行，为改善被污染的塞纳河水质问题，巴黎铺设了污水集中再排放的下水道 •现在，巴黎通过改善下水道系统，控制污水排水，改善了塞纳河的水质。水流清澈的塞纳河成为巴黎的一道风景线	•由于在塞纳河的部分区间内修建了高速公路，因此每到冬季洪水期，高速公路就会被水淹没，造成交通阻断，加速了巴黎的交通瘫痪。近年来，这一段高速公路在夏季会被关闭，改建成人工沙滩，供市民享用

（续表）

分类	流域名	特征	展望
欧美事例	巴黎塞纳河及运河	·受伦敦世界博览会影响，巴黎在拿破仑三世和奥斯曼长官的领导下进行了大改造。塞纳河周边以及放射状的林荫大道成为巴黎的中心 ·河岸步行街、河畔通道和林荫大道，以及河流船运，把巴黎这座大城市装饰成一座水上城市	·不管如何，拆除河流上的高速公路势在必行（东京的首都中心环线预定于 2013 年竣工，像巴黎这种暂时的、社会试验性的关闭也可以用作参考） ·巴黎的塞纳河在形成城市骨架的同时，也吸引了许多前往巴黎旅游的游客。塞纳河、伦敦的泰晤士河是在努力做好城市规划的同时，形成良好的城市空间的范例
	科隆、杜赛尔多夫的莱茵河	·莱茵河流经科隆和杜塞尔多夫。过去在河畔建设的联邦高速公路把整个城市和莱茵河分割开来 ·科隆是一座位于莱茵河畔，旅游业发达的城市。20 世纪 70 年代后半期，随着高速公路的拆除和地下化，开放了莱茵河畔水域，并把河畔建成了绿地公园 ·莱茵河下游的杜塞尔多夫过去是德国最大的中心工业地带，因莱茵河的船运而繁荣 ·20 世纪 80 年代后半期，杜塞尔多夫也开始了高速公路拆除和地下化工程，同时铺设莱茵河畔亲水小路，恢复了城市的昔日风采 ·限制河畔周边建筑物高度，对水边空间进行再生。另外限定进入城市中心的交通量，重建道路与城市的关系	·首尔的清溪川拆除河上的平面公路和高速公路（2003—2005 年），波士顿拆除高速公路并进行地下化工程（1991—2006 年），作为先行者的科隆、杜塞尔多夫的莱茵河，在与河流和道路相关的河畔城市再生方面应该被广泛宣传

（续表）

分类	流域名	特征	展望
亚洲其他国家事例	东京的隅田川	· 东京的代表性河流 · 是亚洲地区河流及其周边地带最早发生环境恶化的河流，也是最早开始河流再生的地方 · 通过水质净化、堤防的缓倾斜化、修建高规格堤坝，以及在河岸修建亲水小路，恢复了河流作为城市空间的作用 · 与民间（企业）的再开发相结合规划城市空间	· 在流入隅田川的神田川和日本桥川，也要推行河流和城市关系的再构建、河流的再生以及从河流再生开始的城市再生 · 2010 年计划举办“水之都东京”活动 · 2010 年，是利根川 1910 年（明治 43 年）泛滥 100 周年（正是以此为契机，东京的基础——荒川溢洪道得以修建），而且也是在此之前推进的利根川东迁工程 400 周年
	北九州的紫川	· 城下町小仓的象征 · 随着经济高度发展，河流被污染，垃圾被丢弃在河里，河岸附近因建造楼房而被非法占用，成为城市里被人们遗忘的空间 · 根据行政规定，整治河流护岸、河滨步道及桥梁 · 将修建河流基础设施和以市民为中心的城市开发活动相结合共同推进 · 发挥市长及政府的强大领导力，在相对较短的时期内大范围进行河流和河畔的再开发	· 在再生的河畔地区，开展民间商业活动的同时市民也举行了名为“河流日”的活动 · 北九州的经验成为建设环境共生城市的模范，希望这些经验能够以各种形式在亚洲城市之间推广

（续表）

分类	流域名	特征	展望
亚洲其他国家事例	新加坡的新加坡河	·新加坡的城市整治以新加坡模式而广为人知。国家拥有大部分国土的所有权，进行公路美化，修建社会基础设施和建筑，成为被绿色包围的花园岛 ·新加坡的水质净化和河畔再开发是在李光耀总理的领导下，由国家主导进行的 ·河畔再开发是在国有土地上，限制河畔建筑物高度，设立河岸步行街，在保留历史遗产的前提下，以河流为城市中心实施的，实现了城市繁荣 ·向市民们出售高品质的河畔建筑，促进经济发展。这种河流的再生和城市再生，在以政府为中心的同时，还有民间企业和市民的积极参与	·成为国家在强有力地整顿和再生社会基础设施的同时，引导民间再生城市，在短时间内整治和再生城市的事例 ·在亚洲各国，可以广泛推行这种城市规划和河流再生计划，这是从河流再生开始进行城市再生的典范
	首尔的清溪川	·通过拆除首尔清溪川上方的道路（平面道路和高速公路）再生城市，令首尔变成一个环境优美的宜居城市：朝着成为中国和日本两国之间的东亚金融和商业中心的目标发展 ·拆除道路再生河流，把再生河流沿岸城市作为目标 ·在选举期间作出承诺的首尔市长强有力的领导下，短短3年就完成了该项工程 ·拆除的道路不再重建，通过限制通往城市中心的交通量和改善交通系统等措施，形成新的城市经营模式	·再生之后的6公里清溪川在首尔市中心流淌。这段距离虽然不长，但因为铺设了河岸亲水小路面吸引了众多的游客 ·像这样短区域的河流再生，因彻底改变了首尔的噪声、大气污染形象而备受关注 ·清溪川再生和道路拆除受到韩国国内外的关注，成为通过重新构建河流与道路的关系，开展效果显著的河流城市再生工程的典范 ·指导该工程的李明博市长于2008年当选为韩国总统，承诺建设连接釜山和首尔的运河。这种以河流和运河为中心的国土经营、经济复苏计划也备受关注

（续表）

分类	流域名	特征	展望
亚洲其他国家事例	曼谷的湄南河及运河	·泰国人民与洪水为伴，在湄南河以及四处分布的运河网上开展农业生产和生活，河流和运河已成为他们生活的一部分 ·随着泰国城市化的快速发展，河流从生活中逐渐被分割，机动车也替代船只成为泰国的主要交通运输工具 ·洪水衍生出来的吊脚楼式房屋逐渐发展成为无法承受洪水侵袭的城市型住宅，城市化发展促使人口开始集中，并开始开采地下水以满足城市供水需求，由此引起地面下沉，洪水风险加大 ·污水任意排放和垃圾随意丢弃造成环境恶化，泰国开始探讨运河的水质改善对策，积极进行水质净化 ·作为物流和市民交通工具，湄南河上的水上巴士、观光船和运河上的水上巴士来往络绎不绝，以湄南河为中心的泰国水上船运享誉世界 ·运河水质改善的同时，整修了运河巴士通道，以及湄南河畔的河流步道（对河流堤防和防水壁进行全面整修）	·不断探讨与洪水等水利相关问题的对策，在实现河流与水路共生的同时，开始从交通出行和旅游观光等方面不断推进从河流再生开始的城市再生 ·在湄南河，河畔上酒店和高层建筑群林立，河面观光等水运非常繁荣 ·作为亚洲大城市的代表，水都曼谷利用河流建设城市，谋求河流和水路共生，通过河流再生实现城市再生，这不论在历史上还是当下，都非常有名

主要参考文献

[1] 柏巍，黄昭雄，刘畅.滨河地区复兴的发展策略——以济南小清河为例[J].城市规划学刊，2012(12).

[2] 陈兴茹.促进人水和谐的城市河流建设理论研究[D].北京：中国水利水电科学研究院，2006.

[3] 程大林，张京祥.城市更新：超越物质规划的行动与思考[J].城市规划，2004(2).

[4] 程江，杨凯，赵军，等.上海中心城区河流水系百年变化及影响因素分析[J].地理科学，2007(2).

[5] 方创琳，刘晓丽，蔺雪芹.中国城市化发展阶段的修正及规律性分析[J].干旱区地理，2008(4).

[6] 郭环，李世杰，周春山.广州民间金融街城市更新模式探讨[J].热带地理，2015(5).

[7] 郭军.韩国首尔构建人水和谐的清溪川重建工程[J].中国三峡建设，2007(4).

[8] 吉川胜秀，伊藤一正，城市与河流——全球从河流再生开始的城市再生[M].汤显强，吴遐，陈飞勇，等译.北京：中国环境科学出版社，2011.

[9] 冷红，袁青.韩国首尔清溪川复兴改造[J].国际城市规划，2007(8).

[10] 刘昕.深圳城市更新中的政府角色与作为——从利益共享走向责任共担[J].国际城市规划，2011(2).

[11] 李包相.基于休闲理念的杭州城市空间形态整合研究[D].杭州：浙江大学，2007.

[12] 楼杰.杭州"市区河道综合整治和保护开发工程"的理论解读[D].杭州:浙江大学,2010.

[13] 吕然.城市河道景观设计研究[D].成都:西南交通大学,2009.

[14] 吕永鹏,徐启新,杨凯.城市河流生态修复的环境价值及实现机制[J].水利学报,2010(3).

[15] 莫琳,俞孔坚.构建城市绿色海绵——生态雨洪调蓄系统规划研究[J].城市发展研究,2012(5).

[16] 任绍斌.城市更新中的利益冲突与规划协调[J].现代城市研究,2011(1).

[17] 邵文鸿.京杭运河杭州城区段综合整治问题研究[D].杭州:浙江大学,2006.

[18] 孙永生.旧城旅游化地段改造研究——以新加坡河滨河地区为例[J].华中建筑,2012 (2).

[19] 孙雨晴.城市更新背景下文化创意产业发展研究[D].西安:西安建筑科技大学,2016.

[20] 唐敏.上海城市化过程中的河网水系保护及相关环境效应研究[D].上海:华东师范大学,2004.

[21] 滕华国.河道生态治理技术与案例分析[D].咸阳:西北农林科技大学,2014.

[22] 王国平.城市怎么办:第 6 卷[M].北京:人民出版社,2010.

[23] 王海松,史丽丽."面向河道"的更新设计——新加坡河沿河地区城市更新解读[J].华中建筑,2007(11).

[24] 王玏.北京河道遗产廊道构建研究[D].北京:北京林业大学,2012.

[25] 王静.运河与沿线城市商业发展探析——以扬州、苏州和杭州为例[J].城市,2013(7).

[26] 王军,王淑燕,李海燕,等.韩国清溪川的生态化整治对中国河道治理的启示[J].中国发展,2009(6).

[27] 王文丽,吴必虎.城市滨河商业空间开发建设经验:以新加坡河克拉码头为例[J].城市发展研究, 2015(5).

[28] 王桢桢.城市更新的利益共同体模式[J].城市问题,2010(6).

[29] 魏俊,袁旻,陈奋飞.杭州市区河道综合治理的成效与经验[J].浙江水利科技,2015(3).

[30] 吴阿娜,车越,张宏伟,等.国内外城市河道整治的历史、现状及趋势[J].中

国给水排水,2008(2).

[31] 吴丹子.城市河道近自然化研究[D].北京:北京林业大学,2015.

[32] 谢琼,王红瑞,柳长顺,等.城市化快速进程中河道利用与管理存在的问题及对策[J].资源科学,2012(3).

[33] 徐雷,楼杰.五水共导·品质杭州——杭州"市区河道综合整治和保护开发工程"的理论解读[J].中外建筑,2009(11).

[34] 杨春侠,吕承哲,乔映荷.从新加坡河区域设计反思上海浦江滨水区开发[J].住宅科技,2018(12).

[35] 杨凯,袁雯,赵军,等.感潮河网地区水系结构特征及城市化响应[J].地理学报,2004(7).

[36] 俞孔坚.美丽中国的水生态基础设施:理论与实践[J].鄱阳湖学刊,2015(1).

[37] 俞孔坚,李迪华,袁弘,等."海绵城市"理论与实践[J].城市规划,2015(6).

[38] 俞孔坚,林双盈,丛鑫,等.海岛雨洪管理系统构建的景观设计途径——以印度尼西亚巴厘岛海龟岛为例[J]. 中国园林,2014(1).

[39] 张京祥,易千枫,项志远.对经营型城市更新的反思[J].现代城市研究,2011(1).

[40] 张松.城市历史环境的可持续保护[J].国际城市规划,2017(2).

[41] 张祚,李江风,陈昆仑,等."特色全球城市"目标下的新加坡河滨水空间再生与启示[J].世界地理研究,2013(12).

[42] 邹兵.存量发展模式的实践、成效与挑战——深圳城市更新实施的评估及延伸思考[J].城市规划,2017(1).

[43] 左冕.义乌城市化发展对生态系统服务的影响及其对策研究[D].北京:北京林业大学,2014.

索　引